高等职业教育教学用书

计算机应用基础

（Windows 10 + Office 2016）

JISUANJI YINGYONG JICHU

主　编　周　春　黄焕君
副主编　蔡劲松　张丽妹　梁伟东
　　　　吕晓梅　陈永芳　陈　刚
主　审　周洁文

新形态
教材

高等教育出版社·北京

内容提要

本书是高等职业教育教学用书。

本书共 6 章，内容包括计算机基础知识、操作系统、文字处理软件 Word 2016、电子表格软件 Excel 2016、演示文稿制作软件 PowerPoint 2016、计算机网络基础知识。

本书从教学和实用的角度出发，内容详尽、结构清晰，可作为高等职业院校计算机公共基础课的教材，也可作为参加计算机等级考试考生的参考用书，还可作为相关培训教材。

图书在版编目(CIP)数据

计算机应用基础：Windows 10＋Office 2016 / 周春，黄焕君主编. —北京：高等教育出版社，2021.8（2022.1重印）
ISBN 978－7－04－056326－9

Ⅰ. ①计… Ⅱ. ①周… ②黄… Ⅲ. ①Windows 操作系统—高等职业教育—教材②办公自动化—应用软件—高等职业教育—教材 Ⅳ. ①TP316.7②TP317.1

中国版本图书馆 CIP 数据核字(2021)第 132276 号

策划编辑 张尕琳	**责任编辑** 张尕琳 万宝春	**封面设计** 张文豪	**责任印制** 高忠富	

出版发行	高等教育出版社	网　　址	http://www.hep.edu.cn
社　　址	北京市西城区德外大街 4 号		http://www.hep.com.cn
邮政编码	100120		http://www.hep.com.cn/shanghai
印　　刷	上海天地海设计印刷有限公司	网上订购	http://www.hepmall.com.cn
开　　本	787mm×1092mm　1/16		http://www.hepmall.com
印　　张	16.5		http://www.hepmall.cn
字　　数	382 千字	版　　次	2021 年 8 月第 1 版
购书热线	010-58581118	印　　次	2022 年 1 月第 2 次印刷
咨询电话	400-810-0598	定　　价	39.00 元

前言 | Foreword

  本书是高等职业教育教学用书。

  随着计算机技术的飞速发展、社会的不断进步,计算机几乎已经成为各行各业的基本应用工具。掌握计算机基础知识、基本操作技能及办公软件的应用对于学生的就业等都是至关重要的。

  本书从教学和实用的角度出发,详细介绍计算机的基础知识和基本操作技能,既能满足计算机等级考试的要求,也能为计算机和非计算机专业后续课程的学习打下坚实的基础。

  本书是紧跟计算机技术的发展前沿,并参照计算机等级考试的要求进行编写的。全书共 6 章,分别为计算机基础知识、操作系统、文字处理软件 Word 2016、电子表格软件 Excel 2016、演示文稿制作软件 PowerPoint 2016、计算机网络基础知识。

  本书由茂名职业技术学院周春、黄焕君担任主编,安徽新闻出版职业技术学院蔡劲松,茂名职业技术学院张丽妹、梁伟东、吕晓梅、陈永芳,安徽新闻出版职业技术学院陈刚担任副主编,参与本书编写及资源建设的还有吴红梅、彭勇、麦才赞、付玉珍、李晓、何晓园、韩倩、陈永梅、柯奋、林国锋、谭彩明、何露露、陈胜娣。全书由黄焕君统稿,由周洁文主审。

  参与计算机应用基础课程教学的老师们对本书的编写提出了宝贵的意见,在此深表谢意!在编写过程中参考了相关的书籍和资料(包括网上资料),在此向有关文献的作者致以诚挚的敬意!

  由于编者水平有限,书中难免有疏漏之处,敬请广大读者批评指正。

编　者

2021 年 6 月

目录 | Contents

第 1 章

计算机基础知识

本章要点：

➤ 信息、信息技术、信息处理与计算机信息安全。

➤ 计算机的基本概念、分类和特点。

➤ 冯·诺依曼的"存储程序"设计思想。

➤ 计算机硬件系统的基本组成及其功能。

➤ 计算机中数字信息的表示方法与不同进制之间的转换。

➤ 计算机中非数字信息的表示方法。

计算机是 20 世纪伟大的科学技术发明之一。随着计算机技术的快速发展，计算机的应用范围早已普及到社会生活的各个领域，是绝大多数企事业单位业务处理过程中必不可少的工具，同时计算机也作为一种家用电器进入家庭。计算机毕竟是一种高科技产品，要想很好地应用计算机，就必须掌握计算机的一些基本知识，包括计算机的基本硬件知识和软件知识，尤其是要熟练掌握办公软件的应用。

本章主要介绍信息和信息技术；介绍计算机的发展历史和一些基本概念；概括描述计算机的特点和分类；介绍计算机的基本工作原理和基本硬件构成；介绍计算机所能处理的信息形式及信息在计算机中的表示方式。

1.1　信息技术基础

自 20 世纪 50 年代开始人类就进入了信息社会。信息社会的一个显著特点就是信息的总量呈几何指数增长，有信息"爆炸"之说。信息已成为现代社会中使用频率最高的词汇之一。

1.1.1　信息、信息技术和信息处理

1. 信息

目前关于信息的定义有很多，各种不同的定义是从不同的视角提出的，都有一定的道理，所以，人们日常所谈到的信息是一个不甚精确的概念。对于信息的定义应具有普遍性和普适性。

什么是信息？信息是"关于客观事物的可通信的知识"。信息是客观世界中各种事物变化和特征的反映。反映各种事物的信息进入人的大脑,对人的神经细胞产生作用留下的痕迹,人们正是通过获得信息来认识事物、区别事物和改造世界的。人们要获取信息除了通过人的感官直接获取以外,大量的信息都是通过传输工具获得的,所以,信息是可以通信的。

数据和信息的区别。数据是记录下来可以被鉴别的符号,它本身并没有具体的物理意义,只是信息的载体。记录的手段可以是语言、语音、文字、数字、图形、图像、视频等各种媒体符号。这些媒体符号统称为数据。数据与信息之间的关系犹如原料与成品的关系,如图1-1所示。数据和信息之间的这种"原料"和"成品"的关系,说明信息具有相对性。同一条信息,对某个人来讲是信息,而对另外一个人来讲,可能只是一种数据。

图1-1 数据与信息的关系

信息系统是由一组用于收集、处理、存储、传播信息的部件组成的相关联的整体。信息系统的作用是对内部或外部的数据进行收集和加工,输出所需要的信息。

信息系统中的信息具有以下基本属性。

（1）事实性

事实是信息的中心价值。事实性就是真实性,不符合事实的信息不仅引起误导,而且有些是有害的。人们常说的实事求是,要求的就是事实性。

（2）扩散性

扩散是信息的本性。信息通过各种渠道向各个方面传播。信息的扩散性存在两面性:一方面有利于知识的传播;另一方面会造成信息的贬值,不利于保密。在信息的扩散过程中,若没有很好的保密手段,就不能调动用户使用信息的积极性并造成信息的贬值。

（3）传输性

信息可以通过各种手段传输到很远的地方。信息的传输性优于物质和能源的传输性。信息的传输可以加快资源的传输。

（4）共享性

信息是可以共享的,这一点不同于物质。如果甲给了乙一张纸,甲就少了一张纸。信息则不然,甲把某个信息告诉了乙,甲的信息量不会减少。

（5）增值性

用于某种目的的信息,随着时间的推移它可能没有使用价值了,但对另一种目的而言,该信息可能又显示出其使用价值。例如天气预报的信息,预报期一过,似乎就没有用了,但通过对各年同期天气的比较,又可以用来预报未来的天气。这种增值性可在量变的基础上引起质变。利用信息的增值性,从信息的"废品"中提炼有用的信息,已成为收集信息的重要手段。

（6）不完全性

关于客观事实的信息很难全部得到，往往也没有必要收集全部信息。要分清主次，合理地取舍，才能正确地使用信息。

（7）等级性

信息是分等级的。一般分为战略级、战术级和作业级。不同级别的信息，有不同的属性。不同级别的信息，其用途也不同。

（8）滞后性

数据经过加工以后才能成为信息。通常决策的主要依据是信息，这就是信息的滞后性。

2. 信息技术和信息处理

信息技术（Information Technology，IT）是指用于加工、处理和管理信息所采用的各种技术的总称，一般是指与计算机、通信相关的一系列技术。信息技术是能够对巨大数据量，格式各异且变化的、分布的信息进行收集、记忆、处理、展示、发布和使用的技术；是同文本、图形、图像、声音、视频等多种媒体联系越来越紧密的技术。总之，信息技术就是用于管理和处理信息所采用的各种技术的总称。具体来讲，信息技术主要是指应用计算机技术和通信技术来设计、开发、安装和实施信息系统及应用软件。信息技术也常被称为信息和通信技术（Information and Communications Technology，ICT），主要包括传感技术、计算机技术和通信技术等。

信息技术的应用包括计算机硬件和软件、网络和通信技术、应用软件开发工具等。随着计算机和互联网络的普及，人们已普遍使用计算机来生产、处理、交换和传播各种形式的信息（如书籍、商业文件、报刊、唱片、电影、电视节目、语音、图形、影像等）。

信息技术体系结构是一个为达成战略目标而采用和发展信息技术的综合结构，包括管理和技术。其中，管理包括使命、职能与信息需求、系统配置和信息流程；技术包括用于实现管理体系结构的信息技术标准、规则等。由于计算机是信息管理的中心，计算机部门通常被称为"信息技术部门"。也有些公司称这个部门为"信息服务"（Information Services，IS）或"管理信息服务"（Management Information Service，MIS）。有些企业选择外包信息技术部门服务，以获得更好的效益。

信息技术主要包括感测与识别技术、信息传输技术、信息处理与再生技术、信息应用技术等。总之，信息技术是研究信息的获取、传输和处理的技术，是计算机技术、通信技术、微电子技术的综合应用，有时也叫做"现代信息技术"。也就是说，信息技术是利用计算机进行信息处理，利用现代电子通信技术从事信息采集、存储、加工、利用以及相关产品制造、技术开发、信息服务的一门新学科。

1.1.2　计算机的信息安全、法律法规与道德规范

信息既是一种资源，也是一种财富。随着知识经济时代的到来，如何保护重要信息的安全，已经成为全社会普遍关注的问题。计算机犯罪、计算机病毒、误操作、计算机设备的物理性破坏已成为威胁计算机信息安全的四大主要隐患。如何来预防和消除这些隐患已成为关注的焦点。

计算机作为信息处理的主要工具，存储着大量信息，这些信息有着不可估量的价值。保证计算机信息的安全就是要保护计算机硬件、软件、数据等不因偶然的或恶意的因素而遭到破坏和修改。通常从专业技术、法律法规和道德规范三个方面来保证计算机信息的安全。

1. 专业技术

通过各种专业技术，如数据备份技术、加密技术、数字签名技术、防火墙入侵检测技术、计算机病毒防治技术等，来保护计算机信息不被破坏和修改。

2. 法律法规

在信息社会中，出于不同的目的，以不同的方法来使用计算机信息，常常会伴随着各种各样的问题。如果单纯从技术角度来保证计算机信息安全，只能解决某一方面的问题，而不能从根本上解决计算机信息安全问题。通过法律法规，充分利用法律的规范性、稳定性、强制性，加强对犯罪行为的打击力度，才能更有效地保护信息活动中当事人的合法权益。

3. 道德规范

信息社会，人们每天都将面临各种信息媒体，如报纸、杂志、广播、电视、多媒体、计算机、网络等，其中包含着海量的信息。为了迅速、主动地挖掘有用信息，收集、整理并加工信息，而不是迷失在信息的海洋中，应自觉抵制信息污染，培养信息道德，提高信息素质，应树立正确的信息意识，勇敢面对信息世界，对色情网站、污秽电子信息制品说"不"，创建理想的信息社会环境。

1.2 计算机概论

自 1946 年第一台电子数字计算机诞生至今，计算机技术得到了非常迅速的发展，计算机系统也经历了从低级到高级、从不完善到逐渐完善的发展过程。现今，计算机及其应用已经普及到社会的各个领域，推动着整个社会向着信息化方向发展。计算机已经成为人们工作和生活中不可缺少的工具。因此，必须努力学习计算机知识、掌握计算机技术，才能适应社会发展的需要。

1.2.1 计算机的概念

计算机是电子数字计算机的简称（人们通常称为"电脑"），是 20 世纪伟大的科学技术发明之一，对人类的生活方式和生产方式都产生了重大的影响。计算机能按照人们预先设定好的程序自动、连续地工作，能对输入的数据信息进行存储、加工，并将结果输出。早期的计算机只是单纯用于科学计算（如微分方程的求解），随着科学技术的飞速发展，计算机技术得到了迅猛的发展，计算机处理信息的范围得到了极大的扩展，现代的计算机系统能处理数字化的语音、图像、视频等。对于任何可以用数字信号表示的信息都可以输入到计算机中进行存储和处理，并能够把最终的处理结果以人们所能理解的形式输出。

计算机具有强大的计算能力，并且可以根据人输入的指令进行模拟现实、分析问题、协助操纵机器,能存储大量的信息(相当于人的大脑具有记忆能力)。计算机不仅具有非凡的计算能力,速度之快令人望尘莫及,而且还能够仿真人的某些思维功能,按照一定的规则进行逻辑判断和逻辑推理,代替人的部分脑力劳动。因此,计算机被人们形象地称为"电脑"。

1.2.2 计算机的发展概况

电子计算机诞生以前,人类曾经发明了多种计算工具,如算盘、计算尺、机械式计算机等。目前公认的第一台电子计算机是在 1946 年 2 月由美国宾夕法尼亚大学研制成功的"电子数字积分计算机"(Electronic Numerical Integrator and Calculator,ENIAC)。其采用电子管作为基本组成元件,每秒能进行 5 000 次加减运算,共占地 170 m²,重约 30 t。虽然与现在的计算机相比,ENIAC 是个庞然大物并且运算速度慢,但是 ENIAC 的问世具有划时代的意义,它奠定了计算机发展的基础,标志着计算机时代的到来。

自从第一台计算机诞生以来,计算机技术的发展非常迅速,计算机的应用已经普及到了社会的各个领域,它不仅服务于科学、生产、国防、教育等领域,也服务于家庭和个人。它已经成为人类在工作、学习、日常娱乐等活动中的一种非常重要的工具,是促进人类社会不断进步的重要手段。根据计算机硬件所采用的基本物理元件,可将计算机的发展划分为四代。

1. 第一代:电子管计算机(1946—1957)

第一代计算机采用电子管作为计算机的基本部件。这个时期计算机的运算速度为每秒几千次,内存容量为几千字节,其软件采用机器语言、汇编语言,主要应用于军事和科学研究工作。这一时期计算机的特点是体积大、内存容量小、耗电量大、可靠性差、价格昂贵、维修复杂。

2. 第二代:晶体管计算机(1958—1964)

第二代计算机采用晶体管代替了电子管。由于晶体管比电子管体积要小很多、耗电也少,而且价格便宜、运算速度快、产生的热量少,因此第二代计算机缩小了体积、降低了功耗、提高了速度,其可靠性及内存容量也有了较大的提高。主存储器采用磁芯器,外存储器已采用先进的磁盘、磁带,外围设备种类也有所增加。在这个时期,软件也在继续发展,出现了各种各样的高级语言及编译程序,还出现了以批处理为主的操作系统。它的应用范围也从第一代计算机单纯的科学计算扩展到数据处理、事务管理和工程控制等领域。

3. 第三代:集成电路计算机(1965—1970)

第三代计算机的技术标志是集成电路。这种集成电路使得在单个芯片上可集成几十个晶体管,所以这时的计算机体积又大大减小了。存储器进一步发展,体积越来越小,价格越来越低。到了 20 世纪 60 年代末,计算机的运算速度已经达到每秒几千万次,它的内存容量及可靠性也都有了很大提高。同时出现了分时操作系统及会话式语言等多种高级语言,开发出了功能较强的操作系统,而且实现了多道程序(内存中同时可以存放有多个相互独立程序)和虚拟内存技术。这一时期,计算机向多样化、通用化发展。计算机联网技术也在这个时期出现,同时计算机的应用领域有了更大的扩展。

4. 第四代：大规模集成电路(1970年至今)

第四代计算机称为大规模集成电路计算机。进入20世纪70年代以来，计算机的逻辑元件采用了大规模集成(Large-scale Integrated，LSI)电路和超大规模集成(Very Large Scale Integration，VLSI)电路的技术。大规模集成电路的出现，使得在一个芯片上集成几十万甚至几百万个晶体管成为可能，而超大规模集成电路的集成度比大规模集成电路更高。集成度很高的半导体存储器代替了磁芯存储器，使得计算机的存储能力进一步提高。这一时期计算机已发展到了微型化、耗电少、可靠性很高的阶段。具有图形功能的高清晰的彩色显示器得到广泛应用。随着大规模集成电路的迅速发展，计算机朝着超小型机和微型机方向飞跃前进。20世纪80年代出现的微型计算机(简称"微机")，使计算机的应用范围迅速扩大，微机的应用已经扩展到各行各业，成为办公室的宠儿。同时由于微机价格的迅速降低，微机开始进入平常百姓家。

5. 计算机的发展趋势

随着人类社会的发展和科学技术的不断进步，计算机技术也在不断发展和进步，计算机的体积不断变小、性能不断提高，新的计算机产品不断涌现，但计算机总的发展趋势是微型化、巨型化、网络化和智能化这4个方向发展。

(1) 微型化

20世纪80年代，微型计算机的出现和大规模生产，使计算机的应用普及到社会各个领域。由于计算机制造采用了超大规模集成电路，使计算机更加微型化，运算速度进一步提高，内存容量大大增加，性能稳定，功能更完备，应用更加广泛。

(2) 巨型化

社会和科学技术在不断发展，一些尖端科学技术、军事、气象、航天等领域需要对大量的数据进行准确且快速的计算和处理，这些应用对计算机的运算速度和存储容量的要求也越来越高，使得计算机必须向超高速、大容量、强功能的巨型化方向发展。我国国防科技大学研发的"天河二号"超级计算机的峰值运算速度达到了5.49亿亿次/秒，由国家并行计算机工程技术研究中心研制的"神威·太湖之光"超级计算机的峰值运算速度更是达到了12.54亿亿次/秒。这些都是世界顶尖水平的巨型计算机。

(3) 网络化

一台计算机的硬件和软件资源是有限的，功能也是有限的。为了能够将地理位置不同的多台计算机的硬件及软件资源和数据资源进行共享，就促成了计算机向网络化的方向发展。计算机网络是计算机技术和通信技术相结合的产物，利用通信设备和通信线路，将分布在不同地理位置、功能独立的多个计算机系统连接起来，通过功能完善的网络软件实现网络中的资源共享和信息传递。计算机网络的出现使得人们的生活和思维方式发生了巨大的改变，因特网(Internet)是目前世界上用户最多、规模最大、资源最丰富的网络，它的范围覆盖了全球。

(4) 智能化

计算机诞生以来，随着计算机技术的发展和应用范围的扩大，计算机在人类各项活动中的地位越来越重要。随着人工智能技术的发展，人们对计算机提出了更高的要求，计算机系统将具有更多智能化的特性。所谓智能化，是指通过设计使计算机能够像人类一样具备思考、推理、学习等能力。人工智能是计算机科学的一个分支,生产出一种新的能用与人类智能相似的方式做出反应的智能机器,如机器人、语言识别、图像识别、自然语言处理和专家系统等。

1.2.3　计算机的特点

计算机的应用范围如此广泛,与其自身的特点是密不可分的。计算机的特点主要有以下几个方面。

1. 运算速度快

计算机的运算速度一般是指单位时间内执行指令的平均条数。现在,计算机的运算速度非常快,微型机每秒能进行几亿次至几十亿次的运算。世界上一些先进的超级计算机的运算速度可以达到每秒数千万亿次甚至上亿亿次。例如,气象、水情预报需要分析大量资料,如果用手工计算需 10 多天甚至更长的时间才能完成,其结果就失去了预报的意义。现在利用计算机的快速运算能力,10 多分钟就能做出一个地区的气象、水情预报。

2. 存储能力强

计算机具有存储部件,可以存储大量的数据资料,这是人脑所无法比拟的。在计算机中承担存储功能的部件是存储器。存储器既能存储各类数据信息(如数字、文字、图形、图像、声音等),又能存储处理加工这些数据信息的程序。计算机的存储容量大且准确,这为计算机能够自动、高速、正确地运行提供了保证。

3. 具有逻辑判断能力

计算机不但能够进行算术运算,还能够进行逻辑判断。例如,判断某个数是大于 100 还是小于 100;判断某个表达式是成立还是不成立,等等。具有判断能力,使计算机可以进行逻辑推理。不仅如此,计算机还可以根据逻辑判断的结果,自行决定以后执行的命令。人们正是利用计算机的这种逻辑判断能力,开发计算机在信息处理和人工智能等方面的功能。

4. 自动化程度高

计算机是一种自动化程度极高的电子设备,能够存储人们事先编写好的程序,在程序的控制和指挥下自动地完成规定的操作,其间不需要人工干预。这给很多行业带来了方便,也适合应用到人类难以胜任的、有毒的、有害的作业场所。

5. 可靠性高

由于计算机采用存储程序的工作方式,所以计算机在数据的加工和计算上,差错率极低,除非程序设计有问题或硬件设备出现故障,一般不会出现差错。

6. 计算精度高

计算机采用二进制表示各种信息。二进制数值的位数越多,精度就越高。因此,可以用加大计算机中二进制数位数的方法结合运用计算技巧,使数值计算的精度越来越高。一般情况下,计算机所能表示的数值数据的有效位数可以达到数十位,这是其他计算工具无法达到的。

1.2.4　计算机的分类

随着计算机技术的发展和应用范围的扩大,尤其是微处理器的发展,计算机的类型呈现出多样化的特点。人们对于计算机有多种分类方法。

1. 按工作原理划分

计算机按其工作原理可分为模拟计算机和数字计算机两大类。

模拟计算机的主要特点:参与运算的数值由不间断的连续量表示,其运算过程是连续的。模拟计算机由于受元器件质量影响,其计算精度较低,应用范围较窄,目前已很少生产。

数字计算机的主要特点:参与运算的数值由不连续的数值表示,其运算是按位进行计算。数字计算机由于具有逻辑判断等功能,能以近似人类大脑的"思维"方式进行工作,所以又被称为"电脑"。

2. 按计算能力划分

计算机按其规模、速度和功能等又可分为巨型计算机、大型计算机、中型计算机、小型计算机、微型计算机。这些类型之间的基本区别通常在于其体积大小、结构复杂程度、功率消耗、性能指标、数据存储容量、指令系统和设备、软件配置等方面。

（1）巨型计算机

巨型计算机也称为超级计算机。一般来说,巨型计算机的运算速度很高,可达每秒执行几亿条指令,数据存储容量很大,采用大规模并行处理体系结构,结构复杂,价格昂贵,主要用于军事、海洋科学计算和气象预报等领域。它也是衡量一个国家科技实力的重要标准之一。近年来,我国巨型计算机的研制取得了很大的成绩。我国自行研制成功了"银河""曙光""天河""神威"等系列高水平的巨型计算机系统,并在国民经济的重要领域得到了应用。

（2）大型计算机

大型计算机的特点是有极强的综合处理能力,有较快的处理速度,其存储容量仅次于巨型机。大型计算机主要用于计算机网络、大银行、大公司等。

（3）小型计算机

小型计算机的规模较小、结构简单,用户无须经过长期培训即可操作和维护,因此小型机比大型机的应用范围更广。小型机主要用于科学计算和数据处理,广泛用于企业管理及大学和研究所的科学计算等。

（4）微型计算机

微型计算机也称个人计算机(Personal Computer,PC),主要分为台式机和笔记本电脑两类。自 1981 年美国 IBM 公司推出的 IBM - PC 以来,微型计算机以其使用方便、价格便宜、体积小的优势很快普及到社会生活的各个领域中。

3. 按用途划分

数字计算机按用途及其使用的范围又可分为专用计算机和通用计算机。专用计算机与通用计算机在效率、速度、配置、结构复杂程度、造价和适应性等方面是有区别的。

专用计算机主要用来解决某类特定问题或用于某种专门的用途。专用计算机功能单一,装配解决特定问题的软件和硬件,针对某类问题能显示出有效、快速和经济的特性,但它的普适性较差,不适于其他方面的应用。在导弹和火箭上使用的计算机大部分是专用计算机。

通用计算机具有很强的综合处理能力,可以用来完成不同的任务,主要用于科学计算、数据处理。日常使用的微机属于通用计算机。通用计算机普适性很强,应用面很广。

1.2.5　计算机的应用

1. 科学计算

科学计算也称数值计算,是计算机发明之初的主要目的,并且一直是计算机的重要应用领域之一。科学计算是指利用计算机解决科学技术和工程中大量复杂并且人工在短时间内难以完成的计算问题。由于计算机的运算速度快并且运算精度高,大大缩减了运算时间,提高了科学研究和工程设计的效率和质量。在天文学、核物理学、量子化学等领域中,都需要依靠计算机进行复杂的运算,计算机的产生直接推动了现代科学技术的发展。

2. 过程控制

过程控制又称为实时控制,是指计算机及时搜集检测数据,分析计算后取最佳控制值对生产进程进行调节控制,如工业生产中的自动控制。利用计算机进行实时控制,既可提高自动化水平、保证产品质量,又可降低成本、减轻劳动强度。因此,在科学研究、工业生产、交通运输等方面得到了广泛的应用。

3. 计算机辅助系统

计算机辅助系统是利用计算机辅助完成不同类任务的系统的总称,用来帮助或代替人的工作,不仅缩短了工作时间,而且大大提高了产品质量。目前常见的计算机辅助系统有计算机辅助设计(Computer Aided Design,CAD)、计算机辅助制造(Computer Aided Manufacturing,CAM)、计算机辅助教学(Computer Aided Instruction,CAI)等。

计算机辅助设计(CAD)是指利用计算机进行设计、实现最佳设计效果的一项实用技术。由于计算机有快速的数值计算、较强的数据处理以及模拟的能力,所以采用计算机辅助设计可以大大缩短设计周期,加速产品的更新换代,节省人力物力,而且对保证产品质量有重要作用。因而在船舶、飞机等设计制造中,CAD占有越来越重要的地位。

计算机辅助制造(CAM)是指利用计算机进行计划、管理和控制加工设备的操作。例如,在产品的制造过程中,利用计算机控制机器的运行及对产品进行检验等。利用计算机辅助制造可以提高产品质量,降低生产成本,提高生产率和改善工作环境等。

计算机辅助教学(CAI)是指利用计算机帮助教师进行教学活动。利用计算机辅助教学可以改变传统的教学方法和教学模式,丰富教学形式和教学环境。随着多媒体技术的蓬勃发展,计算机辅助教学可以使传统的书本教学变得直观、逼真,充分调动了学生的学习积极性,提高了教学质量。计算机辅助教学与计算机网络结合起来,可以实现远程教学和网络教学等。

4. 信息处理

信息处理也称数据处理,是指利用计算机对原始数据进行收集、整理、分类、选择、存储、制表、检索、输出等加工过程。人们把数据按照一定的方式输入到计算机中,通过计算机的运算、处理,输出人们需要的有用信息。信息处理是计算机应用的一个重要方面,涉及的范围和内容十分广泛,如自动阅卷系统、图书检索系统、财务管理系统、生产管理系统、医疗诊断系统、编辑排版系统等。

5．智能模拟

智能模拟亦称人工智能。人工智能是将人脑中进行演绎推理的思维过程,规则和所采取的策略、技巧等设计成计算机程序,从而在计算机中存储一些公理和推理规则,然后让计算机依据这些公理和推理规则去自动探索解题的方法。计算机还可以具有一定的学习和推理功能,能够自动积累知识,并且独立地按照人类赋予的推理逻辑来解决问题。

利用计算机模拟人类的智力活动,以替代人类部分脑力劳动,这是一个很有发展前途的研究领域。第五代计算机的开发,将成为智能模拟研究成果的集中体现。具有一定"学习、推理和联想"能力的机器人的不断出现,正是智能模拟研究工作取得进展的标志。智能计算机作为人类智能延伸的辅助工具,将被越来越多地应用到人类社会的各个领域。

1.3 计算机工作原理

随着计算机技术的发展,计算机与人类社会的各项活动结合得越来越紧密。为了更好地掌握计算机技术,必须要了解计算机的系统组成、工作原理、计算机内部的信息表示、不同数制之间的相互转换等计算机基础知识。

1.3.1 冯·诺依曼的"存储程序"设计思想

自从第一台电子计算机被研制成功以来,随着计算机技术的发展以及相关产业技术的发展,计算机的制造技术也发生了巨大的变化。计算机的主要部件经历了由电子管到超大规模集成电路的变化,计算机的应用已经深入到社会的各个领域。但是计算机一直沿用冯·诺依曼(von Neumann)体系结构,到目前为止的计算机基本上都是基于冯·诺依曼体系结构的计算机。

冯·诺依曼是美籍匈牙利裔数学家,他在1945年首先提出了计算机体系结构设想,这对后来的计算机在体系结构和工作原理上具有重大的影响。因此,冯·诺依曼被称为"计算机之父"。

冯·诺依曼设计思想的主要内容如下:

(1) 计算机内部的数据和指令用二进制数表示。

(2) 将事先编好的程序和需要处理的数据首先存入到存储器中,在计算机执行程序的过程中,不需要人工干预,计算机会自动地从存储器中按照顺序一条一条地取出指令并执行。

程序和数据首先存储到存储器中即"存储程序"——这一思想被誉为"计算机发展史上的一个里程碑",它标志着计算机时代的真正开始,指导着以后的计算机设计。计算机被说成是"万能的机器",就是因为它采用"存储程序"的方式工作,只要给它不同的程序,它就可以做不同的事情。

（3）计算机由运算器、控制器、存储器、输入设备和输出设备五大基本部分组成。冯·诺依曼设计思想对这五大部分的基本功能进行了规定和说明。

只有了解了冯·诺依曼的"存储程序"设计思想，才能真正理解计算机的工作原理及工作过程。

1.3.2 计算机硬件系统的基本组成

一个完整的计算机系统由硬件系统和软件系统组成。硬件系统是指组成一台计算机的物理设备的总称。根据冯·诺依曼的设计思想，计算机硬件系统包括运算器、控制器、存储器、输入设备和输出设备五大基本部分。计算机硬件系统结构如图 1-2 所示。

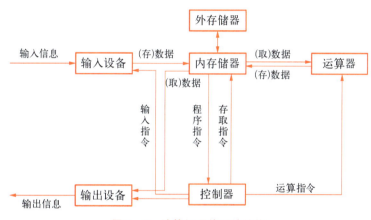

图 1-2 计算机硬件系统结构

1. 运算器

运算器又称算术逻辑单元（Arithmetic and Logic Unit，ALU）。运算器主要负责对二进制代码进行算术和逻辑运算，是计算机进行各种运算的基础。算术运算包括加、减、乘、除等基本运算；逻辑运算包括与、或、非、异或以及逻辑判断（对与错、真与假、成立与不成立等）和关系比较（大于、等于、小于等）。运算器只能执行上述的基本运算，复杂的计算需分解后由基本运算一步一步实现。

随着计算机硬件技术及相关其他技术的飞速发展，运算器的运算速度已非常惊人，现代的计算机具有很强的数据处理能力和逻辑判断能力。

所需处理的数据由内存储器传送至运算器中，经过运算器相应的运算处理后，将运算结果再传送回内存储器中。

2. 控制器

控制器是计算机的控制指挥中心，计算机是在它的控制指挥之下进行工作的，类似于人的大脑。控制器的功能是通过地址访问存储器，并从中依次取出指令，对指令进行分析、译码，确定指令的类型，根据指令产生相应的控制信号作用于相关的部件，以控制完成指令所要求的操作，保证计算机各部件能够自动、连续、协调一致地工作。

控制器是一个复杂的逻辑电路,由程序计数器、指令寄存器、指令译码器及操作控制电路、时序电路等组成。

- 程序计数器:对组成程序的指令进行计数,确保控制器能够逐条从内存中读取指令。
- 指令寄存器:用来保存即将执行的指令。
- 指令译码器:用来分析指令寄存器中的指令,并识别指令的功能。
- 操作控制电路和时序电路:根据指令产生各种控制操作命令。

在计算机硬件系统中,通常将运算器和控制器集成在一块芯片上,组成中央处理器(Central Processing Unit,CPU)。如果把 CPU 所需要的控制电路也集成在一块芯片上,就称为微处理器(Micro-Processing Unit,MPU)。它是计算机硬件系统的核心,负责指挥和控制整个计算机,并进行运算和数据处理。因此,CPU 的性能直接影响整个计算机系统的性能。

3. 存储器

基于冯·诺依曼体系结构的计算机硬件系统都包括存储器这个部件。存储器的作用是用来存放程序和数据以及中间计算结果等信息。

随着计算机技术的发展,计算机中使用的存储器也有许多种类。按照功能划分,存储器可以分为两大类:内存储器(简称内存,也称为主存储器)和外存储器(简称外存,也称为辅助存储器)。

(1)内存

内存一般由半导体材料制造,由超大规模集成电路构成。它的功能是用来存储计算机当前正在运行的程序、正在使用的数据、运算过程的中间结果及最终结果。程序都必须存储到内存中才能得到执行。因为内存要与计算机的各个部件进行数据交换,所以内存的存取速度将直接影响计算机的运算速度。半导体存储器的体积小、功耗低、存取速度快。它的缺点是停电后所保存的信息将丢失。相对于外存,它的存储容量小、价格高。

(2)外存

外存一般由磁性材料或光学材料制造而成。外存的作用是用来存储计算机暂时不用的或需要长期保存的程序、数据、结果等信息。外存的特点是能够长久地存储信息并且在断电或关机后,其存储的信息仍不会丢失。与内存相比,外存的存储容量大、价格低,但是存取速度较慢。

常见的外存有硬盘、光盘、U 盘(也称闪存盘)等。

4. 输入设备

输入设备用于将需要计算机运行的程序和相关数据输入计算机,并将这些信息转换成计算机可以识别的二进制编码。常见的输入设备有键盘、鼠标、扫描仪、光笔、麦克风等。

5. 输出设备

输出设备能够接收从计算机内存传送来的处理结果并以人们熟悉的文字、图形、声音等形式展现出来。常见的输出设备有显示器、打印机、音箱等。

1.3.3　存储程序的工作过程

1. 计算机的指令系统

（1）指令

指令是能够被计算机识别且执行的一组二进制代码，它规定了计算机执行的一个操作步骤。每一条指令都是由操作码和操作数两部分组成的，如图 1-3 所示。

| 操作码 | 操作数 |

图 1-3　指令组成

● 操作码：指令的操作码表示该指令应进行什么类型或性质的操作，如加法、输出数据等。组成操作码字段的二进制位数一般取决于计算机指令系统的规模。

● 操作数：指令的操作数表示该指令的操作对象的内容或地址。一般情况下，操作数是地址码（可以是 0～3 个）。从地址码得到的可以是操作对象的地址，也可以是操作结果所存放的地址。

（2）指令系统

指令系统是指一台计算机所能执行的所有指令的集合。不同类型的计算机，其指令系统包括的指令条数也不尽相同。但是一个比较完善的指令系统应包括数据传送类指令、算术运算类指令、逻辑运算类指令、程序控制类指令、输入输出类指令和其他指令。

● 数据传送类指令：负责数据在内存与 CPU 之间或 CPU 内部的存储器之间进行数据传送。

● 算术运算类指令：负责数据的算术运算。

● 逻辑运算类指令：负责数据的逻辑或关系运算。

● 程序控制类指令：负责控制程序中指令的执行顺序，如顺序执行、条件转移、子程序调用等。

● 输入输出类指令：负责实现主机与外围设备之间的数据传输。

● 其他指令：用作其他辅助用途的指令，如对计算机的硬件进行管理等。

2. 程序

通俗地讲，程序就是要让计算机完成某一项任务而编制的工作步骤，只不过这个工作步骤是用计算机的指令来描述的。所以，程序是指令的有序集合。指令可以是机器指令，由机器指令编制的程序叫做机器语言程序。用高级语言的指令编制的程序叫做高级语言程序。

"存储程序"的设计思想要求人们事先根据特定的问题和要求编制好程序，然后把程序存储在计算机的存储器中，计算机在执行程序所对应的指令时按存储器中存储指令的首地址取出第一条指令并执行，接着取出并执行第二条指令，整个过程都按照程序规定的顺序执行指令，直到所有必须执行的指令都被执行完毕。

程序是计算机系统的用户依据解决问题的步骤和方法，用计算机指令编写的有序集合。这种程序叫做机器语言程序。对程序员来说,编制机器语言程序是一件非常枯燥的事情,因为机器指令不便于人们记忆。为了便于编程,人们设计了高级语言,用高级语言编写的程序输入计算机后必须由特定的编译程序进行编译,编译的目的是将高级语言的指令转换为计算机所能识别的机器指令,每条机器指令都是一组二进制代码。CPU 只能识别和执行机器指令。

3. 计算机的工作过程

基于冯·诺依曼体系结构的计算机的工作过程,实际上就是计算机执行指令的过程。指令的执行过程如下。

(1)取指令。CPU 按照程序计数器中的内容,即指令在存储器中的地址,从存储器中取出指令并将指令送到指令寄存器中。

(2)分析指令。对指令寄存器中的指令进行分析和译码,将指令的操作码转换成对应的电位控制信号,分析指令过程和确定操作数的地址。

(3)执行指令。CPU 根据分析指令得到的信息完成本条指令所要求的操作。

(4)指向下一条指令。一条指令执行完成,修改程序计数器中的值,让其指向下一条要执行的指令。

计算机的指令执行过程如图 1-4 所示。

图 1-4 计算机的指令执行过程

1.4 计算机中数字信息的表示方法

在日常生活中,人们习惯使用的数值进制是十进制,用 10 个数字(0,1,2,3,…,9)来表示 10 个状态或数值,如 32、127 等。在计算机科学中,数据是计算机处理的对象。这里的"数据"含义非常广泛,包括数值、文字、图形、图像、视频等各种数据形式。而计算机系统内部一律是采用二进制表示数据,以此实现数据的存储和运算。二进制只需要两个数字,0 和 1。同时,为了书写方便,也经常采用八进制数和十六进制数,因为八进制和十六进制与二进制之间有着直接而方便的换算关系。

了解和掌握数制和数制转换的基本知识对于进一步学习和掌握计算机技术是十分必要的。

1.4.1 二进制的特点

1. 电路工作可靠

计算机是由逻辑电路组成的,逻辑电路通常只有两种稳定状态,例如开关的接通与断开、晶体管的导通与截止、电压电平的高与低、电子脉冲的有和无等。两种状态正好可以分别用来表示二进制的两个数码：1 和 0。如果采用其他的进位制，那么，对于每一个数值，计算机必须采用具有更多种稳定状态的器件，这样不仅会大大增加设计制造计算机的难度，还会影响计算的精确度，降低运算速度。而用晶体管的导通与截止这两种状态来表示 1 或 0，会使得计算机的工作特别可靠。

2. 抗干扰性强

两个状态代表的两个数码在数字传输和处理中具有较高的抗干扰性，使得计算过程不容易出错，因而更加可靠。

3. 运算法则简单

二进制运算法则简单。例如，求积运算法则只有 3 条。而十进制的运算法则（九九乘法表）让机器去实现就非常复杂了。

十进制数的运算规则比较复杂，仅乘法规则就有 81 条。而二进制数的运算规则相当简单，总结如下。

① 加法运算规则：	② 减法运算规则：	③ 乘法运算规则：
$0+0=0$	$0-0=0$	$0\times 0=0$
$0+1=1$	$0-1=1$（有借位）	$0\times 1=0$
$1+0=1$	$1-0=1$	$1\times 0=0$
$1+1=0$（有进位）	$1-1=0$	$1\times 1=1$

4. 逻辑性强

计算机的工作是建立在逻辑运算基础上的。逻辑代数是逻辑运算的理论依据。二进制的两个数码正好代表逻辑代数中的"真"与"假"。计算机中电路的功能可以用数学（逻辑代数）来描述，因此二进制计数在计算机中被广泛采用。

1.4.2　进位计数制

数制是人们利用符号来计数的科学方法。数制分为非进位计数制和进位计数制。进位计数制中，十进制是"逢十进一"，八进制是"逢八进一"，二进制是"逢二进一"，十六进制是"逢十六进一"。

无论哪一种计数制都涉及两个基本概念：基数和权。某种进位制的基数是指在这种进位制中允许使用的基本数码，也即每个数位上能使用的数码个数。如十进制的基数是 10。权也称位权，它的计算方法是：以该进位制的基数为底，以数码所在数位的序号为指数，所得的整数次幂值即为该进位制在该数位上的权。数位是进位计数制中某数码符号在该数中的位置数，对整数而言，一个数从它的最右边开始向左数为 0，1，2，…对于进位计数制的小数部分，则从小数点开始向右数为 −1，−2，−3，…在十进制中，整数右起第一位的权为 1，第二位的权为 10，第三位的权为 100，…人们常说的个、十、百、千、万，就是十进制的权值。

位权与基数的关系：位权的值是基数的若干次幂。因此，用任何一种数制表示的数都可以写成按位权展开的多项式之和。可以用以下表达式表示一个任意进制的数 X：

$$X = a_n N^{n-1} + a_{n-1} N^{n-2} + \cdots + a_1 N^0 + b_1 N^{-1} + \cdots + b_m N^{-m}$$

其中，N 是计数制的基数；a_n 和 b_m 可以是 $0,1,\cdots,N-1$ 中的任一个数码，a_n 表示整数部分各位上的数码，b_m 表示小数部分各位上的数码，它是由 X 的数值决定的；n 表示整数部分的数位，m 表示小数部分的数位。

由于八进制和十六进制与二进制之间有着特殊的关系，在计算机应用中也常常使用八进制与十六进制来表示数。为了把不同进制的数区分开，将二进制数表示为 $(N)_2$ 或 $(N)_B$，将十进制数表示为 $(N)_{10}$，将八进制数表示为 $(N)_8$，将十六进制数表示为 $(N)_{16}$。

1. 二进制的表示方法

- 用两个数字符号(0 和 1)表示所有的数，如 101、10110 等。
- 采用"逢二进一、借一当二"的计数方法，其基数是 2。

因此一个二进制数 1001.101 可以表示成如下多项式：

$$(1001.101)_2 = 1 \times 2^3 + 0 \times 2^2 + 0 \times 2^1 + 1 \times 2^0 + 1 \times 2^{-1} + 0 \times 2^{-2} + 1 \times 2^{-3}$$

其中，2 称为基数，表示进位制，每项中以 2 为底的幂称为相应数位上的权。通常将上式称为"按权展开式"。对于任意的二进制数均可写成按权展开式的形式。例如：

$$(10110)_2 = 1 \times 2^4 + 0 \times 2^3 + 1 \times 2^2 + 1 \times 2^1 + 0 \times 2^0$$

2. 十进制的表示方法

- 用十个数字符号(0~9)表示所有的数，如 78、1 057、62.35 等。
- 采用"逢十进一、借一当十"的计数方法，其基数是 10。

对于任意的十进制数均可写成按权展开式的形式。例如：

$$(62.35)_{10} = 6 \times 10^1 + 2 \times 10^0 + 3 \times 10^{-1} + 5 \times 10^{-2}$$

3. 八进制的表示方法

- 用八个数字符号(0~7)表示所有的数，如 43、25 等。
- 采用"逢八进一、借一当八"的计数方法，其基数是 8。

对于任意的八进制数均可写成按权展开式的形式。例如：

$$(345.76)_8 = 3 \times 8^2 + 4 \times 8^1 + 5 \times 8^0 + 7 \times 8^{-1} + 6 \times 8^{-2}$$

4. 十六进制的表示方法

- 用十六个数字符号($0,1,2,\cdots,9$,A,B,C,D,E,F)表示所有的数，如 2A4.D5、2E0.B。在这里，A、B、C、D、E、F 这六个英文字母分别作为 10~15 这 6 个数值的数字符号。
- 采用"逢十六进一、借一当十六"的计数方法，其基数是 16。

对于任意的十六进制数均可写成按权展开式的形式。例如：

$$(2C4.F6)_{16} = 2 \times 16^2 + 12 \times 16^1 + 4 \times 16^0 + 15 \times 16^{-1} + 6 \times 16^{-2}$$

注意，若用 R 来表示二进制、十进制、八进制、十六进制，则它们的基数就为 R，即 2、10、8、16，而每种进制中每一位上允许使用的最大数码则为 $R-1$，即 1、9、7、F(15)。学习数制转换的目的，是为了更加深刻地了解计算机的工作过程和在今后的计算机应用过程中能够更好地与计算机工作者沟通。

1.4.3 二进制与十进制之间的转换

1. 二进制转换成十进制

采用"乘权求和法"可以方便地将二进制数转换为十进制数。只要将二进制数按权展开,把各位的权数与该位上的数码(0 或 1)相乘,然后按十进制运算规则相加即可。例如:

$$(1001.101)_2 = 1 \times 2^3 + 0 \times 2^2 + 0 \times 2^1 + 1 \times 2^0 + 1 \times 2^{-1} + 0 \times 2^{-2} + 1 \times 2^{-3}$$
$$= (9.625)_{10}$$

即:$(1001.101)_2 = (9.625)_{10}$。

2. 十进制转换成二进制

一个十进制数转换成二进制数时,需将这个十进制数的整数部分和小数部分分别进行转换,然后把转换后的两部分用小数点连接起来。下面分别介绍十进制整数和十进制小数转换成二进制的方法。

(1)十进制整数转换成二进制整数

十进制整数转换成二进制整数采用"除 2 取余法",即将已知的十进制数的整数部分除以 2,得到一个商和一个余数(标记为 K_0);再将这个商除以 2,又得到一个商和一个余数(标记为 K_1),这样依次除下去,并且按照顺序依次记下得到的余数 K_n,直到得到的商是 0 为止。将每次除以 2 得到的余数依次记下来得到 $K_n \cdots K_1 K_0$,就是这个十进制数整数部分转换成二进制的结果。

例 1-1 将十进制整数 215 转换成二进制整数。

转换过程如下:

```
2 ┌ 2 1 5
2 ├ 1 0 7  ··········余 1(K₀)
2 ├   5 3  ··········余 1(K₁)
2 ├   2 6  ··········余 1(K₂)
2 ├   1 3  ··········余 0(K₃)
2 ├     6  ··········余 1(K₄)
2 ├     3  ··········余 0(K₅)
2 ├     1  ··········余 1(K₆)
        0  ··········余 1(K₇)
```

即:$(215)_{10} = (11010111)_2$

注意:十进制数第一次除 2 所得的余数是二进制数的最低有效位,最后的一个余数是二进制数的最高有效位。所以,又叫"除二取余逆序法"。

(2)十进制小数转换成二进制小数

十进制小数转换成二进制小数可以采用"乘 2 取整法",即将十进制小数乘以 2,得到一个整数部分(标记为 F_1)和一个小数部分;再将得到的小数部分再乘以 2,又得到一个整数部分(标记为 F_2)和一个小数部分;这样依次重复乘以 2 的操作,并且按照顺序依次记下得到的整数 F_n,直到得到的小数部分为 0 或满足要求的精度为止。将每次乘以 2 得到的整数依次记下来得到 $F_1F_2 \cdots F_n$,就是这个十进制数小数部分转换成二进制的结果。

例 1-2 将十进制小数 0.649 转换成二进制小数(要求保留 6 位有效数字)。

转换过程如下:

$$0.649 \times 2 = 1.298 \cdots\cdots\cdots 取整 1(F_1)$$
$$0.298 \times 2 = 0.596 \cdots\cdots\cdots 取整 0(F_2)$$
$$0.596 \times 2 = 1.192 \cdots\cdots\cdots 取整 1(F_3)$$
$$0.192 \times 2 = 0.384 \cdots\cdots\cdots 取整 0(F_4)$$
$$0.384 \times 2 = 0.768 \cdots\cdots\cdots 取整 0(F_5)$$
$$0.768 \times 2 = 1.536 \cdots\cdots\cdots 取整 1(F_6)$$

即:$(0.649)_{10} = (0.101001)_2$

例 1-3 将十进制小数 0.625 转换成二进制小数。

转换过程如下:

$$0.625 \times 2 = 1.250 \cdots\cdots\cdots 取整 1(F_1)$$
$$0.250 \times 2 = 0.500 \cdots\cdots\cdots 取整 0(F_2)$$
$$0.500 \times 2 = 1.000 \cdots\cdots\cdots 取整 1(F_3)$$

即:$(0.625)_{10} = (0.101)_2$

注意:一个十进制小数经过多次乘以 2 的步骤最终得到的小数部分不一定为 0,此时通常根据精度的要求转换到要求的位数为止,得到的结果是近似值。十进制小数第一次乘 2 所得的整数部分是二进制小数的最高有效位,最后一次乘 2 所得的整数部分是二进制小数的最低有效位。所以,又叫"乘二取整顺序法"。

1.4.4 八进制与十进制之间的转换

1. 八进制转换成十进制

采用"乘权求和法"可以方便地将八进制数转换为十进制数。只要将八进制数按权展开,把各位的权数与该位上的数码(0~7)相乘,然后按十进制运算规则相加即可。

例 1-4 将八进制数 432.57 转换成十进制数。

$$(432.57)_8 = 4 \times 8^2 + 3 \times 8^1 + 2 \times 8^0 + 5 \times 8^{-1} + 7 \times 8^{-2}$$

即:$(432.57)_8 = (282.734375)_{10}$

2. 十进制转换成八进制

一个十进制数转换成八进制数的方法,类似于将十进制数转换成二进制数,即将这个十进制数的整数部分和小数部分分别进行转换,然后把转换后的两部分用小数点连接起来。下面分别介绍十进制整数和十进制小数转换成八进制数的方法。

（1）十进制整数转换成八进制整数

十进制整数转换成八进制整数采用"除 8 取余法"，即将已知的十进制数的整数部分除以 8，得到一个商和一个余数（标记为 K_0）；再将这个商除以 8，又得到一个商和一个余数（标记为 K_1）；这样依次除下去，并且按照顺序依次记下得到的余数 K_n，直到得到的商是 0 为止。将每次除以 8 得到的余数依次记下来得到 $K_n \cdots K_1 K_0$，就是这个十进制数整数转换成八进制整数的结果。

例 1-5 将十进制整数 46 转换成八进制整数。

转换过程如下：

$$
\begin{array}{r}
8\ \underline{|\ 46} \\
8\ \underline{|\ \ 5} \quad \cdots\cdots\cdots\cdots \text{余 } 6(K_0) \\
0 \quad \cdots\cdots\cdots\cdots \text{余 } 5(K_1)
\end{array}
$$

即：$(46)_{10} = (56)_8$

（2）十进制小数转换成八进制小数

十进制小数转换成八进制小数可以采用"乘 8 取整法"，即将十进制小数乘以 8，得到一个整数部分（标记为 F_1）和一个小数部分；再将得到的小数部分乘以 8，又得到一个整数部分（标记为 F_2）和一个小数部分；这样依次重复乘以 8 的操作，并且按照顺序依次记下得到的整数部分 F_n，直到得到的小数部分为 0 或满足要求的精度为止。将每次乘以 8 得到的整数部分依次记下来得到 $F_1 F_2 \cdots F_n$，就是这个十进制数小数转换成八进制小数的结果。

例 1-6 将十进制小数 0.815 转换成八进制小数（要求保留 5 位有效数字）。

转换过程如下：

$$
\begin{aligned}
0.815 \times 8 &= 6.520 \cdots\cdots\cdots \text{取整 } 6(F_1) \\
0.520 \times 8 &= 4.160 \cdots\cdots\cdots \text{取整 } 4(F_2) \\
0.160 \times 8 &= 1.280 \cdots\cdots\cdots \text{取整 } 1(F_3) \\
0.280 \times 8 &= 2.240 \cdots\cdots\cdots \text{取整 } 2(F_4) \\
0.240 \times 8 &= 1.920 \cdots\cdots\cdots \text{取整 } 1(F_5)
\end{aligned}
$$

即：$(0.815)_{10} = (0.641\,21)_8$

例 1-7 将十进制小数 0.125 转换成八进制小数。

转换过程如下：

$$
0.125 \times 8 = 1.000 \cdots\cdots\cdots \text{取整 } 1(F_1)
$$

即：$(0.125)_{10} = (0.1)_8$

根据例 1-5 和例 1-7 的结果可知：

$$
(46.125)_{10} = (56.1)_8
$$

注意： 一个十进制小数不一定能完全准确地转换成八进制小数，这时应根据精度要求转换到一定的位数为止,此时得到的是近似值。

1.4.5 十六进制与十进制之间的转换

1. 十六进制转换成十进制

采用"乘权求和法"可以方便地将十六进制数转换为十进制数。只要将十六进制数按权展开,把各位的权数与该位上的数码(0~9,A~F)相乘,然后按十进制运算规则相加即可。

例 1-8 将十六进制数 6C3.2D 转换成十进制数。

$$(6C3.2D)_{16} = 6 \times 16^2 + 12 \times 16^1 + 3 \times 16^0 + 2 \times 16^{-1} + 13 \times 16^{-2}$$
$$= (1\ 731.175\ 781\ 25)_{10}$$

2. 十进制转换成十六进制

一个十进制数转换成十六进制数的方法,类似于将十进制数转换成二进制数,即将这个十进制数的整数部分和小数部分分别进行转换,然后把转换后的两部分用小数点连接起来。下面分别介绍十进制整数和十进制小数转换成十六进制数的方法。

(1) 十进制整数转换成十六进制整数

十进制整数转换成十六进制整数采用"除 16 取余法",即将已知的十进制数的整数部分除以 16,得到一个商和一个余数(标记为 K_0);再将这个商除以 16,又得到一个商和一个余数(标记为 K_1);这样依次除下去,并且按照顺序依次记下得到的余数 K_n,直到得到的商是 0 为止。将每次除以 16 得到的余数依次记下来得到 $K_n \cdots K_1 K_0$,就是这个十进制数整数转换成十六进制的结果。

例 1-9 将十进制整数 46 转换成十六进制整数。

转换过程如下:

$$
\begin{array}{r}
16\ \lfloor\underline{46} \\
16\ \lfloor\underline{\quad 2} \cdots\cdots\cdots 余 14(K_0) \\
0 \cdots\cdots\cdots 余 2(K_1)
\end{array}
$$

即:$(46)_{10} = (2E)_{16}$

(2) 十进制小数转换成十六进制小数

十进制小数转换成十六进制小数可以采用"乘 16 取整法",即将十进制小数乘以 16,得到一个整数部分(标记为 F_1)和一个小数部分;再将得到的小数部分乘以 16,又得到一个整数部分(标记为 F_2)和一个小数部分;这样依次重复乘以 16 的操作,并且按照顺序依次记下得到的整数部分 F_n,直到得到的小数部分为 0 或满足要求的精度为止。将每次乘以 16 得到的整数部分依次记下来得到 $F_1 F_2 \cdots F_n$,就是这个十进制数小数转换成十六进制小数的结果。

例 1-10 将十进制小数 0.125 转换成十六进制小数。

转换过程如下:

$$0.125 \times 16 = 2.000 \cdots\cdots\cdots 取整 2(F_1)$$

即：$(0.125)_{10} = (0.2)_{16}$

1.4.6　八进制、十六进制与二进制之间的转换

由于八进制和十六进制与二进制之间有着特殊的关系，在计算机应用中也常常使用八进制与十六进制来表示数。所以掌握好八进制和十六进制与二进制之间的转换关系可以为以后学习计算机的基础知识打下坚实的基础。

1. 八进制与二进制之间的转换

因为二进制的基数是 2，八进制的基数是 8，并且 $8 = 2^3$，也就是说，3 位二进制数对应 1 位八进制数，所以八进制与二进制之间的转换十分简单。

（1）二进制转换成八进制

二进制转换成八进制的方法是：以小数点为界分别向左右分组，每三位为一组，左右两头不足 3 位可以补 0 凑满 3 位，把每组二进制数都按照对应关系转换成八进制数。

例 1 - 11　将二进制数 11010 转换成八进制数。

$$011 \quad 010$$
$$3 \qquad 2$$

即：$(11010)_2 = (32)_8$

例 1 - 12　将二进制数 1001011.11001 转换成八进制数。

$$001 \quad 001 \quad 011. \quad 110 \quad 010$$
$$1 \qquad 1 \qquad 3 \qquad 6 \qquad 2$$

即：$(1001011.11001)_2 = (113.62)_8$

（2）八进制转换成二进制

八进制转换成二进制的方法是：把八进制数的每一位按照对应关系转换成 3 位的二进制数即可。

例 1 - 13　将八进制数 713 转换成二进制数。

$$7 \qquad 1 \qquad 3$$
$$111 \quad 001 \quad 011$$

即：$(713)_8 = (111001011)_2$

例 1 - 14　将八进制数 426.37 转换成二进制数。

$$(426.37)_8 = (100\ 010\ 110.011\ 111)_2$$
$$4 \quad 2 \quad 6 \quad 3 \quad 7$$

2. 十六进制与二进制之间的转换

因为二进制的基数是 2，十六进制的基数是 16，并且 $16 = 2^4$，也就是说，4 位二进制数

对应 1 位十六进制数,所以十六进制与二进制之间的转换也十分简单。

(1) 二进制转换成十六进制

二进制转换成十六进制的方法是:以小数点为界分别向左右分组,每 4 位为一组,左右两头不足 4 位可以补 0 凑满 4 位,把每组二进制数都按照对应关系转换成十六进制数。

例 1-15 将二进制数 10111101 转换成十六进制数。

$$1011 \quad 1101$$
$$B \qquad D$$

即:$(10111101)_2 = (BD)_{16}$

(2) 十六进制转换成二进制

十六进制转换成二进制的方法是:把十六进制数的每一位按照对应关系转换成 4 位的二进制数即可。

例 1-16 将十六进制数 57B 转换成二进制数。

$$5 \qquad 7 \qquad B$$
$$0101 \quad 0111 \quad 1011$$

即:$(57B)_{16} = (10101111011)_2$

例 1-17 将十六进制数 6B3.9F 转换成二进制数。

$$6 \qquad B \qquad 3. \qquad 9 \qquad F$$
$$0110 \quad 1011 \quad 0011 \quad 1001 \quad 1111$$

即:$(6B3.9F)_{16} = (11010110011.10011111)_2$

几种数制的转换对照表见表 1-1。

表 1-1 几种数制的转换对照表

十进制	二进制	八进制	十六进制	十进制	二进制	八进制	十六进制
0	0000	0	0	8	1000	10	8
1	0001	1	1	9	1001	11	9
2	0010	2	2	10	1010	12	A
3	0011	3	3	11	1011	13	B
4	0100	4	4	12	1100	14	C
5	0101	5	5	13	1101	15	D
6	0110	6	6	14	1110	16	E
7	0111	7	7	15	1111	17	F

1.4.7 二进制数的算术运算

二进制数的运算包括算术运算和逻辑运算。二进制数的算术运算同十进制数的算术运算一样,包括加法、减法、乘法和除法。其中加法和减法是基本运算,利用加法和减法可以实现二进制数的乘法和除法。

1. 二进制数的加法运算

二进制数的加法运算法则:

$$0+0=0 \quad 0+1=1 \quad 1+0=1 \quad 1+1=10(逢二进一,向高位进位)$$

例 1-18　计算 $(1010)_2+(1101)_2$

$$
\begin{array}{r}
1010 \\
+\quad 1101 \\
\hline
10111
\end{array}
$$

即:$(1010)_2+(1101)_2=(10111)_2$

例 1-19　计算 $(1110001)_2+(10101)_2$

$$
\begin{array}{r}
1110001 \\
+\quad 10101 \\
\hline
10000110
\end{array}
$$

即:$(111001)_2+(10101)_2=(10000110)_2$

2. 二进制数的减法运算

二进制数的减法运算法则:

$$0-0=0 \quad 1-0=1 \quad 1-1=0 \quad 10-1=01(向高位借位,借一当二)$$

例 1-20　计算 $(1110)_2-(1010)_2$

$$
\begin{array}{r}
1110 \\
-\quad 1010 \\
\hline
0100
\end{array}
$$

即:$(1110)_2-(1010)_2=(100)_2$

例 1-21　计算 $(10100)_2-(1110)_2$

$$
\begin{array}{r}
10100 \\
-\quad 1110 \\
\hline
0110
\end{array}
$$

即:$(10100)_2-(1110)_2=(110)_2$

3. 二进制数的乘法运算

二进制数的乘法运算法则:

$$0\times0=0 \quad 0\times1=0 \quad 1\times0=0 \quad 1\times1=1$$

例 1-22　计算 $(101)_2\times(110)_2$

$$
\begin{array}{r}
101 \\
\times\quad 110 \\
\hline
000 \\
101 \\
101 \\
\hline
11110
\end{array}
$$

即:$(101)_2\times(110)_2=(11110)_2$

例 1-23　计算 $(1011)_2\times(100)_2$

$$
\begin{array}{r}
1011 \\
\times\quad 100 \\
\hline
0000 \\
0000 \\
1011 \\
\hline
101100
\end{array}
$$

即:$(1011)_2\times(100)_2=(101100)_2$

4. 二进制数的除法运算

二进制数的除法运算法则:

$$0\div0=0 \quad 0\div1=0 \quad 1\div0(无意义) \quad 1\div1=1$$

例 1-24 计算 $(11001)_2 \div (101)_2$

$$
\begin{array}{r}
1\ 0\ 1 \\
101\overline{\smash{\big)}1\ 1\ 0\ 0\ 1} \\
\underline{1\ 0\ 1} \\
1\ 0\ 1 \\
\underline{1\ 0\ 1} \\
0
\end{array}
$$

即：$(11001)_2 \div (101)_2 = (101)_2$

1.4.8 二进制的逻辑运算

计算机之所以被称为"电脑"，主要原因之一就是因为计算机能够进行逻辑运算和判断。由于计算机只能识别二进制信息，所以在计算机内用二进制数"1"和"0"来代表逻辑概念上的真与假、对与错、是与否、有与无等，并称"1"和"0"为逻辑变量，逻辑变量之间的运算就称为逻辑运算。

逻辑运算包括：逻辑加法运算、逻辑乘法运算和逻辑否运算，并可以从这些基本逻辑运算中推导出其他运算。

1. 逻辑加法运算

逻辑加法运算又称为"逻辑或"运算，通常用符号"＋"或"∨"来表示两个逻辑变量之间的"或"关系。

逻辑或的运算规则：

$$0+0=0 \qquad (0 \vee 0=0) \qquad 0+1=1 \qquad (0 \vee 1=1)$$
$$1+0=1 \qquad (1 \vee 0=1) \qquad 1+1=1 \qquad (1 \vee 1=1)$$

由上述规则可以看出：在给定的逻辑变量中，只要有一个逻辑变量为"1"，其逻辑或的结果就为"1"；只有两个逻辑变量都为"0"时，其逻辑或的结果才为"0"。

2. 逻辑乘法运算

逻辑乘法运算又称为"逻辑与"运算，通常用符号"×"或"∧"来表示两个逻辑变量之间的与关系。

逻辑与的运算规则：

$$0 \times 0=0 \qquad (0 \wedge 0=0) \qquad 0 \times 1=0 \qquad (0 \wedge 1=0)$$
$$1 \times 0=0 \qquad (1 \wedge 0=0) \qquad 1 \times 1=1 \qquad (1 \wedge 1=1)$$

由上述规则可以看出：在给定的逻辑变量中只要有一个逻辑变量为"0"，其逻辑与的结果就为"0"；只有两个逻辑变量都为"1"时，其逻辑与的结果才为"1"。

3. 逻辑否运算

逻辑否运算又称为"逻辑非"运算，通常是在逻辑变量的上方加一横线来表示。

逻辑非运算的运算规则：

$$\overline{0} = 1 \qquad \overline{1} = 0$$

1.4.9　计算机中的信息单位

所有能被计算机接收和处理的信息(如文字、数字、图形、声音、视频)都称为数据。这些数据在计算机内部都是采用二进制 0 和 1 组成的代码来表示的。由此产生了衡量这些数据的量的一些单位。

1. 位(bit)

位又称为比特,是计算机存储数据和进行运算的最小单位,单位符号为 b。位是二进制数中的一个数位,代码只有 0 和 1。

2. 字节(Byte)

字节是计算机中数据存储和运算的基本单位,单位符号为 B。一个字节由 8 个位组成,即 1 B = 8 b。

通常用到的单位还有 KB、MB 和 GB,它们与字节的关系是:

$$1\ KB = 2^{10}\ B = 1\ 024\ B \qquad 1\ MB = 2^{10}\ KB = 2^{20}\ B$$
$$1\ GB = 2^{10}\ MB = 2^{20}\ KB = 2^{30}\ B$$

3. 字(Word)

两个字节可组成一个"字"这样的数据处理单位,双字由 4 个字节组成。计算机中有些指令以字或双字为基本处理单位。

1.5　机器数的表示

现实生活中所使用的数大多是十进制数,而计算机中所有的数据都是以二进制来表示。所以,把数值在计算机中的二进制表示形式称为机器数。

1.5.1　机器数的符号表示及字长

1. 符号表示

在现实中,数有正数和负数之分,由于计算机内部硬件只能表示两种物理状态(用 0 和 1 表示),因此数的正号"+"或负号"−"在机器里就用一位二进制的 0 或 1 来区别。通常这个符号放在二进制数的最高位,称符号位,以 0 代表符号"+",以 1 代表符号"−"。因为有符号占据一位,数的形式值就不等于真正的数值,带符号位的机器数对应的数值称为机器数的真值。例如,二进制真值数−011011 的机器数为 1011011。

2. 字长

二进制数的位数受机器设备的限制。机器内部设备一次能表示的二进制位数叫做字长。一台机器的字长是固定的。字长 8 位称为一个字节(Byte)。现在机器的字长一般都是字节的整数倍,如 8 位、16 位、32 位、64 位。

1.5.2　原码、反码和补码

在计算机中对数据进行运算时,符号位如何表示呢? 是否也同数值位一起参加运算呢? 为了妥善地处理这些问题,就产生了把符号位和数值位一起编码来表示相应数的各种表示方法,如原码、补码、反码等。为了区别一般书写表示的数和机器中这些编码表示的数,通常将前者称为真值,后者称为机器数或机器码。

原码表示法规定:原码其实就是二进制定点表示法,即最高位为符号位,"0"表示正,"1"表示负,其余位表示数值的大小。

反码表示法规定:正数的反码与其原码相同;负数的反码是对其原码逐位取反,但符号位除外。

补码表示法规定:正数的补码与其原码相同;负数的补码是在其反码的末位加1。

1. 原码

在数的前面直接加一符号位即构成该数的原码。

例如:　　　　　符号位　　　　　数值位

　　　　$[+9]_原 =$　0　　　　　0001001B

　　　　$[-9]_原 =$　1　　　　　0001001B

注意: 数 0 的原码有两种形式:

　　　　$[+0]_原 = 00000000B$

　　　　$[-0]_原 = 10000000B$

8 位二进制原码的表示范围:$-127 \sim +127$。

2. 反码

正数:正数的反码与原码相同。

负数:负数的反码,符号位为"1",数值部分按位取反。

例如:　　　　　符号位　　　　　数值位

　　　　$[+9]_反 =$　0　　　　　0001001B

　　　　$[-9]_反 =$　1　　　　　1110110B

注意: 数 0 的反码也有两种形式:

　　　　$[+0]_反 = 00000000B$

　　　　$[-0]_反 = 11111111B$

8 位二进制反码的表示范围:$-127 \sim +127$。

3. 补码的表示方法

(1) 模的概念

计量器具的容量称为模或模数。例如,时钟是以十二进制进行计数循环的,即以 12 为模。在时钟上,时针加上(正拨)12 的整数位或减去(反拨)12 的整数位,时针的位置不变。在舍去模 12 后,14 点钟即为(下午)2 点钟($14 = 14 - 12 = 2$)。从 0 点出发逆时针拨 10 格即减去 10 小时,也可看成从 0 点出发顺时针拨 2 格(加上 2 小时),即 2 点($0 - 10 = -10 = -10 + 12 = 2$)。因此,在模 12 的前提下,$-10$ 可映射为 $+2$。由此可见,对于一个模数为 12 的循环系统来说,加 2 和减 10 的效果是一样的;因此,在以 12 为模的系统中,凡是减 10 的运算都可以用加 2 来代替,这就把减法问题转换成加法问题了(注:计算机的硬件结构中只有加法器,所有的运算都必须最终转换为加法)。对模 12 而言,10 和 2 互为补数。

同理,计算机的运算部件与寄存器都有一定字长的限制(假设字长为 8),因此它的运算也是一种模运算。当计数器计满 8 位也就是 256 个数后会产生溢出,又从头开始计数。产生溢出的量就是计数器的模,显然,8 位二进制数,它的模数为 $2^8 = 256$。在计算中,两个互补的数称为“补码”。

(2) 补码的表示

正数:正数的补码和原码相同。

负数:负数的补码则是符号位为“1”,数值部分按位取反后再在末位(最低位)加 1。也就是“反码+1”。

例如:　　　　　符号位　　　　　数值位

$[+9]_{补} =$　　0　　　　　0001001B

$[-9]_{补} =$　　1　　　　　1110111B

补码在微型计算机中是一种重要的编码形式。

① 采用补码后,可以方便地将减法运算转换成加法运算,运算过程得到简化。正数的补码即是它所表示的数的真值,而负数的补码的数值部分却不是它所表示的数的真值。采用补码进行运算,所得结果仍为补码。

② 与原码、反码不同,数值 0 的补码只有一个,即$[0]_{补} = 00000000B$。

③ 若字长为 8 位,则补码所表示的范围为 $-128 \sim +127$;进行补码运算时,应注意所得结果不应超过补码所能表示数的范围。

1.6　计算机中非数字信息的表示方法

人们发明计算机的最初目的是用于科学计算,其处理对象是单纯的数值。但随着计算机的快速发展和计算机应用范围的日益扩大,计算机所能处理的对象也从早期单一的数值计算发展到现在多元化的数据处理。现代计算机不仅能够处理数字,还能处理字母、符号、汉字、语音、图片、图形等多种信息。因为计算机只能识别二进制代码,所以要使计算机能接收并处理这些非数字信息,就必须将其转换成由“0”和“1”组成的按特定规则排列的二进制序列,这一转换过程就是编码。不同种类的信息,相应地有其不同的编码方式。限于篇幅,本节仅介绍西文字符和汉字的编码方式。

1.6.1　字符的编码

对字符进行编码的方式有多种,计算机中采用的最基本的编码方式是 ASCII。

ASCII(American Standard Code for Information Interchange,美国信息交换标准代码)是标准的单字节字符编码方案,用于基于文本的计算机数据(即字符)的表示。ASCII 码使用指定的 7 位或 8 位二进制组合表示 128 种或 256 种可能的字符,即 ASCII 码分为两种：标准 ASCII 码和扩展 ASCII 码。

标准 ASCII 码使用指定的 7 位二进制组合进行编码，可以表示 128 个字符（$2^7=$ 128），其中包括英文大小写字母、数字 0～9、标点符号和美式英语中使用的特殊控制字符。标准 ASCII 码对照表见表 1－2。ASCII 已被国际标准化组织（International Standard Organization，ISO）采纳，成为一种国际上通用的信息交换代码，是世界范围内各种计算机普遍采用的标准编码。

表 1－2　标准 ASCII 码对照表

编码	字符	编码	字符	编码	字符	编码	字符
0	NUL	25	EM	50	2	75	K
1	SOH	26	SUB	51	3	76	L
2	STX	27	ESC	52	4	77	M
3	ETX	28	FS	53	5	78	N
4	EOT	29	GS	54	6	79	O
5	ENQ	30	RS	55	7	80	P
6	ACK	31	US	56	8	81	Q
7	BEL	32	Space	57	9	82	R
8	BS	33	!	58	:	83	S
9	TAB	34	"	59	;	84	T
10	LF	35	#	60	<	85	U
11	VT	36	$	61	=	86	V
12	FF	37	%	62	>	87	W
13	CR	38	&	63	?	88	X
14	SO	39	′	64	@	89	Y
15	SI	40	(	65	A	90	Z
16	DLE	41	)	66	B	91	[
17	DC1	42	*	67	C	92	\
18	DC2	43	+	68	D	93	]
19	DC3	44	,	69	E	94	^
20	DC4	45	—	70	F	95	_
21	NAK	46	.	71	G	96	`
22	SYN	47	/	72	H	97	a
23	ETB	48	0	73	I	98	b
24	CAN	49	1	74	J	99	c

编码	字符	编码	字符	编码	字符	编码	字符
100	d	107	k	114	r	121	y
101	e	108	l	115	s	122	z
102	f	109	m	116	t	123	{
103	g	110	n	117	u	124	|
104	h	111	o	118	v	125	}
105	i	112	p	119	w	126	~
106	j	113	q	120	x	127	DEL

目前，大多数基于 Intel 硬件系统的计算机都支持使用扩展 ASCII 码。扩展 ASCII 码的第 8 位（即最高位）用于表示附加的 128 个特殊的符号字符、外来语字母和图形符号。

当用户通过键盘向计算机输入各种字符时，实际上是通过键盘的电路把键盘扫描信号（即"键盘扫描码"）转换为计算机内表示字符的相应编码。在计算机内部进行存储和传输的是输入字符的二进制编码（实际上是电信号），计算机在输出时会将字符的编码转换成相应的字符输出到打印机或显示器等输出设备中。

从标准 ASCII 码表中可以看出：0～9、A～Z、a～z 都是顺序排列的，且大写字母码值比小写字母码值小 32，方便大小写字母之间的转换。

需要指出的是，计算机处理信息的基本单位是字节，即 8 位二进制数。为了方便计算机处理，一般在标准 ASCII 码最高位前增加一个"0"以组成一个字节。

需要注意的是，ASCII 码所能表示的字符的个数十分有限（最多 256 个字符），不能用其表示出拥有众多字符的语言（比如，汉字中的常用字符就超过 6 000 个）。因此，相关国际组织制定了 UTF-16 编码，这种编码方式已经作为世界上大多数语言的编码标准而被采用。UTF-16 编码使用两个字节，即 16 位二进制数表示一个字符，总共可以定义 65 536 个不同的字符，因此 UTF-16 编码可以表示几乎世界上所有的可书写语言。

1.6.2　汉字的编码

英文是拼音文字，符号比较少，编码较容易。但是汉字是象形文字，且数量多、结构复杂，因此对汉字的编码相对来说比较困难。在一个汉字处理系统中，输入、内部处理、输出对汉字编码的要求不相同，所以对每一个汉字都有四种表示方法，即输入码、国标码、内码和字形码。需要注意的是，除了这四种表示方法外，还有其他的汉字编码方式存在并被广泛使用。

1. 输入码

输入码又称外码。汉字输入方式有很多种，包括键盘输入、模式识别输入（如扫描仪、手写板等）和语音输入。但目前使用最多、应用最普及的是通过西文标准键盘输入。所以要让计算机能够处理汉字，就必须解决汉字输入的问题。输入码所解决的问题就是如何使用西文键盘把汉字输入到计算机中，并利用计算机标准键盘上按键的不同排列组合来对输入的汉字进行编码。目前常见的输入码主要分为以下三类。

① 数字编码：就是用数字串来代表一个汉字。常用的是国际区位码。

② 字音编码：以汉字拼音为基础的编码，如全拼、双拼、智能 ABC 等输入法。其优点是易学易操作，但由于汉字同音字太多，输入后一般要进行选择，所以以输入速度较慢。

③ 字形编码：以汉字的固有形状为基础的编码，按照汉字的笔画部件，拆分成部首，然后用字母或数字进行编码。常见的有五笔字型输入法、郑码输入法等。使用此类输入法的输入速度较快，但需要记住字根且会拆字。

2. 国标码

计算机与其他系统或设备进行汉字信息交换时所使用的标准编码称为汉字国标码，也称为交换码。1981 年，我国根据相关国际标准颁布了国家标准《信息交换用汉字编码字符集—基本集》(GB 2312—1980)，简称国标码。该标准收集了 6 763 个汉字和 682 个字符(包括英文、日文、希腊字母、序号等)。其中，汉字共分为两级，一级汉字 3 755 个(属于常用汉字)，按汉语拼音字母顺序排序；二级汉字 3 008 个(属于非常用汉字)，按部首顺序排序。

国标码规定，每个汉字(包括非汉字的一些符号)由两个字节表示。每个字节的最高位为 0，只使用低 7 位，而低 7 位的编码中又有 34 个是用于控制的，这样每个字节只有 $128-34=94$ 个编码用于汉字。两个字节就有 $94×94=8\ 836$ 个汉字编码。在表示一个汉字的两个字节中，高字节对应编码表中的行号，称为区号；低字节对应编码表中的列号，称为位号。汉字国标码的起始二进制位置 00100001(33)是为了跳过 ASCII 码中前 32 个控制字符和空格字符 SP，终止二进制位置 01111110(126)是为了跳过 ASCII 码中最后一个删除字符 DEL。因此，汉字国标码的高位和低位分别比对应的区位码大 32(十进制数)或 00100000(二进制数)或 20H(H 表示十六进制)，即：国标码高位=区码+20H，国标码低位=位码+20H。

3. 内码

内码是计算机在其内部进行汉字的存储、传输和运算时所使用的编码。无论使用何种输入码，输入到计算机内部就会被转换成对应的内码。汉字内码采用双字节编码方案，即用两个字节(16 位二进制数)表示一个汉字的内码。

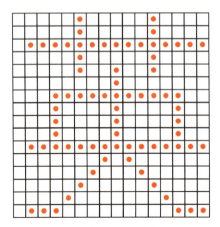

图 1-5 汉字"英"的点阵码

4. 字形码

字形码又称汉字的输出码，是汉字在显示器上显示或在打印机上打印时所采用的汉字编码，其作用是在输出设备上输出汉字的形状。汉字字形码有两种：点阵码和矢量码。

(1) 点阵码

点阵码是用点阵的形式来表示汉字字形的编码。所谓点阵就是把汉字作为二维图形来处理，将汉字置于由多行多列组成的网状方格内，用黑白点来表示，如图 1-5 所示为汉字"英"的点阵码。有笔画经过的点为黑点(用二进制"1"表示)，无笔画经过的点为白点(用二进制"0"表示)，那么任何一个汉字都可以用一串二进制代码来表示,这个二进制代码就称为点阵码。用二进制数表示的字符点阵叫做字模。每一种字体的字符集都有其相应的字模库。

根据输出汉字要求的不同,点阵的多少也不同,有 16×16、24×24、32×32、40×40 等多种点阵。以 16×16 点阵为例,每行有 16 个点即 16 个二进制位,存储一行二进制代码需要两个字节,那么 16 行共需 $16\times2=32$ 个字节,所以一个汉字字模需要 32 字节的存储容量。国标字符集中有 7 445 个汉字和字符,这些全部汉字字模的集合称为汉字字模库,简称汉字库。如果不以压缩方式存储,需要 238 240(32×7 445)个字节,约占 240 KB 的存储空间。而对于采用 24×24 的点阵字模,一个汉字字模就需要 $3\times24=72$ 个字节,字库大约需要 540 KB 的存储容量。可见点阵数越高,汉字字模的质量也就越好,但所需存储容量也会越大。

(2)矢量码

所谓矢量码就是把汉字字形信息数字化,用某种数学模型来表示,通过相应的软件实现汉字字形信息的压缩存储和还原显示及输出。矢量码的特点是占用存储空间小且不易失真。

计算机显示器显示的汉字和打印机所打印出的汉字实际上是汉字字模的映射。显示时,系统首先把需要显示的汉字内码放到显示缓冲区,然后根据汉字内码从汉字库中检索出该汉字字模,再将点阵数据转换成视频信号送往屏幕上输出。很多打印机自带汉字库,只需把汉字内码直接送往打印机即可打印输出。对于不带汉字字库的打印机只能通过打印驱动程序,将汉字点阵送往打印机以图形方式打印输出。

1.7 多媒体计算机

能够对声音、图像、视频等多种媒体信息进行综合处理的计算机叫做多媒体计算机。多媒体计算机一般是指多媒体个人计算机(Multimedia Personal Computer,MPC)。

1.7.1 多媒体的基础知识

多媒体技术出现于 20 世纪 80 年代初,当时一般的计算机只能处理数字和文字等文本信息。进入 20 世纪 80 年代后期,人们开始将图形和图像作为新的信息媒体交给计算机处理。到了 20 世纪 90 年代初期,人们开始将声音、活动的视频图像和三维真彩色图像输入计算机进行实时处理,人和计算机的交互界面真正开始进入多媒体环境。从 1993 年开始,人们使计算机系统的感知功能从视觉、听觉扩展到触觉、味觉等多种感觉,使用户在与计算机交互的过程中产生了身临其境的感受,从而使人机界面开始进入到虚拟现实阶段。

1. 媒体

所谓媒体,在通常意义下是指媒介、传媒等中间物质。在计算机领域,"媒体"有两种含义:一种是指用以存储信息的实体,如磁带、磁盘等;另一种是指信息的载体。客观世界中存在有各种各样的信息形式,不同的信息形式称为不同的信息媒体,如数字、文字、声音、图像和图形,多媒体技术中的媒体是指后者——信息的载体。

2. 多媒体

多媒体的英文是 Multimedia,对于它并没有一个明确的、统一的定义,从字面上来看可以理解为:多媒体是两种或两种以上媒体的集成。但是,这种字面上的解释与计算机领域的多媒体含义有很大的区别。国际电信联盟(International Telecommunication Union,ITU)关于多媒体含义的描述是:使用计算机交互式综合技术和数字通信网技术处理多种媒体(声音、文本、图形等),使多种信息建立逻辑连接,集成为一个交互式系统。

3. 多媒体技术

多媒体技术是把音像技术、计算机技术和通信技术逻辑集成为多维信息处理技术,目前也没有一个统一的定义。比较常见的定义有下面两种:

● 计算机综合处理多种媒体信息(包括文本、声音、图形及动画等),在这些信息间以某种模式建立逻辑连接,并集成为一个具有交互能力的系统。

● 多媒体技术是能够同时获取、处理、编辑、存储、传输、应用和展现两种以上不同类型信息媒体的技术。

4. 媒体的分类

在计算机领域,媒体的主要表现形式有以下三种:

● 听觉类媒体:如声音、语音、音乐等。

● 视觉类媒体:如文本、图像、图形、视频、动画等。

● 触觉类媒体:如指点、位置跟踪设备等。

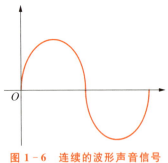

图 1-6　连续的波形声音信号

计算机在处理这些媒体信息时,其基本特征是媒体表示的数字化、媒体处理的集成性和系统的交互性。

(1)听觉类媒体

听觉类媒体的主要表现形式是声音。在日常生活中,人们所听到和接收的声音是以连续的波的形式进行传输的(图1-6),而计算机只能处理数字信号,所以计算机以数字形式对声音进行处理的技术称为数字音频技术。

数字音频技术首先要把人们接收到的声波的电信号(即模拟信号)转换成数字信号,经过处理、传输和存储等操作后进行输出,输出时再把数字信号还原成模拟信号。将模拟信号转换成数字信号的过程包括采样和量化两个步骤。采样是将时间上连续的波形模拟信号按特定的时间间隔(即采样频率)进行取样,以得到一系列的离散点(图1-7)。一般来说,声音恢复的质量与采样频率、信道带宽有关系。采样频率越高,声音的质量越接近原始声音,但其数据量也大,故其占用的存储空间也越大。标准的采样频率有三个:44.1 kHz、22.05 kHz、11.025 kHz。量化就是用数字表示采样得到的离散点的信号幅值(图1-8)。量化标准也称为采样精度,是指每个声音样本需要用多少位二进制数来表示,它反映度量声音波形幅值的精确程度。位数越多,声音的质量就越高,其数据量也就越大,故所需的存储空间也就越大。

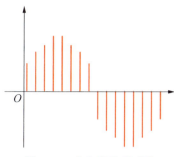

图 1-7　声音信号的采样

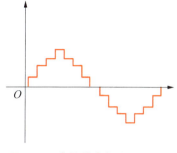

图 1-8　离散的音频信号（量化）

声道数也是听觉媒体的一个重要参数，它是指所使用的声音通道的个数，表明声音记录只产生一个波形（即单声道）还是两个波形（即双声道或立体声）。虽然立体声听起来比单音优美，但它需要两倍于单声道的存储空间。

采样频率、采样精度和声道数对声音的质量和占用的存储空间起着决定性作用，可用一个公式来描述它们之间的关系：

$$数据量＝采样频率（Hz）×采样精度（b）×声道数/8（Bps）$$

这种对声音进行采样量化得到的声音是数字化声音，其最常用的文件格式为 WAV。数字化声音的数据量一般都是比较大的。

（2）视觉媒体

视觉媒体的种类很多，主要有图像、图形、视频、动画、文本等。事实上，无论是图形，还是文字、影像视频，都是以图像的形式出现。但由于在计算机中的表示、处理、显示方法不同，一般被视为不同的媒体形式。什么是图像呢？一般来讲，能够为人类视觉系统所感知的信息形式或人们心目中的有形想象统称为图像。

位图图像是计算机图像的最基本形式，它是指在空间和亮度上已经离散化的图像。对要处理的一幅画面，通过对每个像素进行采样，并且按颜色或灰度进行量化，可得到图像的数字化结果。数字化结果存放在显示缓冲区，与显示器上的点一一对应，这就是位图图像。所以，位图可以看成是很多不同颜色的点的集合，只是由于这些点很小、很密集，肉眼不能分辨而已。当把位图放大到一定程度之后，就会见到其庐山真面目。Windows 操作系统附件中的"画图"程序，就是一个典型的位图绘制软件。

在位图中有两个很重要的参数，它们直接决定了位图的数据量大小。一个是图像分辨率，它是以水平和垂直的像素点来表示数字化图像的大小。例如，描述一幅位图的大小时，经常采用"一幅 640×480 的位图"之类的说法，就表示这幅位图由 640×480 个不同颜色的像素点构成。另一个是图像深度，也就是颜色数。在位图中的每个像素都要用一个或多个二进制位来表示这个像素的颜色。显然，位数越多能够表示的颜色数也就越多，图像的质量也就越好。图像深度就是指位图中每个像素所占用的位数，是对一幅位图最多能拥有多少种色彩的说明。例如，图像深度为 4，则位图中最多可以使用 $2^4＝16$ 种颜色；如果图像深度为 8，则位图中最多可以使用 $2^8＝256$ 种颜色；以此类推，平常所说的真彩32 位显示器最多可以显示 2^{32} 种颜色，它所描述的颜色数和自然界中的颜色数已经非常接近了,因此称其为"真彩色"。图像深度越大,位图中可以使用的颜色数也就越多,图像的质量也就越高,图像的数据量也就越大。

因此,可以通过上述关于位图的两个重要参数来计算一幅位图数据量的大小,其计算公式如下:

$$数据量＝图像分辨率×图像深度/8(Byte)$$

另外,还有一种现在比较常用的图像形式:矢量图。矢量图是用一系列计算机指令来表示一幅图,如画点、画线、画圆等,这实际上是用数学方法来描述一幅图,即将对一幅图的描述转换为许许多多的数学表达式,再通过编程,用计算机语言将图形表示出来。因此,矢量图文件的数据量相对于位图文件的数据量要小得多。CorelDRAW 就是一个不错的矢量图绘制软件。

矢量图的优点表现在对图像进行缩放时,不会改变其显示质量,即不会失真。而且对于相同或相似的图形构造,可以把它们当做一个组件存储起来反复使用,而不会显著增加图像文件的大小。但是,当绘制比较复杂的矢量图时,相应的数学方法也就越复杂,计算机会花费很长的时间去计算绘图指令才能得到该矢量图。另外,对于自然界中的景物,一般很难用数学公式来描述,即使能够描述,也是非常复杂、难于计算的公式,并且计算机的处理速度可能也达不到要求。

(3) 数据压缩技术

通过前面的学习可知多媒体数据的数据量是非常大的,巨大的数据量对设备的存储容量提出了很高的要求,且影响数据的传输和处理。为了能对多媒体数据进行实时的处理,必须采用数据压缩技术以减小多媒体的数据量。数据压缩技术是多媒体计算机技术的重要内容,其应用非常广泛。

数据压缩包含两个过程:一个是数据编码,即对原始数据进行编码,降低其数据冗余,以减少数据量;另一个是数据解码,即把压缩的数据还原成原始数据。解码后的数据与原始数据完全一致的编码方法叫无失真编码;解码后的数据与原始数据有一定的偏差或失真,但效果基本相同的编码方法叫有失真编码。一般来讲,有失真编码的压缩率比无失真编码要大一些,更有利于数据的高速传输。

1.7.2　多媒体计算机系统

多媒体计算机系统是指由多媒体终端设备、多媒体网络设备、多媒体服务系统、多媒体软件以及有关的媒体数据组成的有机整体。具体来说,一个完整的多媒体计算机系统包括:多媒体硬件子系统(带有多媒体输入/输出接口以及相应的外部设备)和多媒体软件子系统(多媒体驱动软件、多媒体操作系统、多媒体创作系统和多媒体应用系统等),其主要特性包括交互性、集成性和实时性。

多媒体系统的交互性为用户提供了更加有效的控制和使用信息的手段,同时也为其应用开辟了更加广阔的领域。通过交互,可以增强用户对信息的注意力和理解,延长信息的保留时间;通过交互,使用户介入到信息处理过程中,亲身感受信息发展的整个过程,从而获得更深刻、更全面的理解,例如虚拟现实技术。

多媒体系统的集成性是多媒体技术的一次质的飞跃,它标志着多媒体技术的成熟。早期的多媒体技术往往只能单独使用,作用十分有限。比如单一的图像处理技术、声音处理技术、通信技术等。这些单一的信息处理技术的独立发展已经不能满足应用的需要,用户在实际应用中迫切需要多种媒体信息的融合,即能一次性地对多种媒体信息进行综合处理。多媒体系统的集成性主要表现在多媒体信息载体的集成和处理这些媒体的设备的集成。

多媒体系统的实时性是指其能够综合处理与时间相关的媒体,如音频、视频和动画等。所以,多媒体系统在处理信息时有严格的时序要求和很高的速度要求。当系统扩大到网络范围之后,这个问题更加突出。在实际使用过程中,实时性已成为多媒体系统的关键技术要求。

多媒体计算机主要有以下几个关键硬件设备。

(1)主机

主机包括中央处理器(CPU)和内存储器,这是计算机的核心部件。目前流行的各种中央处理器都能达到专业级水平的媒体制作和播放,而且有些中央处理器中还加入了近百条专门的多媒体指令,使计算机的多媒体性能达到了一个新的境界,为用户带来了丰富的视频、音频、动画和三维效果体验。CPU 主频越来越高,内存越来越大,为处理多媒体提供了越来越强大的硬件支持。

(2)声卡

声卡的主要功能是对声音进行模/数转换,将声音采样存入计算机或将数字声音转为声波播放。声卡通常还有 MIDI 声乐合成器和 CD－ROM 控制器,高档的还有(DSP)数字信号处理装置。当然,声卡并不是决定多媒体计算机音响效果的唯一因素,还需要优质的音箱配合。

(3)视频卡

视频卡是将视频信号转换成计算机数字图像的主要设备,它的性能直接影响到多媒体计算机的图像呈现效果。视频卡主要有以下几种:视频转换卡、视频捕捉卡、视窗动态视频卡、视频 JPEG/MPEG 压缩卡等。

(4)CD－ROM 驱动器

CD－ROM 是 Compact Disc-Read Only Memory 的缩写,可译成"高密度只读光盘存储器",其主要功能是作为大容量图文、声像的集成交互式信息存储介质。CD－ROM 中的内容需要使用专门的驱动器来读取。随着硬件的快速发展,可读写光盘和 DVD 驱动器也已普及。

(5)其他辅助输入/输出设备

根据需要多媒体计算机还可配置耳机、麦克风、扫描仪和打印机等辅助输入/输出设备。

(6)网络通信设备

为了让多媒体计算机能够通过网络传输和接受多媒体信息,还应该配置网络通信设备,如调制解调器、网卡等。

1.7.3 多媒体作品的制作

多媒体作品通常是通过多媒体制作软件来制作的。这些专门的制作软件适合于制作内容丰富的多媒体作品,其特点是包含大量的文字、图像、声音乃至视频片段,而且具有所见即所得的用户界面,因此可以简单有效地控制各种媒体效果的呈现和消隐。虽然也可以使用灵活有效的程序设计语言来进行多媒体作品的制作,但程序设计语言一般都较为复杂,要求用户具备较强的编程技巧,而要具备这种较强的编程技巧需要花费用户更多的时间,不如多媒体制作软件那样简单实用,易于掌握。所以,现在流行的多媒体制作软件都是一些工具软件,常用的有:音频编辑软件、绘图软件、图像处理软件、动画制作软件、多媒体集成等。

1. 音频编辑软件

声音的录制和编辑可以用两种方法来完成:一种是使用 Windows 操作系统中自带的"录音机"应用,但该应用功能十分有限;另一种是使用一些专门的音频编辑软件。如 Adobe Audition(前身为 Cool Edit Pro)、GoldWave 等,这些音频编辑软件一般都具有很强的音频编辑功能,除了基本的录制、播放、编辑、格式转换外,甚至还可以对音频进行混合、效果处理等,并以图形方式显示音频的波形。这些专业的音频制作软件学习起来都比较简单,容易掌握。

2. 绘图软件

绘图软件的代表是 CorelDRAW,它是一个功能强大的矢量绘图软件,由多个模块组成,几乎包括了所有的绘图和桌面出版功能。其显著特点是:支持电子表格,可以完成各种统计操作;可以制作带音响效果的动画;图文混排;专业绘图工具;内置多种可创造特殊显示效果的滤镜;精心设计的外观界面等。

3. 图像处理软件

Adobe 公司开发的 Photoshop 是最具代表性的图像处理软件。对于一般的图像处理,Photoshop 用起来方便而简单,只需一些简单的艺术加工,就能使处理的图像达到用户的要求。除此之外,Photoshop 还可以进行一些图像分析计算,如通过图像分析计算能得到两幅相似图像的微小差异。Photoshop 可以不依赖某种图形卡或硬件进行图像处理工作,直接通过软件方式来完成,这大大降低了用户进行图像处理的成本。

4. 动画制作软件

目前最流行的动画制作软件是 Autodesk 公司开发的 3D MAX,这个软件自面市以来,功能日趋完善,受到了广大用户的好评。3D MAX 具有友好的用户界面和强大的功能。在 Windows 操作系统环境下,配以高性能的处理器和三维图形卡,其图形处理能力几近完美。此外,它简单易学,容易操作,是广大动画制作人员和动画爱好者的主要选择。

5. 多媒体集成

上面介绍的多媒体制作软件主要是针对某一种媒体信息进行处理。Director 软件是对多种媒体信息都具有较强处理功能的多媒体制作软件。

Director 是美国 Adobe 公司开发的软件,主要用于多媒体项目的集成开发,广泛应用于多媒体光盘、教学/汇报课件、触摸屏软件、网络电影、网络交互式多媒体查询系统、企业多媒体形象展示、游戏和屏幕保护程序等软件的开发制作。Director 功能强大,能够让用户较容易地创建包含高品质图像、数字视频、音频、动画、三维模型、文本、超文本以及 Flash 文件的多媒体程序。Director 具有广泛的适用群体,如动画设计师、网络开发人员、游戏和娱乐开发人员、教育工作者、软件开发人员、商人、艺术家、展览布置人员。Director 具有界面方便易用、支持多种媒体类型、强大的脚本工具、独有的三位空间、可扩展性强等特点。

•习　题　1•

一、判断题

1. 第三代计算机的核心部件之一是晶体管。　　　　　　　　　　　　　　　(　)

2. 计算机辅助设计是计算机辅助教育的主要应用领域之一。　　　　　　　(　)

3. "计算机辅助教学"的英文缩写是 CAT。　　　　　　　　　　　　　　　(　)

4. 7 个二进制位构成一个字节。　　　　　　　　　　　　　　　　　　　(　)

5. 按接收和处理信息的方式分类,可以将计算机分为数字计算机和模拟计算机。

　　　　　　　　　　　　　　　　　　　　　　　　　　　　　　　　(　)

6. 计算机内部最小的信息单位是"位"。　　　　　　　　　　　　　　　　(　)

7. 计算机的字长是指一个英文字符在计算机内部存放时所需的二进制位数。

　　　　　　　　　　　　　　　　　　　　　　　　　　　　　　　　(　)

8. ASCII 码的作用是把要处理的字符转换为二进制代码,以便计算机进行传输和处理。　　　　　　　　　　　　　　　　　　　　　　　　　　　　　(　)

9. 计算机中是采用十进制进行运算的。　　　　　　　　　　　　　　　　(　)

10. 十进制数 127 转换成八进制数是 157。　　　　　　　　　　　　　　　(　)

11. 向计算机输入的用户程序不需要经过翻译阶段就能被 CPU 直接执行。　(　)

二、单项选择题

1. 键盘属于计算机的(　)。

A. 显示设备　　　　　B. 通信设备　　　　　C. 输入设备　　　　　D. 输出设备

2. 某台微机的硬盘容量是 40 GB,其中 1 GB 等于(　)。

A. 1 000 KB　　　　　B. 1 024 KB　　　　　C. 1 000 MB　　　　　D. 1 024 MB

3. 八进制数 112 转换为十进制数是(　)。

A. 98　　　　　　　　B. 88　　　　　　　　C. 74　　　　　　　　D. 56

4. 对于任意进制(R)的数,其每一位数可以使用的数字符号个数为(　)个。

A. 10　　　　　　　　B. $R-1$　　　　　　C. R　　　　　　　　D. $R+1$

5. 显示器是计算机的(　)。

A. 终端　　　　　　　B. 外围设备　　　　　C. 输入设备　　　　　D. 主机组成部分

6. 英文字母"A"与"a"的 ASCII 码值之间的关系是(　)。

A. A 的 ASCII 码＞a 的 ASCII 码　　　　B. A 的 ASCII 码＜a 的 ASCII 码

C. A 的 ASCII 码＞＝a 的 ASCII 码　　　D. 无法比较

7. 在计算机中中文字符编码采用的是（　　　）。

A. 拼音码　　　　　B. 国标码　　　　　C. ASCII 码　　　　D. BCD 码

8. 计算机系统包括计算机硬件系统和计算机（　　　）系统。

A. 内存　　　　　　B. 硬盘　　　　　　C. 显示器　　　　　D. 软件

9. CPU 是（　　　）的英文缩写。

A. 主机　　　　　　B. 中央处理器　　　C. 计算机的品牌　D. 计算机的档次

10. 用点阵码来表示汉字编码时,存储汉字点阵中的一个点使用（　　　）。

A. 1 个字节　　　　B. 2 个字节　　　　C. 二进制中 1 位　D. 1 个字

11. 五笔字型输入法属于（　　　）。

A. 数字编码法　　　B. 字音编码法　　　C. 字形编码法　　　D. 形音编码法

三、填空题

1. 十进制数 100,表示成二进制数是＿＿＿＿＿＿＿＿＿＿＿。

2. 存储一个 32×32 点阵汉字,需要＿＿＿＿＿＿＿＿＿＿字节存储空间。

3. 对西文字符最常用的编码是＿＿＿＿＿＿＿＿＿＿＿＿＿。

4. 根据计算机发展阶段的划分,目前使用的计算机属于第＿＿＿＿＿＿代计算机。

5. 存储器分为内存和＿＿＿＿＿＿＿＿＿＿＿＿＿。

6. 按用途可把计算机分为通用计算机和＿＿＿＿＿＿＿＿＿＿＿＿。

7. 十六进制数 1F,转换成二进制数是＿＿＿＿＿＿＿＿,转换成八进制数是＿＿＿＿＿＿＿＿＿。

8. 在计算机的单位换算中,定义 1 GB＝＿＿＿＿＿MB,1 MB＝＿＿＿＿＿KB。

四、问答题

1. 计算机有哪些特点? 它主要应用在哪些方面?

2. 计算机的发展划分为几个阶段? 各阶段的特点是什么?

3. 计算机硬件由哪几部分组成? 各部分的功能是什么?

4. 简述冯·诺依曼设计思想的主要内容。

5. 简述运算器、控制器的作用。

6. 什么是标准 ASCII、扩展 ASCII 及 UTF－16 编码?

7. 什么是媒体? 什么是多媒体? 什么是多媒体技术?

8. 媒体有哪些分类?

9. 简述多媒体计算机系统的特征。

10. 计算一幅图像分辨率为 640×480 像素、颜色深度为 16 位的图像的数据量。

11. 计算长度为 1 分钟、单声道、采样频率为 11.025 kHz、采样精度为 8 位的声音的数据量。

第2章

操作系统

本章要点:

➢ 操作系统的相关概念。

➢ Windows 10 的基本操作。

➢ 如何降低对 Windows 的安全威胁。

操作系统是计算机系统中最重要的系统软件,各种应用软件的运行离不开操作系统的支持。操作系统的功能是管理计算机系统的硬件资源和软件资源,为用户提供使用和管理计算机系统的操作接口。

本章简要介绍操作系统的概念和功能,主要讲解 Windows 10 操作系统的使用方法和基本操作,并且以介绍常规应用为主。

2.1 操作系统概述

虽然现在大多数个人计算机的使用者不再使用 DOS 操作系统,但是掌握好 DOS 的启动、组成和常用命令对于用户理解现代操作系统的启动方式和文件结构极为有用。尤其是对于计算机专业的人员,首先接触的编程语言环境就是真实的或虚拟的 DOS 环境。而且在使用 Windows 10 操作系统的过程中,在某些情况下,使用命令行程序(即 Windows 10 操作系统的 cmd.exe 程序)执行命令比图形化界面操作更加便捷。命令行程序操作方式和 DOS 命令的操作方式极为相似。

此外,对于没有专门学习操作系统课程的读者,有必要了解一些操作系统的基本概念。

操作系统是一些程序模块的集合,这些模块能够高效合理地管理、使用与调度计算机系统的全部硬件资源和软件资源;合理地组织计算机的工作流程,控制程序的执行;为用户提供使用计算机的接口。操作系统使用户无须全面了解计算机的硬件就能方便地使用计算机。

操作系统作为一种大型系统级的软件,是硬件与所有其他软件之间的接口,处于各种软件的底层,是整个计算机系统的控制和管理中心。

操作系统随着计算机技术本身及计算机应用的发展而产生、发展并不断完善。操作系统已从早期简单的单用户单任务操作系统(比如 DOS)发展到现在的网络操作系统与分布式操作系统。

操作系统一方面尽量发挥计算机系统中各个硬件设备的功能,另一方面又受硬件环境的制约,特别是受 CPU 支持的字长、指令集和寻址内存容量的制约。

现代的多任务操作系统(如 Windows、UNIX、Linux)有以下 4 个基本特征。

1. 并发性

现代的操作系统普遍使用多道程序设计技术,允许多个程序同时运行。正在运行的程序称为进程,操作系统为每个进程分配必需的资源。因此,操作系统的并发性也可理解为在一段时间内允许多个进程同时存在。一个进程在含有一个主线程的同时还可含有多个辅助线程,这样,在 CPU 上运行的就是进程的线程。一个进程的全部线程完成自己的任务后,该进程即可结束。

2. 共享性

共享性是指在操作系统的调度下,多个进程可同时读/写某一资源,如某一数据文件。此时,需要采用加锁这种机制解决同步和多个进程对资源的竞争问题。

3. 虚拟性

虚拟性是指可将某一硬件的物理特性加以虚拟扩充。比如,在某一时间段,内存被数据充满,但是仍有其他的数据需要放入内存中,这时操作系统可以把硬盘的部分空间虚拟为内存,从而扩大了内存的容量。又如,在多用户多任务操作系统的控制下,同一台计算机通过终端设备能同时为多个用户提供服务,每个用户感觉好像是自己独占了该计算机,从而将一台计算机虚拟成多台计算机。

4. 不确定性

用户无法精确地预测某一进程需要多少时间执行完毕以及何时执行完毕。当然,操作系统为用户自动管理各个进程,用户无须过多关心。必要时,用户可以通过操作系统提供的工具强制地结束某些进程,以释放该进程占用的系统资源。

并发性是引起不确定性的主要原因。

2.2　Windows 10 操作系统

2.2.1　Windows 操作系统概述

虽然在 DOS 操作系统里,开发者可以编程以实现比较漂亮的图形化用户界面(比如基于 DOS 的硬盘分区软件 Partition Magic 的界面)或者编写驻留程序以模拟多任务系统,但这并不能使 DOS 成为真正的多任务操作系统。

1983 年底,微软(Microsoft)公司宣布将开发一个以图形界面作为用户接口、与设备无关的新型操作系统——Windows 操作系统。1985 年底,微软正式推出了 Windows 1.0 版。以后陆续推出的 Windows 版本有 2.0、3.0、3.1、3.11、3.2、Windows 95、Windows NT、Windows 98、Windows 2000、Windows ME、Windows XP、Windows Vista、Windows

7、Windows 8、Windows 10 等。

　　自从 Windows 系列操作系统问世以来,得到了用户的欢迎。从 DOS 到 Windows,实现了用户接口从字符界面到图形界面的转变,使用户对计算机的使用更为简单、更加直观。

　　在 Windows 中,除了能使用大部分 DOS 命令外,Windows 还提供了一些方便实用的应用程序以增强系统的功能,如 Windows 资源管理器、记事本、计算器、画图(mspaint)、多媒体播放器等。

　　随着 Internet 和 Intranet 技术的发展和应用的突飞猛进,Internet 成为人们生活和工作中不可缺少的内容。为了保持与计算机技术的同步发展,让 Windows 用户更便捷地使用计算机网络,Microsoft 开发了新一代的操作系统,这个新产品在 1998 年 6 月正式发布,即 Windows 98。

　　随着新技术的不断应用,出于占领市场的需要,每隔一段时间,微软公司就会推出一款新的操作系统。

　　微软公司于 2000 年 2 月发行了 Windows 2000 操作系统,该操作系统起初被称为 Windows NT 5.0。与 Windows 98 相比,Windows 2000 在系统的安全性和稳定性方面要出色很多。

　　在 Windows 7 中,保留了 Windows 2000 及 Windows XP 的某些功能和特性,并在此基础上实现了一系列新的针对网络应用的功能。同时,Windows 7 使用户对任务(进程)的管理更加方便。例如,使用系统提供的"任务管理器"关闭或运行新的任务、进程,查看网络连接情况等。

　　Windows 10 是 Windows 系列操作系统的一个重要里程碑。Windows 10 集成了软件技术在数码媒体、无线网络、远程网络等最新的技术和规范,并具有极强的兼容性,界面设计更美观、更具个性。Windows 10 的出现更加体现了数字世界的无穷魅力,为用户带来更加愉快的体验。

　　总之,在 Windows 系列操作系统的发展中,每一款新的操作系统都比旧的操作系统提供了更人性化的界面、集成了更好的设备驱动程序,具有更可靠的安全性,使用户能更方便和安全地使用计算机。

　　Windows 系列操作系统的用户接口基本上是基于图形化界面的,因此鼠标这种指点设备是不可少的。

　　当用右手掌握鼠标时,主要有以下几种操作:

- 单击:按一下鼠标左键。
- 右击:按一下鼠标右键。
- 双击:连续快按两下鼠标左键。
- 拖曳:选定某一项目后按下鼠标左键不放,将该项目移动到目的地后再释放鼠标。

DOS 系统中的目录在 Windows 中称为文件夹。文件夹的图标为　。

2.2.2　Windows 10 操作系统的安装、启动和退出

任何操作系统都可能出现崩溃或无法继续使用(尤其是恶性病毒发作或遭遇黑客入

侵)的情况。

当 Windows 操作系统崩溃后,最简单的方法就是重新安装操作系统或用以前做过的系统备份来复原系统。在重装或复原系统之前应该把重要的文件复制到其他安全的地方,比如专用于存储重要文件的硬盘中。

1. Windows 10 操作系统对硬件的要求

任何操作系统对 CPU、内存、硬盘等硬件的性能指标都有最低要求。如果 Windows 10 安装文件需从 DVD 光盘获取,那么 DVD 光驱就成为安装时的必需设备。

如果要在计算机上运行 Windows 10,硬件配置应满足以下最低要求:

- 32 位或 64 位 CPU,主频 1 GHz 或以上。
- 1 GB 内存(基于 32 位)或 2 GB 内存(基于 64 位)。
- 16 GB 可用硬盘空间(基于 32 位)或 20 GB 可用硬盘空间(基于 64 位)。
- 含有 WDDM 1.0 或更高版本的驱动程序的 DirectX 9 或更高版本的图形设备。

若要使用某些特定功能,还需要满足一些附加要求:

- 支持 Internet 访问。
- 根据分辨率,播放视频时可能需要额外的内存和高级图形硬件。
- 一些游戏和程序可能需要图形卡与 DirectX 10 或更高版本兼容,以获得最佳性能。
- 对于一些 Windows 媒体中心功能,可能需要电视调谐器以及其他硬件。
- Tablet PC 需要特定硬件支持(如手写板)。
- 音乐和声音需要音频输出设备。

2. Windows 操作系统的安装

操作系统一般需要安装到硬盘的主分区中。驱动器是用某种文件系统格式化并分配了一个代号(比如 C、D、E 等)的存储区域。存储区域可以是硬盘、CD、软盘或其他类型的磁盘。

如果硬盘没有活动分区,安装 Windows 10 操作系统前应先做硬盘分区(这一步骤也可以在从光盘安装 Windows 10 系统的过程中完成)。硬盘分区时,作为活动分区的驱动器(一般是 C 盘)的容量最好在 30 GB 以上,以便为将来安装的软件和虚拟内存预留较多的存储空间。

Windows 10 安装完成后应该立即设置登录密码。如果 Windows 10 专业版没有为某些外围设备(如显卡、声卡、网卡等)提供驱动程序,则用户必须为外围设备安装驱动程序。这些驱动程序的安装说明应参阅相关设备的说明书。

如果不慎丢失了驱动程序安装说明书,那么在可以连接 Internet 的情况下,安装一个名为"驱动精灵"的软件,用该软件来安装设备的驱动程序。

杀毒软件安装完毕后,立即对系统进行全面、彻底的扫描,以避免病毒或木马程序的侵害。在病毒清理完毕后,及早设置比较复杂的 Windows 10 登录密码。安全性较好的密码应该混合大小写字母和数字,组成密码的字符数目不少于 7 个。

3. Windows 10 的启动与退出

(1) 启动 Windows 10

如果计算机上只安装了 Windows 10,则 Windows 10 的启动较为简单。当打开计算机的电源后,计算机自检并载入 Windows 10 的启动程序。用户首先看到的是显示 Windows 10 标志的屏幕。如果用户在安装过程中设置了密码,则 Windows 10 会要求输入用户名对应的密码。用户输入正确的密码后按下回车键或单击右侧的箭头图标按钮,则进入自己设置的使用环境。

Windows 10 的界面如图 2-1 所示。

图 2-1　Windows 10 的界面

如果用户没有设置登录密码,可选择"开始"→"Windows 系统"→"运行",在"运行"对话框内输入"cmd",单击"确定"按钮,进入命令行模式,通过执行如下命令来设置用户(如 Administrator)的密码(如 HEP123):

C:\Users\Administrator>net user administrator HEP123

注意,系统在审核用户输入的密码时,是区分大小写的。

对 Windows 10 的设置(如设置密码)也可以通过"控制面板"进行。方法是:单击"开始"→"Windows 系统"→"控制面板"选项,在打开的"控制面板"窗口中单击"用户账户"选项,然后按照窗口内的文字说明进行设置即可。

由于 Windows 设置的不同,对于同一问题在屏幕上的显示可能有所不同。为此,本章把 Windows 10 的主题更改为 Windows 经典方式。方法如下:右击屏幕的空白处,从弹出的快捷菜单中选择"个性化"命令,在弹出的"个性化"设置窗口的左侧窗格中单击"主题"选项,在右侧窗格"更改主题"组中单击"Windows"选项。

(2) 退出 Windows 10

在退出 Windows 10 之前应先保存尚未保存的数据,然后关闭所有由用户打开的程序;接着选择"开始"→"电源"→"关机"即可。

如果单击"睡眠",则 Windows 10 将内存中的数据和程序写到硬盘上,然后进入省电模式。

虽然在关闭时系统会先自动关闭用户应用程序,但有时系统无法自动关闭用户应用程序,这时可以通过任务管理器来关闭。方法是:右击任务栏空白处,在弹出的快捷菜单中选择"任务管理器"命令,打开"任务管理器"对话框,如图 2-2 所示。

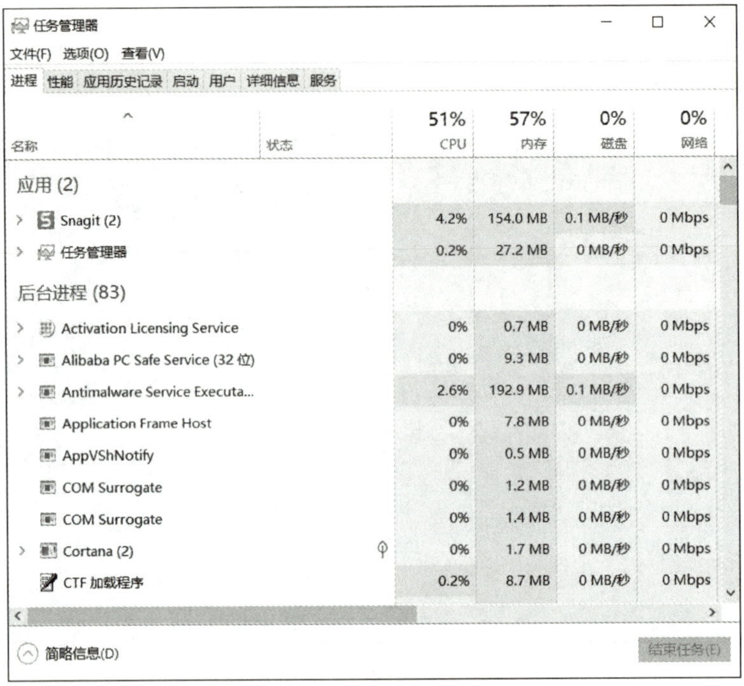

图 2-2 "任务管理器"对话框

在"进程"选项卡中,在"应用"组中单击需要立即关闭的用户程序(即"任务"),然后单击"结束任务"按钮即可(或按住 Alt 键同时按下 E 键)。如果系统繁忙,可反复执行此操作,即同时按下 Alt 键和 E 键。如果弹出询问是否确实要关闭应用程序的对话框,则单击"确定"按钮。

需要同时按下的按键称为组合键,在这里 Alt 键和 E 键构成了一个组合键。

注意,用这种方式关闭应用程序可能会丢失程序尚未保存的数据。

如果选择"开始"→"电源"→"重启",则会退出当前用户环境,结束当前正在执行的所有程序,重新启动计算机。

2.2.3 Windows 10 的基本操作

1. Windows 10 的桌面

Windows 10 的桌面如图 2-1 所示。"桌面"是显示图标、窗口、菜单和对话框的屏幕工作区域。Windows 10 的系统管理员 Administrator 的默认桌面实质上是一个文件夹,即 C:\Users\Administrator\Desktop。用户也可以自定义桌面,如为 Windows 10 添加一个用户(如用户名 HEP)后,Windows 10 即为用户 HEP 产生一个"桌面"。

图标"此电脑""网络""回收站"属于系统图标,具有特定的用途。

桌面图标的名称可以使用字母、数字、空格和某些标点符号。但不能使用下面这些字

操作视频

Windows 10
的基本操作

符：\ : / ＊ ？" ＞＜ |。

如果需要重命名文件夹、文件或图标,可以单击该对象,按 F2 键,然后输入新名称;或者右击该图标,在弹出的快捷菜单中选择"重命名"命令,然后输入新的名称。

(1)"此电脑"

双击"此电脑"图标打开"此电脑"窗口,可对本机各个驱动器内的全部文件进行操作,如图 2-3 所示。

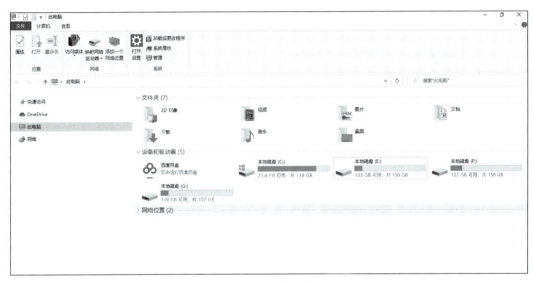

图 2-3 "此电脑"窗口

(2)"回收站"

"回收站"用于存储用户删除的文件。"回收站"实质上是硬盘中的一个特殊文件夹。默认情况下,当用户删除一个文件后,该文件并没有真正从硬盘中删除,而是放入了"回收站"。对于"回收站"中的文件,既可以选择彻底删除,也可以将其恢复到其原来的存储位置。

"回收站"的属性设置:可以设置"回收站"的容量;还可以设置将删除的文件不放入"回收站",而是永久删除。

(3)"网络"

如果本机已正确地安装了网卡,则桌面上会有"网络"图标。

(4)桌面图标排序

桌面(或文件夹内的文件)进行排序的方法是:右击桌面(文件夹内)的空白区域,在弹出的快捷菜单中选择"排序方式"子菜单中的某一排序方式即可。

右击桌面的空白区域后在弹出的快捷菜单中选择"刷新"命令,则系统会重新绘制屏幕上的所有对象。

(5)任务栏

任务栏是在桌面底部的一横条,如图 2-4 所示。

任务栏用来打开应用程序和管理窗口等操作。任务栏主要包括"开始"按钮、搜索框、

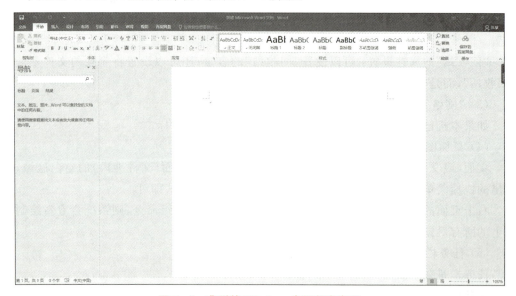

图 2 - 4 任务栏

Cortana、任务视图、快速启动区、任务按钮区、通知区域和语言栏等。

打开搜索框，直接输入关键词，即可搜索相关的桌面程序、网页、用户资料等。

Cortana，又称"小娜"，它是 Windows 10 操作系统新增的功能。Cortana 不仅具有语音助手功能，还可以帮助用户在计算机上打开应用、管理日历、查看天气、查找文件、跟踪快递等。

任务视图是 Windows 10 系统中新增的功能，它是以略缩图的形式，可同时展示电脑中打开的软件、浏览器、文件等任务界面，方便用户快速进入指定任务或者关闭某个任务。

快速启动区主要是一些应用程序图标，单击某一程序图标可以直接打开该程序。

快速启动区的右侧是任务按钮区，它是当前已经打开的程序、文件或文件夹的图标，单击这些图标可以在这些程序、文件或文件夹间进行切换。

通知区域和语言栏位于任务栏的右端，通知区域包含一些程序图标，这些程序可以对有关网络连接、系统音量和系统时间等进行设置；语言栏用来选择和设置输入法。

2. Windows 10 的窗口、菜单和对话框

Windows 环境下的操作对象主要是窗口、菜单和按钮等。下面介绍 Windows 操作系统的常用术语。

（1）窗口的基本组成

典型的 Windows 应用程序窗口如图 2 - 5 所示。

操作视频

Cortana（小娜）的使用

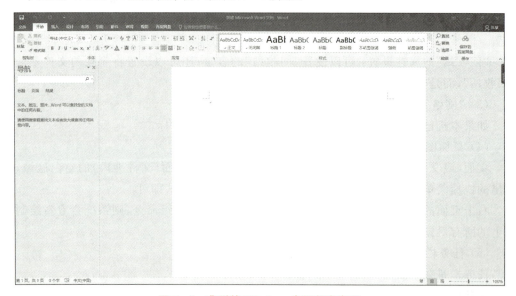

图 2 - 5 典型的 Windows 应用程序窗口

- 标题栏：标题栏位于窗口的顶部，除了显示文档的标题或程序名称之外，还包括窗口最小化、最大化/向下还原和关闭按钮。
- 菜单栏：菜单栏位于标题栏的下方，它包括各种应用程序的菜单，通常由"文件""编辑""查看""插入"和"帮助"等菜单组成。每个菜单下都有一组相关的菜单命令，单击某一命令可以完成相应的功能。菜单命令旁边的按键组合表示同时按下该按键组合即相当于执行该菜单命令。菜单命令名称后字母表示当该菜单打开后按该字母键即可执行相应的菜单命令。
- 工具栏：菜单栏下方是工具栏。工具栏上包括一些常用的命令按钮，单击这些命令按钮，即可执行相应的命令。如果对按钮的功能不熟悉，只需将鼠标指针移动到该按钮上，一会儿系统就会显示出该按钮的名称或功能提示。
- 编辑区（任务的工作区）：窗口中间的空白区域就是文档编辑区（任务的工作区），用户可在其中输入文档的内容，也予对编辑区的文档内容进行选择、修改、增加、删除、复制等各种操作。
- 滚动条：窗口的最右边是滚动条。滚动条分为水平滚动条和垂直滚动条。可以通过单击滚动条两边的小箭头或者拖动滚动条中的滚动块来改变文档的可视区域。
- 状态栏：状态栏位于窗口的最底部，显示当前文档的一些基本信息。

（2）窗口的基本操作

窗口的大小可调。

- 边框：围成窗口的四条边称为边框。将鼠标移动到窗口（非最大化）的边框或一个角上后，鼠标指针变为双箭头状，通过拖放可改变窗口的大小。
- 标题栏：用于显示程序名称或文档名称。如果同时有多个程序或文档在运行，则当前处于激活状态的窗口的标题栏呈高亮显示。

此外，单击控制菜单图标，可以选择最小化、最大化或向下还原、关闭窗口。

单击"最小化"按钮，可以将窗口最小化为桌面任务栏上的一个按钮。

单击"最大化/向下还原"按钮，可以将窗口充满屏幕或将窗口恢复到窗口最大化前的显示状态。

单击"关闭"按钮，可以关闭窗口，退出正在执行的程序。

（3）对话框

对话框是使用某一应用程序执行某一命令时弹出的矩形界面，如图 2-6 所示。对话框的大小不能改变。对话框中的文本框、列表框、下拉列表框、单选按钮、复选框、调节按钮等控件用于特定的应用程序选择各种参数。下面介绍对话框的主要功能操作。

- 文本框：用于输入文本内容。
- 列表框：列出已有选项供选择。用户通过单击选定某一选项。
- 下拉列表框：单击下拉列表框会弹出一下拉列表，用户可以从中选定某一列表项。
- 单选按钮：一组选项中必须且只能选中一个，选中后其圆形按钮中出现黑点。
- 复选框：可同时选中多个选项或一个也不选，选中后其方形框中出现"√"标记。
- 调节按钮：一种特殊的文本框，其右侧有向上和向下两个按钮，用于对该文本框中的内容（一般为数字）进行调节。

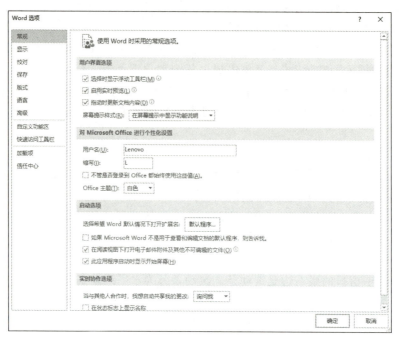

图 2-6 对话框

● 选项区域（组）：将同一功能的所有选项用一个方框框住，形成一个区域，这个区域称为选项区域或选项组。

● 标签：在 Windows 中有些对话框包含多组内容，用标题栏下的一排标签标识，标签上标有对应该组内容的名称。

● 选项卡：单击标签后出现的每一组内容称为选项卡，选项卡由标签命名。

● "应用"按钮：有的对话框中含有"应用"按钮，单击"应用"按钮的作用是将在对话框中设置的各种选项立即应用但不关闭对话框，以便对其他的选项继续进行设置。

● "取消"按钮：单击"取消"按钮后，本次在对话框中所做的修改不被应用，并且退出对话框。

● "确定"按钮：单击"确定"按钮后，在对话框中所做的设置立即生效并关闭对话框。

3. "开始"菜单

单击"开始"按钮可以显示"开始"菜单。开始菜单分为三个列表：左侧列表为系统功能区，包括"账户""文档""图片""设置""电源"等用户常用系统选项；中间列表为应用区，包含所有程序（有些程序以程序文件夹的形式在应用区显示）并且以程序名（或程序文件夹名）中的首数字、首字母或首拼音分组并升序排列，从中可以访问计算机中所有的程序；右侧列表为"开始"屏幕，是显示动态磁贴的一块区域，适合平板触屏操作。"开始"菜单如图 2-7 所示。

系统默认下，"开始"菜单应用区的列表中主要包含了高效工作和浏览的主要应用程序，用户可以根据需要将其添加到"开始"屏幕上。

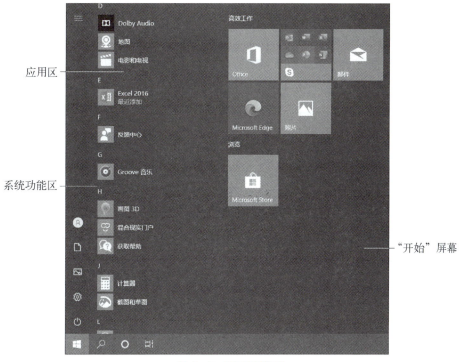

应用区

系统功能区

"开始"屏幕

图 2-7 "开始"菜单

（1）将应用程序固定到"开始"屏幕

打开"开始"菜单，在应用区的列表中，右击需要固定到"开始"屏幕的应用程序，在弹出的快捷菜单中选择"固定到'开始'屏幕"命令，如图 2-8 所示；如果要从"开始"屏幕取消固定，右击"开始"屏幕中需要取消固定的应用程序，在弹出的快捷菜单中选择"从'开始'屏幕取消固定"命令即可，如图 2-9 所示。

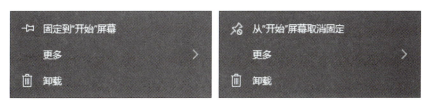

图 2-8 固定到"开始"屏幕　　　图 2-9 从"开始"屏幕取消固定

（2）将应用程序固定到任务栏

用户除了可以将应用程序固定到"开始"屏幕外，还可以将应用程序固定到任务栏中的快速启动区域，方便要使用应用程序时，可以快速进行启动。

单击"开始"按钮，右击需要添加到任务栏的应用程序，在弹出快捷菜单中，选择"更多"→"固定到任务栏"命令，即可将其图标固定到任务栏中。对于不常用的应用程序，用户也可以将其图标从任务栏中删除。右击需要删除的应用程序图标，在弹出的快捷菜单中选择"从任务栏取消固定"命令即可。此外，用户可以通过拖曳鼠标，调整任务栏中应用程序图标的顺序。

（3）动态磁贴的使用

动态磁贴是"开始"屏幕中的图形方块,也叫"磁贴",通过它可以快速打开应用程序,磁贴中的信息是根据时间等条件动态更新的,例如,开启动态磁贴的天气预报如图 2-10 所示,如图 2-11 所示则为关闭动态磁贴的天气预报。

图 2-10　开启动态磁贴的天气预报　　**图 2-11　关闭动态磁贴的天气预报**

如果需要调整磁贴的大小,可以在磁贴上单击鼠标右键,在弹出的快捷菜单中选择"调整大小"子菜单的相关选项。

总之需要打开或者关闭动态磁贴时,可以右击磁贴,在弹出的快捷菜单中选择"更多"→"打开动态磁贴"或者"关闭动态磁贴"命令即可。需要调整磁贴位置,拖曳磁贴至目标位置,松开鼠标可完成位置调整。

4. 系统属性

通常,用户经常需要查看计算机的基本信息,如操作系统的版本、计算机的名称、所属的工作组或域等,或者设置系统和用户的环境变量等。这些日常操作可以通过"系统属性"对话框来完成。

右击桌面上的"此电脑"图标,从快捷菜单中选择"属性"命令,打开如图 2-12 所示的"系统"窗口。

图 2-12　"系统"窗口

单击"高级系统设置"选项,弹出如图 2-13 所示的"系统属性"对话框。

图 2-13 "系统属性"对话框 　　图 2-14 "启动和故障恢复"对话框

在"高级"选项卡的"启动和故障恢复"选项组中,单击"设置"按钮,打开如图 2-14 所示的"启动和故障恢复"对话框。当同时安装多个 Windows 操作系统时,可以根据需要将某一操作系统设置为默认操作系统。如果对操作系统列表不作选择,将启动默认的操作系统。"显示操作系统列表的时间"复选框用于设定在计算机启动后显示操作系统列表的时间(如 5 秒),如果在此时间内用户未做选择,则自动启动默认操作系统。

环境变量是由 Windows 可以使用的与符号名称相关的环境信息(如驱动器、路径或文件名等)组成的字符串。可以使用"控制面板"中的"系统"选项,或在命令行界面使用 Set 命令,来定义和设置环境变量的值。

Windows 操作系统的环境变量分为两类:只对某个用户有效的用户环境变量(简称"用户变量")和对所有用户都有效的系统环境变量(简称"系统变量")。两种变量的数目和相应的值可以根据需要进行设置。

需要注意的是,在命令行程序窗口内用 Set 命令设置的环境变量的值是临时的,仅对当前窗口有效。

系统变量 path 用于指定在何处搜索可执行程序。如果要在命令行程序窗口内执行某个程序,当系统变量 path 的值没有包含要执行的程序的路径时,需要输入该程序的绝对路径,以免操作系统找不到程序;如果 path 的值包含了要运行的程序的路径,只需提供该程序的名称即可。

特别要强调的是,path 中用于指出 Windows 系统核心程序路径的那部分不要轻易改动,比如"C:\Windows;C:\Windows\system32\wbem;C:\Windows\system32\windowspowershell\v1.0\;",否则,会出现各种错误。

5. Windows 任务管理器

如果要开始执行新的任务(即运行新的程序),则可以在 Windows"任务管理器"窗口中单击"文件"→"运行新任务"按钮,在弹出的"新建任务"对话框内输入程序的名称或绝对路径,然后单击"确定"按钮即可。比如,输入"NOTEPAD"后单击"确定"按钮,即开始运行"记事本"程序。

正在运行的程序称为进程。一个进程可以由若干个线程组成。

当系统的运行效率明显降低时,可以通过 Windows"任务管理器"窗口的"进程"选项卡查看到底是哪一个进程占据了太多的 CPU 利用率、内存等资源;还可以找出病毒进程。

Windows"任务管理器"窗口的"进程"选项卡如图 2-15 所示。可以通过右击任意列名,在弹出的快捷菜单中对需要显示的列以及资源值的显示类型(百分比或值)进行选择。其中,"名称"列反映进程所关联的程序或文件;"CPU"列反映进程占据的 CPU 利用率。

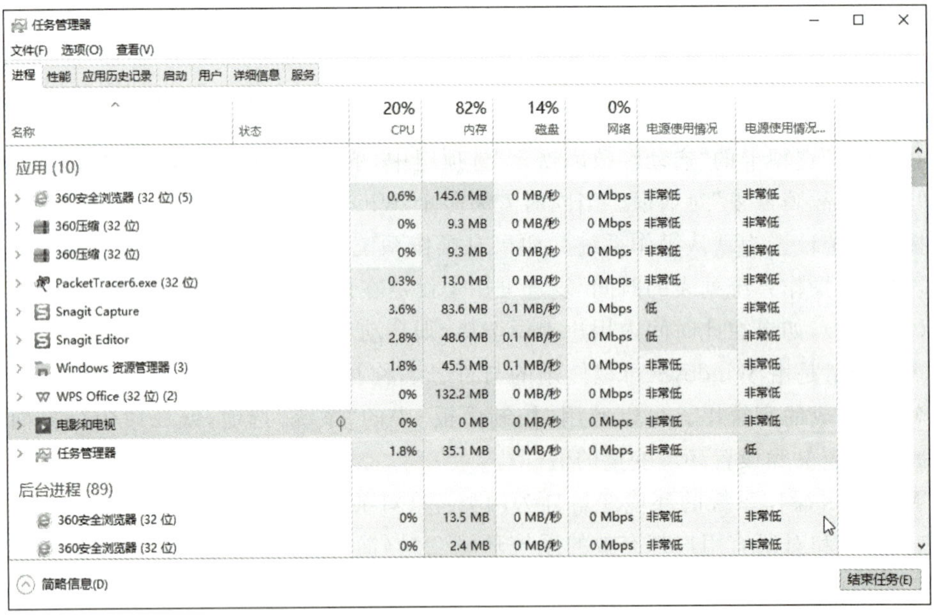

图 2-15 "进程"选项卡

如果通过查看 Windows"任务管理器"窗口的"进程"选项卡,发现系统性能严重下降是由于某一个进程占用了太多的 CPU 利用率,可以在"进程"选项卡的进程列表中右击该进程,在弹出的快捷菜单中单击"结束任务"来强制结束该进程。当然,这种强制结束进程的方式可能造成数据的丢失。但对于只是读取数据的进程,比如,正在播放本地硬盘上的电影的 RealPlayer 进程被强制结束后,并不会将电影文件删除。

"任务管理器"的"性能"选项卡以实时更新的动态图像方式显示 CPU、内存、磁盘、以太网、GPU 等硬件资源的使用情况。

2.2.4 Windows 10 的文件系统和磁盘管理

1. Windows 10 的文件系统

文件系统指文件命名、存储和组织的总体结构。Windows 支持三种文件系统：FAT、FAT32 和 NTFS。可以在安装 Windows、格式化现有的驱动器或者安装新的硬盘时，选择文件系统的类型。

在决定使用何种文件系统之前，应当了解每种文件系统的优点和局限性。更改驱动器的现有文件系统可能很耗费时间，因此选择符合长期需要的文件系统。如果决定使用其他文件系统，务必备份数据，然后重新格式化要使用新文件系统的驱动器。尽管现在能够无须格式化驱动器而将 FAT 或 FAT32 驱动器转换为 NTFS 驱动器，但是在转换以前要先备份数据。

文件是 Windows 中的基本存储单位。文件可以是文档、程序、图片、快捷方式等。就像在档案柜中使用牛皮纸资料袋整理资料文件一样，Windows 使用文件夹存储计算机上的文件。

文件夹可以包含多种不同类型的文件（Word 文档、音乐、图片、视频和程序等）或子文件夹。可以将其他位置上的文件（其他文件夹、计算机或者 Internet 上的文件等）或文件夹复制或移动到用户创建的文件夹中。还可以在文件夹中创建子文件夹。利用文件夹，可以非常方便地分类管理各种文件。

Windows 10 操作系统选用 NTFS 文件系统，因为它支持几种其他文件系统所不支持的特性，例如文件和文件夹权限、加密、大卷支持和稀疏文件管理等。

2. 磁盘驱动器的高级格式化

对磁盘驱动器的格式化是指在磁盘上（重新）建立文件系统的过程。格式化磁盘驱动器会造成该驱动器内原有文件的丢失。因此，在格式化磁盘驱动器前一定要将原有文件备份到别处。除非必要，不要格式化系统盘。

格式化磁盘驱动器的方法是：在"此电脑"窗口中，右击需格式化的磁盘驱动器，在弹出的快捷菜单中单击"格式化"命令，系统弹出"格式化"对话框，标题栏中同时指出了准备对其进行格式化的磁盘驱动器名称，如图 2-16 所示。

该对话框内的有关功能操作如下：

"文件系统"：依据需要进行选择，默认采用 NTFS 文件系统。

"分配单元大小"：用于指定磁盘分配单元的大小或簇的大小，一般保持默认大小即可。

图 2-16 "格式化"对话框

"卷标"：用于指定磁盘驱动器的新名称。

"快速格式化"：删除磁盘上的所有文件,但不检查磁盘坏区。此选项仅适用于以前曾格式化过的磁盘而且仅能在确定磁盘未损坏的情况下才能用此选项。如果怀疑某个磁盘驱动器感染了不易清除的病毒,则一般可选择该选项以进行快速格式化,可达到既清除病毒又节省时间的目的。

一旦单击"开始"按钮,格式化进程立即开始。底部的进度栏显示格式化的进度。格式化完毕后单击"关闭"按钮即可。

3. U 盘的使用

U 盘是 USB 闪存驱动器(USB flash drive)的简称,也称为"闪存""闪盘"等,是一种移动存储设备。U 盘最大的特点是即插即用、存储容量大、价格便宜,且小巧便于携带。常见的 U 盘的容量有 8 GB、16 GB、32 GB、64 GB、128 GB 等。

将 U 盘直接插到机箱前面板或后面板的 USB 端口上,操作系统一般能够利用自带的驱动程序加载它。USB(Universal Serial Bus,通用串行总线)是一种支持即插即用设备的计算机总线标准。使用 USB 接口时,不需要关闭或重启计算机就能连接和断开设备。使用一个 USB 接口最多可以连接 127 个外围设备。USB 接口通常在计算机背面的串行接口或并行接口附近。USB 接口含两根数据线和两根电源线。

Windows 10 能够自动识别 USB 2.0 和 3.0 接口的 U 盘。

在 USB 接口上第一次插入 U 盘时,系统会报告"发现新硬件"。稍候,会提示"新硬件已经安装并可以使用了"。这时,打开"此电脑"窗口,可以看到多出来一个或多个(视 U 盘的分区数目而定)磁盘驱动器图标。接下来,就可以像使用其他磁盘驱动器一样使用 U 盘了。

从 USB 端口拔下 U 盘前,要先退出正在读/写 U 盘的程序,然后,单击任务栏通知区域和语言栏上的"安全删除硬件并弹出媒体"图标,在弹出的快捷菜单中单击弹出相应的 USB 设备命令;当出现"安全地移除硬件"的提示后,才能安全地将 U 盘从机箱上拔下。否则,可能会损坏 U 盘中的文件。

2.2.5　Windows 10 的"此电脑"窗口

Windows 10 的"此电脑"窗口显示计算机上的文件、文件夹和驱动器的分层结构,同时显示映射到本机的所有网络驱动器名称。通过"此电脑"窗口可以复制、移动、重新命名以及搜索文件和文件夹。例如,可以打开要复制或移动其中文件的文件夹,然后将该文件拖动到其他文件夹或驱动器中。

通过"此电脑"窗口浏览 C 盘,如图 2-17 所示。

"此电脑"窗口左侧导航窗格以树状方式显示系统的目录(文件夹)结构;右侧内容窗格中显示左侧窗格中当前所选文件夹中的内容。可通过拖动左右窗格间的分隔条来调节两个窗格的大小。

单击"后退"或"前进"按钮可以快速转到曾经浏览的文件夹。鼠标指针移动至导航窗格区域,某些对象的左侧会显示一个向右的箭头,则表明该对象是一个文件夹并且含有子文件夹。单击该箭头即可展开该文件夹,同时向右的箭头变为向下箭头。单击某一文件

图 2-17　通过"此电脑"窗口浏览 C 盘

夹,可在内容窗格中显示其包含的文件及子文件夹。

2.2.6　Windows 10 的文件及文件夹管理

1. 文件及文件夹的选定、移动和复制

选定单个文件只需单击该对象即可。如果一次要选定多个文件,则有三种方法:

● 在屏幕空白处按下鼠标左键后不松开,然后斜向拖曳鼠标,出现一个蓝色矩形,矩形内的所有对象都被选定。

● 单击第一个对象后按住 Shift 键,然后单击最后一个需要选定的对象,可将多个连续排列的对象选定。

● 按住 Ctrl 键,然后依次单击需选定的各个对象,可选定多个不连续排列的对象。

如果要将文件或文件夹移动到别处,可右击需要移动的文件或文件夹,选择"剪切"命令,然后在目标文件夹内空白处右击,选择"粘贴"命令即可。也可选定需要移动的对象后,依次单击"此电脑"窗口菜单栏中的"主页"→"移动到"菜单命令,单击"选择位置",此时弹出"移动项目"对话框,在该对话框中选定目的地文件夹后单击"移动"按钮即可,如图 2-18 所示。

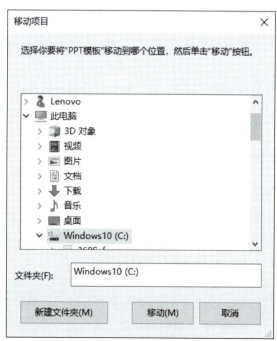

图 2-18　移动文件或文件夹

如果要将文件或文件夹复制到别处,可右击文件或文件夹,单击"复制"命令,然后右击目标文件夹空白处,单击"粘贴"命令即可。也可选定被复制的对象后,依次单击"此电脑"窗口菜单栏中的"主页"→"复制到"菜单命令,单击"选择位置",此时弹出"复制项目"对话框,在该对话框中选定目的地文件夹后单击"复制"按钮即可。

2. 文件及文件夹的排序与查看

(1) 文件及文件夹的排序

文件及文件夹可以按名称、修改日期、类型、大小等进行排序。选择排序方式的方法是:单击"查看"→"排序方式"子菜单,然后根据需要选择具体的排序方式:"名称""修改日期""类型"或"大小"等。

● 名称:指按文件或文件夹名称的字典顺序排序。

● 修改日期:指按文件或文件夹的修改时间排序,可使修改时间较早或较晚的文件排列在前。

● 类型:指按排序对象的类型进行归类排序。

● 大小:指按文件或文件夹的大小排序,可使占存储空间小或大的文件或文件夹排列在前。

(2) 选择文件及文件夹的查看方式

"查看"菜单中包括选择文件及文件夹的查看方式的菜单命令,如"超大图标""大图标""中图标""小图标""列表""详细信息"等。

(3) 查看文件的详细信息

在按"详细信息"方式查看文件时,可以通过"选择详细信息"对话框进行设置,以获取文件的更多信息,比如创建时间、属性、文件的所有者等。设置的方法是:鼠标右击文件夹空白处,选择"分组依据",然后单击"更多"选项,在弹出的"选择详细信息"对话框中选择要查看的信息,然后单击"确定"按钮即可,如图 2-19 所示。

双击某一文件或文件夹可查看其内容。注意,如果文件是一个可执行程序则双击后即开始运行。比如,通过双击软件的安装程序以开始安装软件。

(4) 选择文件的打开方式

如果某一文件无默认的打开程序,则 Windows 10 会弹出"你要如何打开这个文件"对话框,让用户选择用于打开此文件的程序,如图 2-20 所示。

用户选择某一程序后单击"确定"按钮,即表示用所选程序打开此文件。为了使本次选定的程序作为打开该类型文件的默认程序,可在单击"确定"按钮之前选中"始终使用此应用打开 . * 文件"复选框(". *"代表该文件类型的扩展名)。当成功打开文件后,有可能使文件的图标发生改变,这是正常的现象,这种改变表示被打开的文件与用于打开该文件的程序之间建立了一种关联关系。

当希望用非默认的程序打开文件时,可以右击该文件,选择"打开方式"→"选择其他应用"选项,然后在"你要如何打开这个文件?"对话框中选择所需程序。

如果"你要如何打开这个文件?"对话框中没有列出合适的程序,则可以单击"在这台电脑上查找其他应用"按钮,选择希望使用的程序。

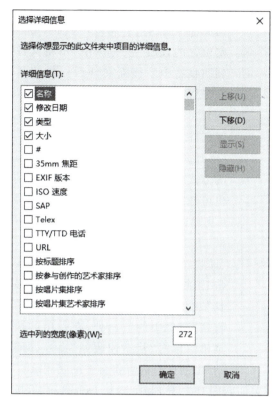

图 2-19 "选择详细信息"对话框

图 2-20 "你要如何打开这个文件"对话框

3. 文件或文件夹的建立、删除、还原和重命名

（1）文件或文件夹的建立

用图形界面建立文件或文件夹的方法是：右击桌面或文件夹内的空白处，在弹出的快捷菜单中指向"新建"菜单项后会弹出一子菜单，如图 2-21 所示。在该子菜单中单击"文件夹"选项，就可以创建一个新的文件夹，此时系统给出文件夹的默认名称是"新建文件夹"，可以立即更改文件夹的名称，输入新的文件夹名即可。如果需要建立文件，在"新建"子菜单中选择相应的文件类型选项即可。

（2）文件或文件夹的删除

删除文件或文件夹分为两种情况：放入"回收站"和彻底删除。需注意的是，一般情况下，正被其他程序使用的文件或文件夹不可被删除。

图 2-21 新建文件或文件夹

"回收站"实际上是一个隐藏的系统文件夹 Recycled，在每一个磁盘驱动器上均有此文件夹存在，用于存储被临时删除的文件。"回收站"中的文件或文件夹可以恢复到该文

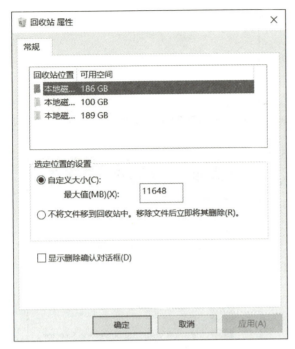

图 2-22　"回收站属性"对话框的"常规"选项卡

件或文件夹原来的位置,前提是:"回收站属性"对话框的"常规"选项卡中,"选定位置的设置"没有选中"不将文件移到回收站中。移除文件后立即将其删除"复选框,如图 2-22 所示。

在操作系统默认设置下,删除文件或文件夹的两种方式如下:

① 放入"回收站"。既可以用拖放的方式将要删除的对象放入"回收站";也可选定要删除的文件或文件夹后按 Del 键,此时弹出"删除文件(夹)"对话框,单击"是"按钮后该文件即被放入"回收站"。打开"回收站"窗口,依次单击"回收站"窗口菜单栏中的"回收站工具"→"清空回收站"命令,或者右击"回收站"窗口中的空白处,在弹出的快捷菜单中单击"清空回收站"命令,"回收站"中的所有内容将会被彻底删除。

② 直接彻底删除。选定要彻底删除的文件后同时按下 Shift 键和 Del 键,然后按回车键则选定的项目将从磁盘上彻底删除。

（3）从"回收站"还原项目

如果需要从"回收站"中还原全部未被彻底删除的项目,可依次单击"回收站"窗口菜单栏中的"回收站工具"→"还原所有项目"命令,此时,"回收站"中的全部项目会被还原到它们的原来位置;也可选择需还原的项目后单击"还原"按钮,则该项目被还原到其原来位置。

右击"回收站",在快捷菜单中单击"属性"命令,在弹出的"回收站属性"对话框的"常规"选项卡中,可以对回收站的属性进行设置,如图 2-22 所示。如果选中"不将文件移到回收站中。移除文件后立即将其删除"复选框,则删除文件时,文件被彻底删除。一般来说,应该选中"显示删除确认对话框"复选框,以防误删除文件。

（4）文件或文件夹的重新命令

直接单击要重新命名的文件或文件夹,按下 F2 键,输入新的名称后按回车键。如果要重命名的文件或文件夹不在当前文件夹中,可用下面介绍的 Windows 10 提供的搜索功能进行查找。

注意:

有些程序不支持长文件名,文件名最多只能包含 8 个字符。文件名不能含有以下半角字符:\ / : * ? " < > |。

也可以通过右击文件或文件夹,选择"重命名"命令,来更改文件或文件夹的名称。

不能更改系统文件夹的名称,如 Windows 或 System32。这些系统文件夹是正常运行 Windows 所必需的。

4. 文件或文件夹的查找

用户磁盘上或光盘上的文件或文件夹往往数以万计,如何快速地找到所需的文件或文件夹呢? 方法是运用 Windows 10 提供的搜索功能。

在"此电脑"窗口中打开包含或可能包含目标文件的文件夹,然后在右上角的"搜索"框内输入要查找文件的全部或部分文件名,如"dll",Windows 10 即自动搜索文件和文件夹名中包含关键字的文件和文件夹,搜索结束后,显示如图 2 - 23 所示的搜索结果。

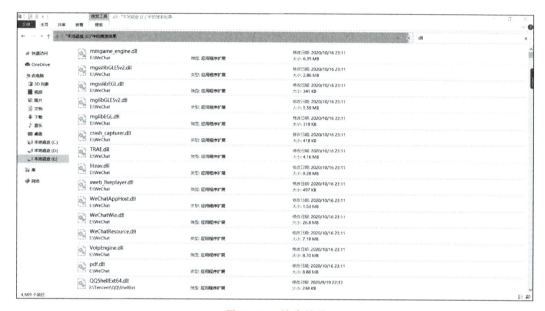

图 2 - 23   搜索结果

如需停止搜索,单击地址栏右侧的"停止加载'＊'"按钮即可,其中"＊"代表搜索关键字,如"停止加载 dll"。

5. 文件或文件夹的属性设置

文件或文件夹的属性是指诸如大小、位置以及文件或文件夹的创建时间之类的信息。查看文件或文件夹的属性时,可以获得如下各项的信息:

- 文件或文件夹属性,只读、隐藏。
- 文件或文件夹的类型。
- 打开文件的程序名称。
- 包含在文件夹中的文件和子文件夹的数目。
- 文件被修改或访问的最后时间;文件或文件夹被创建的时间。

文件或文件夹的主要属性包括:只读(不能被修改)、隐藏(不可见)和存档(未备份标识,供备份程序使用)等。

如果要设置文件或文件夹的主要属性,可以通过右击该文件或文件夹,然后在快捷菜单中单击"属性"命令,弹出文件或文件夹"属性"对话框,在"常规"选项卡的"属性"组中可以对文件或文件夹的属性进行设置;单击"高级"按钮,在弹出的"高级属性"对话框中可以对文件或文件夹的高级属性进行设置。文件的主要属性设置,如图 2 - 24 所示。也可以通过控制台命令 ATTRIB 进行设置。用户可以通过 ATTRIB/？的方式查看如何设置文件的属性。例如，要将文件 A. TXT 设置为只读属性，可以执行如下命令：

ATTRIB ＋R　A. TXT

图 2 - 24　文件的主要属性设置

2.2.7　控制面板

"控制面板"可提供丰富的专门用于更改 Windows 的外观和行为方式的工具。有些工具可帮助用户调整计算机设置，从而使得计算机操作更加有趣。例如，可以通过"鼠标"选项将标准鼠标指针替换为可以在屏幕上移动的动画图标，或通过"声音"选项将标准的系统声音替换为自己选择的声音。有些工具可以帮助用户将 Windows 设置得更易于使用。例如，如果用户习惯使用左手，则可以利用"鼠标"选项更改鼠标按钮的功能。

"控制面板"窗口如图 2 - 25 所示。需要注意的是，当在操作系统上安装了某些软件后，可能会在"控制面板"里添加这些软件的图标，以方便用户调用。

如果需要为 Windows 10 启用或关闭一种功能，可单击"程序"→"程序和功能"→"启用或关闭 Windows 功能"，在弹出的"Windows 功能"对话框中进行设置。

计算机的硬件包含任何连接到计算机并由计算机的微处理器控制的设备，包括购买时已安装在计算机中的设备以及用户后来添加的外围设备。例如：

- 通用串行总线（USB）；
- 调制解调器；
- 磁盘驱动器；
- DVD/CD - ROM 驱动器；

图 2 - 25　"控制面板"窗口

- 打印机；
- 网络适配器；
- 键盘；
- 显示适配器；
- 监视器；
- 游戏控制器。

设备以不同的方式连接到计算机上。例如网卡和声卡，连接到计算机内部的扩展槽中；打印机和扫描仪，连接到计算机的外部接口上。

为了使设备能在 Windows 环境下正常工作，必须在计算机上安装设备驱动程序。每个设备都由一个或多个设备驱动程序支持，它们通常由设备制造商提供。但是，某些设备驱动程序是包含在 Windows 中的。如果属于"即插即用"设备，则 Windows 可以自动检测并安装适当的设备驱动程序。

设备驱动程序的功能是为硬件设备与操作系统交换数据提供服务。即使某个硬件已经连接到计算机，如果没有在操作系统中正确地安装和配置该设备的驱动程序，那么，操作系统也无法使用该设备。

右击"此电脑"图标后单击"属性"命令，单击"设备管理器"，在打开的"设备管理器"窗口中列出了计算机中的所有硬件设备。如果要查看某种类型的硬件设备，则单击该类型硬件左侧的向右箭头，然后双击需查看的硬件，此时弹出该硬件设备的属性对话框。如果要为该硬件安装或升级驱动程序，则单击属性对话框中"驱动程序"选项卡中的"更新驱动程序"按钮，然后按提示操作即可。

注意：

安装或升级硬件的驱动程序时，除了需准备驱动程序外，一般还需准备 Windows 10

操作系统安装文件。

2.3 降低对 Windows 的安全威胁

当连接到 Internet，允许其他人使用你的计算机或者与其他人共享文件时，应采取措施保护计算机免受危害。这是因为存在着攻击其他人计算机的计算机罪犯（也称为"黑客"）。这些人可能通过 Internet 进入他人的计算机，窃取个人信息，实施犯罪活动；也可能通过开发专门危害计算机的恶意软件间接实施攻击。

通常采取几个简单的预防措施就可以保护计算机。下面将介绍主要抵御这些威胁的措施。

● 安装防火墙。防火墙可以阻止黑客或恶意软件访问计算机。

● 及时安装 Windows 更新。启用 Windows 自动更新功能，可以及时检查并自动安装更新，以弥补系统安全漏洞。

● 安装杀毒软件。杀毒软件可保护计算机免受病毒、木马程序和其他安全威胁的危害。

● 安装反间谍软件。反间谍软件可保护计算机免受间谍软件和其他可能不需要的软件的侵扰。

防火墙分为软件防火墙和硬件防火墙。防火墙可检查来自 Internet 或内部网络的信息，然后根据防火墙设置拒绝或允许该信息进入计算机。防火墙可阻止黑客和恶意软件访问计算机。Windows 防火墙内置在 Windows 中，并且默认启用。

防火墙工作原理：如果用户的计算机上运行的程序（如即时消息程序或多人网络游戏）需要从 Internet 或内部网络接收信息，那么防火墙会询问用户是阻止连接还是允许连接。如果选择允许连接，Windows 防火墙会创建一个例外，这样当该程序需要接收信息时，防火墙将不再进行拦截。

病毒、木马程序是由黑客创建的程序，可通过 Internet 或内部网络感染易受攻击的计算机。病毒可在计算机之间进行自我复制，而木马程序则通过隐藏在明显合法的程序（如屏幕保护程序）内部混入计算机。破坏性的病毒和木马程序可从硬盘上删除信息或使计算机完全瘫痪。那些非破坏性的恶意程序不会造成直接破坏，但会影响计算机的性能和稳定性。

防病毒程序（也称杀毒软件）扫描计算机上的电子邮件和其他文件，以查看是否存在病毒和木马程序。如果找到，防病毒程序就会在其攻击计算机和文件之前将其隔离，或者将其完全删除。

Windows 没有内置的防病毒程序，通常计算机制造商会安装某种防病毒程序。如果没有安装，可以下载免费的防病毒程序。

因为每天都会有新的病毒出现，所以选择一个具有自动更新功能的防病毒程序非常重要。防病毒软件更新时，将向其病毒列表添加新识别出的病毒信息以备检测时使用，这样可保护计算机免受新病毒攻击。如果病毒列表过期，则无法防杀新的病毒。

注意,如果不使用防病毒软件,则会将计算机暴露于恶意软件的破坏之下,并且还存在将病毒传播给其他计算机的危险。

间谍软件是一种可显示广告、搜集用户信息或更改计算机上设置的软件,并且通常是在未征得用户同意的情况下进行的。例如,间谍软件可能会在 Web 浏览器上安装不需要的工具栏、链接或收藏夹,更改默认主页,或频繁地显示和弹出广告。有些间谍软件不显示任何可检测的征兆,但却在秘密地收集敏感信息,如访问了哪些网站或从键盘输入了哪些文本。大多数间谍软件是通过用户下载的免费软件安装的,但有些情况下,只要访问某些网站就可能感染间谍软件。

为保护计算机免受间谍软件的侵扰,可使用反间谍软件程序。微软的官方网站提供一个叫做 Windows Defender 的反间谍软件程序。Windows Defender 会在间谍软件尝试将自己安装到计算机上时向用户发出警告。它还可以扫描计算机,查看是否存在间谍软件,找到后可将其删除。

因为间谍软件层出不穷,Windows Defender 必须进行定期更新才能检测到最新间谍软件,保护计算机免受其威胁。Windows Defender 会在更新 Windows 时根据需要进行更新。为实现最高级别的保护,可将 Windows 设置为自动安装更新。

微软定期提供 Windows 的重要更新,以保护计算机免受新病毒和其他安全威胁的伤害。若要确保尽快收到这些更新,可启用自动更新。这样,就不用担心计算机可能会错过重要的 Windows 修复程序了。如果启用了自动更新,则计算机连接到 Internet 时,会在后台下载更新。如果没有指定其他安装时间,更新会在某一时刻自动安装。如果在该时间之前关闭计算机,则会在关机前安装更新。否则,Windows 将在下次启动计算机时安装更新。

登录计算机时,Windows 将根据用户账户类型授予用户一定级别的权限。通常有三种用户: 标准用户(仅属于 Users 组的成员)、管理员(Administrators 组的成员)和来宾(仅属于 Guests 组的成员)。

虽然管理员能完全控制计算机,但是使用标准用户有助于使计算机更安全。这样,即使其他人(或黑客)在用户登录时获得了对计算机的访问权限,也无法篡改计算机的安全设置或更改其他用户账户。

打开电子邮件的附件时应慎重。电子邮件附件(即附加到电子邮件的文件)是主要的病毒传染源之一。一般不要打开陌生人发来的附件。如果用户认识发件人但邮件带了一个非预期的附件,则在打开它之前要向发件人确认是否确实发送了该附件。

不要随意单击可疑的网页或电子邮件中的超链接。超链接(即单击时可打开网站的链接)经常作为网络钓鱼网站和间谍软件欺诈的一部分,而且还可以用来传播病毒。仅单击电子邮件中受信任的链接。

如果网站要求提供信用卡卡号、银行账户信息或其他个人信息,则必须仔细核对该网站的网址是否值得信任并确认其交易系统是安全的。

某些交易网站需要安装加载项。Web 浏览器加载项可使网页显示类似于工具栏、股市信息、视频和动画的内容。但是,加载项也会安装间谍软件或其他恶意软件。如果某个网站要求安装加载项,请在安装前务必确保这一加载项是值得信任的。

虽然对于计算机(尤其是接入了 Internet 网络的计算机)来说没有绝对可靠的安全措施,但是只要按照上述方法维护计算机,即可大大降低外界对 Windows 操作系统的安全威胁。

从维护计算机安全的角度来看,在努力钻研操作系统知识的基础上,增强安全防范意识尤为重要。

·习 题 2·

一、单项选择题

1. 把 Windows 10 的窗口和对话框作一比较,窗口可以移动和改变大小,而对话框_____。

    A. 既不能移动,也不能改变大小   B. 仅可以移动,不能改变大小

    C. 仅可以改变大小,不能移动   D. 既能移动,也能改变大小

2. 下面是关于 Windows 10 文件名的叙述中,错误的是_____。

    A. 文件名中允许使用汉字   B. 文件名中允许使用多个圆点分隔符

    C. 文件名中允许使用空格   D. 文件名中允许使用竖线("|")

3. 当选定文件或文件夹后,不将文件或文件夹放到"回收站"中,而直接删除的操作是_____。

    A. 按 Del(Delete)键

    B. 用鼠标直接将文件或文件夹拖放到"回收站"中

    C. 按 Shift+Del(Delete)键

    D. 用"计算机"窗口中"文件"菜单中的"删除"命令

4. 在 Windows 10 中,不能打开"此电脑"窗口的操作是_____。

    A. 用鼠标右键单击"开始"按钮

    B. 用鼠标左键单击"任务栏"空白处

    C. 用鼠标左键单击"开始"菜单中的"此电脑"选项

    D. 用鼠标右键单击"此电脑"图标

5. 在 Windows 10 的"此电脑"窗口中,如果想一次选定多个分散的文件或文件夹,正确的操作是_____。

    A. 按住 Ctrl 键,用鼠标右键逐个选取   B. 按住 Ctrl 键,用鼠标左键逐个选取

    C. 按住 Shift 键,用鼠标右键逐个选取   D. 按住 Shift 键,用鼠标左键逐个选取

6. 在 Windows 10 中,若已选定某个文件,不能将该文件复制到同一文件夹下的操作是_____。

    A. 用鼠标右键将该文件拖动到同一文件夹下

    B. 先执行"编辑"菜单中的"复制"命令,再执行"粘贴"命令

    C. 用鼠标左键将该文件拖动到同一文件夹下

    D. 按住 Ctrl 键,再用鼠标右键将该文件拖动到同一文件夹下

7. Windows 10 系统安装并启动后,由系统安排在桌面上的图标是_____。

A. 此电脑　　　　　B. 回收站　　　　　C. Microsoft Word　D. Microsoft FoxPro

8. 在 Windows 10 中,下列文件名中正确的是_____。

A. MY PRKGRAM GROUP. TXT　　　　B. FILE1|FILE2

C. A<>B. C　　　　　　　　　　　　D. A? B. DOC

9. 在 Windows 10 中,不能在"任务栏"内进行的操作是_____。

A. 设置系统日期的时间　　　　　　B. 排列桌面图标

C. 排列和切换窗口　　　　　　　　D. 启动"开始"菜单

10. 删除 Windows 桌面上某个应用程序的图标,意味着_____。

A. 该应用程序连同其图标一起被删除

B. 只删除了该应用程序,对应的图标被隐藏

C. 只删除了图标,对应的应用程序被保留

D. 该应用程序连同其图标一起被隐藏

11. 在 Windows 环境中,许多应用程序内或应用程序之间能够交换和共享信息。当用户选择了某一部分信息(例如一段文字、一个图形)后,要把它移动到别处,应当执行"编辑"菜单下的命令_____。

A. 复制　　　　　B. 粘贴　　　　　C. 剪切　　　　　D. 选择性粘贴

12. 为了正常退出 Windows 10,正确的操作是_____。

A. 直接关闭计算机的电源

B. 单击"开始"按钮,然后单击"关机"按钮

C. 在没有任何程序正在执行的情况下关闭计算机的电源

D. 在没有任何程序正在执行的情况下按 Alt+Ctrl+Del 键

13. 在 Windows 10 的"此电脑"窗口中,要选择多个相邻的文件以便对其进行某些处理操作(如复制、移动等),选择文件的方法为_____。

A. 用鼠标逐个单击各文件图标

B. 用鼠标单击第一个文件图标,再用鼠标右键逐个单击其余各文件图标

C. 用鼠标单击第一个文件图标,按住 Ctrl 键不放,再单击最后一个文件图标

D. 用鼠标单击第一个文件图标,按住 Shift 键不放,再单击最后一个文件图标

14. 在 Windows 环境中,鼠标器主要有四种操作方式,即:单击、右击、双击和_____。

A. 连续交替按下左右键　　　　　　B. 拖曳

C. 连击　　　　　　　　　　　　　D. 与键盘击键配合使用

15. 鼠标指针的形状变为一个"沙漏"状,表明_____。

A. Windows 正在执行某一处理任务,请用户稍等

B. Windows 执行的程序出错,中止其执行

C. 等待用户输入"Y"或"N",以便继续工作

D. 提示用户注意某个事项,并不影响计算机继续工作

16. 在 Windows 环境中,鼠标是重要的输入工具,而键盘_____。

A. 无法起作用

B. 仅能配合鼠标、在输入中起辅助作用（如输入字符）

C. 仅能在菜单操作中运用，不能在窗口中操作

D. 也能完成几乎所有操作

17. 在 Windows 环境中，每个窗口的顶部都有一个标题栏，把鼠标光标指向该处，然后拖曳，则可以_____。

A. 变动该窗口上边缘，从而改变窗口大小

B. 移动该窗口

C. 放大该窗口

D. 缩小该窗口

18. 在 Windows 的各种窗口中，有一种形式叫"对话框"（会话窗口）。在对话框中，有些选项文字说明的左边标有一个小方框，当小方框里有"√"符号时表明_____。

A. 这是一个复选框，而且未被选中　　　B. 这是一个复选框，而且已被选中

C. 这是一个单选按钮，而且未被选中　　D. 这是一个单选按钮，而且已被选中

19. 在 Windows 10 的桌面上，用鼠标单击左下角的"开始"按钮，将_____。

A. 执行开始程序

B. 执行一个程序，程序名称在弹出的对话框中指定

C. 打开一个窗口

D. 弹出包含使用 Windows 10 所需全部命令的"开始"菜单

20. 当启动（运行）一个程序时就打开一个该程序的窗口，把运行程序的窗口最小化是指_____。

A. 结束该程序的运行

B. 暂时中断该程序的运行，但随时可以由用户加以恢复

C. 该程序的运行转入后台继续工作

D. 中断该程序的运行，而且用户不能加以恢复

21. 在 Windows 环境中，屏幕上可以同时打开若干个窗口，它们的排列方式是_____。

A. 既可以平铺也可以层叠，由用户选择

B. 只能由系统决定，用户无法改变

C. 只能平铺

D. 只能层叠

22. 下列文件名中有一个在 Windows 10 中为非法的文件名，它是_____。

A. my file1　　　　　　　　　　　B. BasicProgram

C. card "01"　　　　　　　　　　　D. class1. data

23. 一个文件路径名为：C:\groupa\text1\293. txt，其中 text1 是一个_____。

A. 文件夹　　　　B. 根文件夹　　　　C. 文件　　　　D. 文本文件

24. Windows 10 的文件夹组织结构是一种_____。

A. 表格结构　　　B. 树状结构　　　C. 网状结构　　　D. 线性结构

二、简答题

1. 在 Windows 10 中运行应用程序的方式有哪些？

2. 如何通过鼠标与键盘的配合同时选定多个文件？

3. "回收站"的作用是什么？

4. 如何查看系统的各个设备？如何为新设备添加驱动程序？

第**3**章

文字处理软件 Word 2016

本章要点：

➤ Word 2016 概述。

➤ Word 2016 文档的基本操作。

➤ Word 2016 文档的排版。

➤ Word 2016 的高级应用。

➤ Word 2016 表格的操作。

➤ Word 2016 图形的操作。

➤ Word 2016 文档的输出。

本章主要讲述 Word 2016 的基本概念（启动与退出及操作界面）、文档的基本操作（文档的创建、打开、保存、关闭以及相关编辑）、排版（字符格式设置、段落格式设置、项目符号和编号、边框和底纹、分栏、首字下沉、样式和模板等）、高级应用（超链接、邮件合并、宏的应用、文档保护）以及文档中表格、图形的相关操作、文档的输出等内容。

3.1　Word 2016 概述

操作视频

Word 2016
的基本操作

　　Word 2016 是微软公司推出的 Office 2016 办公自动化套装软件中的一个重要组件，它是目前应用最广泛的文字处理软件之一，具有丰富的文字处理功能，在其中可以对文字、图片和表格的格式进行各种设置，学习和使用都非常方便。它不仅适合一般工作人员，而且适合专业排版人员。随着版本的不断升级，功能不断增强和完善，Word 越来越受到广大用户的欢迎。

　　本节通过对 Word 2016 的启动与退出、Word 2016 操作界面的介绍，使读者对 Word 2016 有一个基本的了解。

3.1.1　Word 2016 的启动与退出

1. Word 2016 的启动

启动 Word 2016 的常用方法主要有以下三种：

① 选择"开始"→"所有程序"→"Word 2016"选项即可。

② 若计算机桌面上有 Word 2016 的快捷图标 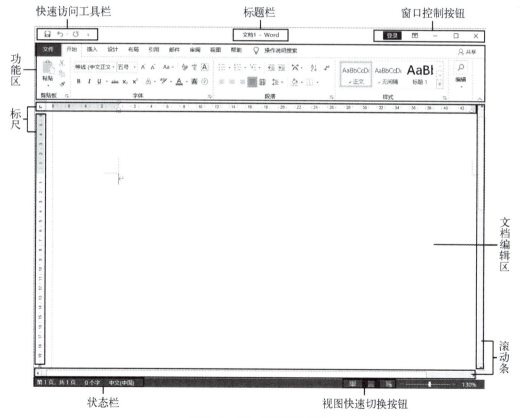，则直接双击该图标即可；若计算机桌面上无 Word 2016 的快捷图标，可进入软件的安装目录中，找到对应的图标双击即可。

③ 双击任意一个已经建立的 Word 文档。

2. Word 2016 的退出

退出 Word 2016 的常用方法主要有以下三种：

① 在 Word 2016 窗口中，右击标题栏，在弹出的菜单中单击"关闭"。

② 单击 Word 2016 窗口右上方的"关闭"按钮 ×。

③ 按下组合键 Alt＋F4。

3.1.2　Word 2016 的窗口组成

Word 2016 的窗口主要由快速访问工具栏、标题栏、窗口控制按钮、功能区、文档编辑区、标尺、滚动条、状态栏、视图快速切换按钮等组成，如图 3-1 所示。

图 3-1　Word 2016 的窗口

1. 快速访问工具栏

快速访问工具栏位于窗口的左上角，用于放置常用的命令按钮，使用户快速执行经常使用的命令。默认情况下，快速访问工具栏中只有少量的按钮，用户可以根据需要添加多个自定义命令按钮。

2. 标题栏

标题栏位于窗口顶部,用于显示当前文档的文件名。

3. 窗口控制按钮

窗口控制按钮位于窗口的右上角,包括"登录""功能区显示选项""最小化""最大化/向下还原"及"关闭"按钮。单击"登录"按钮,输入用于 Word 账户的电子邮件地址和密码,可以登录 Office 账户。单击"功能区显示选项"按钮,会出现三个选项:"自动隐藏功能区"可以隐藏功能区以最佳视图查看文档,并且仅在单击顶部边框或按 Alt 键时显示功能区;"显示选项卡"仅显示功能区选项卡,因此可看更多文档内容;"显示选项卡和命令"可以始终显示功能区选项卡和命令,但文档可视内容最少。单击"最小化"按钮,可以将当前文档最小化为系统任务栏中的一个按钮。在文档处于最大化状态下,可以单击"向下还原"按钮,将文档窗口缩小。在文档处于非最大化状态时,可以单击"最大化"按钮,将文档窗口最大化。单击"关闭"按钮,可以关闭当前文档。

4. 功能区

功能区位于标题栏的下方,由多个选项卡组成,包括"文件""开始""插入""设计""布局""引用""邮件""审阅""视图""帮助"10 个内置的默认选项卡。单击选项卡标签,可以在选项卡之间切换,用户还可根据需要增加或减少显示的选项卡,以方便操作。

5. 文档编辑区

窗口中间的大片空白区域是文档编辑区,可进行文本的输入、文档的修改、文档的排版等操作。

6. 标尺

标尺可以用于对齐文档中的内容,在制作表格和对齐图片时,特别有帮助。标尺位于文档编辑区的上方和左侧。Word 2016 中,标尺如果隐藏,可以通过勾选"视图"选项卡"显示"组的"标尺"复选框来显示。

7. 滚动条

Word 2016 中提供了垂直滚动条和水平滚动条,分别位于文档编辑区的右侧和下方。通过单击滚动条两边的小箭头或者拖动滚动块可改变文档的可视区域。

8. 状态栏

状态栏位于窗口的底部,显示当前文档的状态,如页面和字数等信息。

9. 视图快速切换按钮

视图快速切换按钮位于状态栏的右侧。Word 2016 中的视图包括阅读视图、页面视图、Web 版式视图、大纲视图、草稿等。通过单击各个视图按钮,可以实现视图之间的快速切换。

3.2 文档的基本操作

学习使用 Word 2016 时,只有从基本操作入手,才能更有效地掌握该软件。用户在进行文档处理的时候,常常需要创建一个新的文档或者打开一个已经存在的文档,同时对修改的文档需要进行保存。

3.2.1　文档的创建、打开、保存及关闭

1. 文档的创建

启动 Word 2016 软件后,在开始界面单击"空白文档"即可创建一个名为"文档 1"的空白文档,然后即可在该空白文档的文档编辑区内进行相应的操作。

如果还需要建立更多新的文档,常用的方法如下:

● 单击"文件"选项卡中的"新建"命令,并选择一种模板(如不使用任何模板,可以选择空白文档),如图 3-2 所示。双击选中的模板创建或者单击模板弹出该模板介绍页面,如图 3-3 所示,再单击"创建"按钮。

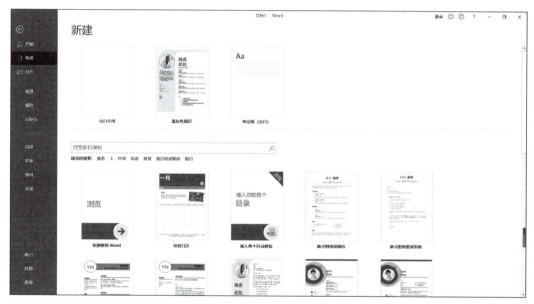

图 3-2　"新建"命令选项

● 按组合键 Ctrl+N,创建一个新的空白文档,并以默认的标题和文件名命名。

● 依次按组合键 Alt+F 和 N 键,出现如图 3-2 所示的窗口,根据需要创建新文档。

2. 文档的打开

如果用户需要编辑一个已经存在的文档,首先就需要打开相应的文档。

(1)打开一个文档

● 如果需要打开最近使用过的文档,只需要单击"文件"选项卡中的"打开"命令按钮,在右侧的"最近"文件列表中单击需要打开的文档名即可。

● 如果文档没有显示在"最近"文件列表中,则单击"文件"选项卡中的"打开"命令按钮,或者按组合键 Ctrl+O,单击"浏览"按钮,此时弹出"打开"对话框,如图 3-4 所示,进入相应的存储位置,然后双击需要打开的文档,或者单击选择需要打开的文档,再单击"打开"按钮。

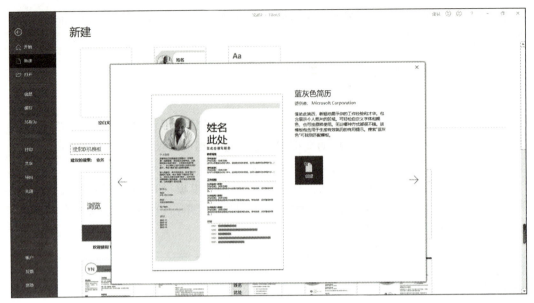

图 3-3　模板介绍页面

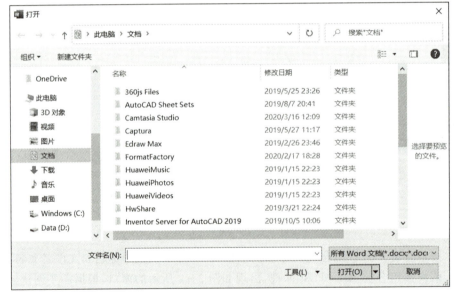

图 3-4　"打开"对话框

（2）打开多个文档

如果用户需要一次打开多个已经存在的文档,则单击"文件"选项卡中的"打开"命令按钮,单击"浏览"按钮,此时弹出"打开"对话框,进入相应的存储位置,然后选择需要打开的多个文档,再单击"打开"按钮。

3. 文档的保存

当用户编辑完一个文档后,常常需要将文档保存,以便今后使用。在编辑过程中,做好保存工作也可以避免因停电等外界因素造成的内容丢失。因此,文档的保存是很重要的。

（1）保存一个文档

常用的保存文档方法如下：

● 单击"文件"选项卡中的"保存"或者"另存为"命令按钮。

如果保存的是一个新的文档，则单击"文件"选项卡中的"保存"或者"另存为"命令按钮，再单击"浏览"按钮，可弹出"另存为"对话框，选择文档的存储位置，在"文件名"组合框中输入文件名称，在"保存类型"下拉列表框中选择文件保存的类型，如图 3-5 所示。

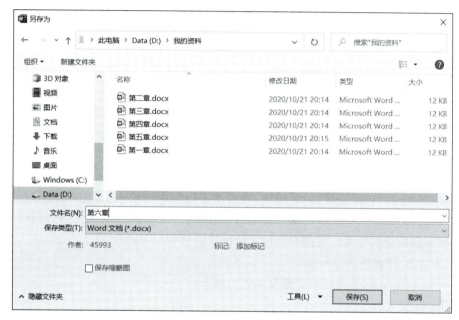

图 3-5　"另存为"对话框

如果当前编辑的文档是已经保存过的，那么单击"文件"选项卡中的"保存"命令按钮后将以最新编辑的文档替换旧的文档，此时不会弹出任何的对话框；若单击"文件"选项卡中的"另存为"命令按钮，则可以将最新编辑的文档单独存为另一个文件，此时再单击"浏览"按钮，会弹出"另存为"对话框，选择文档的存储位置，在"文件名"组合框中输入文件名称，在"保存类型"下拉列表框中选择文件保存的类型，单击"保存"按钮即可，以前保存过的旧文档依然存在。

快速保存文档的方法：

● 单击快速访问工具栏中的"保存"按钮，将直接用最新编辑的文档替换旧文档。

● 按下组合键 Ctrl+S，同样用最新编辑的文档替换旧文档。

（2）保存多个文档

如果需要一次保存多个打开的文档，则单击"快速访问工具栏"中的"全部保存"按钮即可。

4. 文档的关闭

结束对文档的操作或不再使用文档时，就可以关闭相应的文档。

（1）关闭一个文档

常用的方法如下：

● 单击"文件"选项卡中的"关闭"命令按钮。

● 单击标题栏右侧的"关闭"按钮。

● 按下组合键 Ctrl＋F4。

（2）关闭多个文档

按住 Shift 键，单击"快速访问工具栏"中的"关闭/全部关闭"按钮即可。

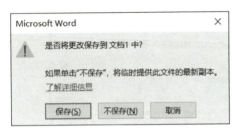

图 3-6 是否保存更改提示框

关闭文档的同时，如果用户没有对文档进行保存，Word 会弹出是否保存更改提示框，如图 3-6 所示，从而避免内容的丢失。

3.2.2 文档的编辑

文档编辑是用户要掌握并使用 Word 2016 的一个重要部分，只有有效地进行文档的编辑，才能实现最终需要的效果。

1. 文本的输入

Word 2016 具有"即点即输"的功能，若想要进行文本的输入，首先需要确定插入点。定位插入点光标的方法：在需要输入文本的位置单击，或者通过键盘上的方向键将插入点光标移动到需要的位置。常用的光标定位的快捷键有以下几个：

● Home：将光标移至行首。

● Ctrl＋Home：将光标移至整篇文档的开头。

● End：将光标移至行尾。

● Ctrl＋End：将光标移至整篇文档的末尾。

文本的输入主要包括英文或拼音、汉字、标点符号、特殊符号的输入。

（1）输入英文或拼音

启动 Word 2016 后，输入法切换至英文输入状态，即可通过键盘输入英文或拼音，若需要输入大写字母，则按下键盘上的 Caps Lock 键或 Shift＋对应的字母键即可。

（2）输入汉字

要输入汉字，首先必须选择对应的中文输入法，如微软拼音输入法、五笔字型输入法、智能 ABC 输入法、搜狗拼音输入法等，可通过组合键 Ctrl＋Shift 在不同的输入法间进行切换。

（3）输入标点符号

常用的标点符号，如逗号、句号、顿号、引号等，可直接通过键盘输入。若非常用的标点符号，则可通过对应输入法的软键盘进行输入；也可单击"插入"选项卡中"符号"组的"符号"按钮，在弹出的符号列表中选择所需的符号，若所需符号不在列表中，则单击"其他符号"命令，此时弹出"符号"对话框，如图 3-7 所示，找到并单击所需的符号，再单击"插入"按钮即可。

（4）输入特殊符号

单击"插入"选项卡中"符号"组的"符号"按钮，在弹出的符号列表中单击"其他符号"

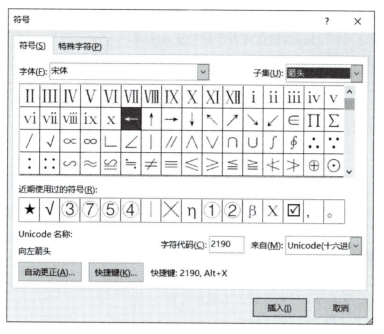

图 3-7　"符号"对话框

命令,弹出"符号"对话框,单击"特殊字符"选项卡,如图 3-8 所示,选择需要的符号,单击"插入"按钮即可。

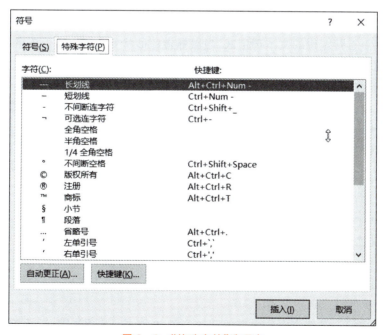

图 3-8　"特殊字符"选项卡

2. 文本的选定

无论需要进行什么操作,首先都必须选择对应的操作对象,对于文本也不例外。在

Word 2016 中，被选定的文本将反相显示（阴影底纹）。

文本的选定可利用鼠标、键盘或者扩展功能来实现。

（1）利用鼠标选定文本

① 选定一个词。

用鼠标指向要选定的词，双击即可将其选中。

② 选定一句。

按住 Ctrl 键，同时在需要选择的句子中任意位置单击即可。

③ 选定一行。

常用方法有以下两种：

● 将鼠标移至该行左边的文本选定区，当鼠标指针形状变为指向右上方的箭头时单击鼠标左键。

● 按下鼠标左键从行首拖动至行尾，再放开鼠标左键。

④ 选定一段。

在需要选定段落内的任意位置三击鼠标左键。

⑤ 选定全部文档。

常用方法有以下两种：

● 在"开始"选项卡的"编辑"组中，单击"选择"按钮，在弹出的列表中单击"全选"命令。

● 按下组合键 Ctrl＋A。

⑥ 选定多行。

将鼠标移至首行左边的文本选定区，当鼠标指针形状变为指向右上方的箭头时，按下鼠标左键向下拖至尾行。

⑦ 选定垂直一块区域。

按下 Alt 键，同时再按下鼠标左键向右下方拖曳，绘制一个蓝色矩形，矩形内的内容即被选定。

（2）利用键盘选定文本

利用键盘选定文本时，首先将光标定位于起点，然后在按住 Shift 键的同时按相应的方向键即可。常用的方法如下：

● Shift＋→：从光标插入点开始，连续向后选定文本。

● Shift＋↑：从光标插入点开始，连续向上选定一行文本。

● Shift＋↓：从光标插入点开始，连续向下选定一行文本。

● Shift＋←：从光标插入点开始，连续向前选定文本。

（3）利用扩展模式选定文本

将插入点定位到需选定文本内容的开始位置，然后按 F8 功能键，激活扩展选取模式，再在文本内容结束位置单击即可。文本选定后，需按 Esc 键取消扩展模式，否则鼠标单击任何位置，从插入点到鼠标单击位置区域的文本都会被选定。

选定文本之后，若需要撤销选定，只需在任意空白处单击即可。

3. 文本的移动与复制

在文本的编辑中,移动与复制是很常见的操作。所谓移动,就是将所选择的文本内容从一个位置移动到另一个位置。

(1) 文本的移动

常用的实现文本移动的方法有以下两种。

① 利用鼠标移动文本。

选定需要移动的文本,按下鼠标左键将选定的文本拖曳至目标位置。

② 利用命令移动文本。

选定需要移动的文本。

单击"开始"选项卡"剪贴板"组中的"剪切"按钮,或者按组合键 Ctrl+X,或者单击鼠标右键并选择"剪切"命令。

将光标定位到要插入文本的位置。

单击"开始"选项卡"剪贴板"组中的"粘贴"按钮,或者按组合键 Ctrl+V,或者单击鼠标右键并选择"粘贴"命令,即可完成文本的移动。

(2) 文本的复制

与文本的移动类似,文本的复制也是将选定的文本从文档的一个位置移到另一个位置。不同的是,移动完文本后,原来位置的文本不复存在;而复制完文本后,原来位置的文本依然存在。常用的实现文本复制的方法有以下两种。

① 利用鼠标复制文本。

选定需要复制的文本,按住 Ctrl 键的同时按下鼠标左键将选定的文本拖曳至目标位置。

② 利用命令复制文本。

选定需要复制的文本。

单击"开始"选项卡"剪贴板"组中的"复制"按钮,或者按组合键 Ctrl+C,或者单击鼠标右键并选择"复制"命令。

将光标定位到要插入文本的位置。

单击"开始"选项卡"剪贴板"组中的"粘贴"按钮,或者按组合键 Ctrl+V,或者单击鼠标右键并选择"粘贴"命令,即可完成文本的复制。

4. 文本的删除

在进行文档编辑的过程中,文本内容的删减是大多数用户经常遇到的。实现文本删除的常用方法有以下两种:

● 选定需要删除的文本,按 Delete 键即可。

● 选定需要删除的文本,单击"开始"选项卡"剪贴板"组中的"剪切"按钮,或者单击鼠标右键并选择"剪切"命令即可。

5. 撤销与恢复

(1) 撤销

在文档编辑过程中,如果用户对自己的操作不满意或者执行了错误的操作,可以通过撤销功能回到先前的状态。常用的撤销方法有以下两种:

● 单击"快速访问工具栏"中的"撤销"按钮。

- 按组合键 Ctrl+Z。

（2）恢复

执行了撤销操作后，如果用户又感觉不应该进行撤销操作，可以将其恢复。常用的恢复方法有以下两种：

- 单击"快速访问工具栏"中的"恢复"按钮。
- 按组合键 Ctrl+Y。

6. 查找与替换

查找与替换功能便于用户对文档的内容进行查找或替换。Word 2016 提供的强大的文档搜索功能可对指定的内容进行查找，还可将查找到的内容进行替换，尤其是在编辑长文档时，非常方便。

（1）查找

要执行查找功能，首先需要打开"查找和替换"对话框，如图 3-9 所示。常用的打开此对话框的方法有以下两种：

图 3-9 "查找和替换"对话框

- 单击"开始"选项卡"编辑"组中的"查找"按钮，在弹出的下拉列表框中选择"高级查找"命令。
- 按组合键 Ctrl+F，在文档编辑区左侧弹出"导航"面板，在"搜索文档"文本框中输入需要查找的内容，再单击文本框右侧的下拉按钮，在弹出的列表中选择"高级查找"命令。

在"查找内容"组合框中输入需要查找的内容，然后单击"查找下一处"按钮，这时，Word 2016 就会将查找到的内容反相显示，表明找到。如果还需要查找，再单击"查找下一处"按钮，当整个文档查找完后，Word 2016 会弹出一个提示框，告诉用户已经完成查找。

如果用户需要查找一些具有特定格式、符号的内容，可单击"更多"按钮，展开查找高级选项，如图 3-10 所示，然后根据需要设置搜索选项及查找选项即可。

（2）替换

所谓替换就是将查找的内容用其他的内容代替。

图 3－10　展开后的查找高级选项

在图 3－9 所示的"查找和替换"对话框中,单击"替换"选项卡,如图 3－11 所示。也可通过以下两种方法直接打开"替换"选项卡:

● 单击"开始"选项卡"编辑"组中的"替换"按钮。

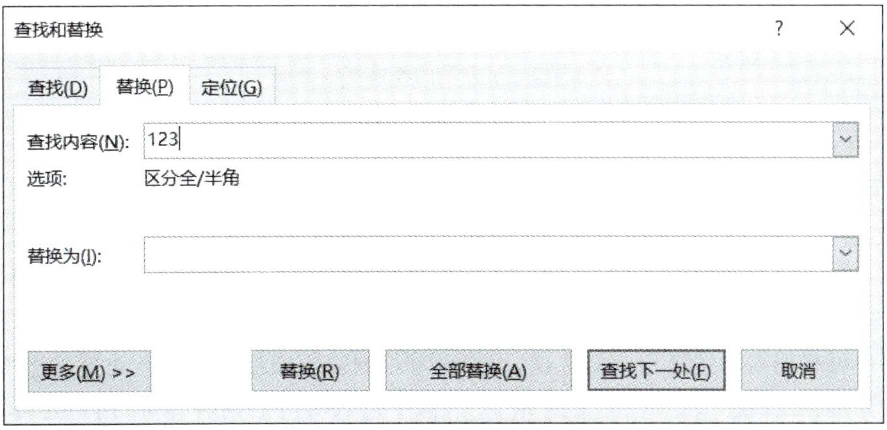

图 3－11　"替换"选项卡

● 按组合键 Ctrl＋H。

在"查找内容"组合框中输入需要替换的内容，在"替换为"组合框中输入新的内容，单击"全部替换"按钮，Word 2016 会将所有找到的内容替换为新的内容。如果只需要替换一部分内容，可以先单击"查找下一处"按钮，如果需要替换，则单击"替换"按钮；如果不需要，就继续单击"查找下一处"按钮进行内容的查找。

如果用户需要替换一些包含特定格式、符号的内容，可单击"更多"按钮，展开替换高级选项，如图 3－12 所示，然后根据需要设置搜索选项及替换选项即可。

图 3－12　展开后的替换高级选项

7．自动更正

Word 2016 的自动更正功能可自动检测并更正输入错误、拼写错误、语法错误和大小写错误，还可以使用自动更正功能快速插入文字、图形或符号。

单击"文件"选项卡中的"选项"命令，此时弹出"Word 选项"对话框，选择"校对"选项，如图 3－13 所示。单击"自动更正选项"按钮，弹出"自动更正"对话框，如图 3－14 所示。

用户可根据需要选择相应的选项；用户也可根据需要添加自己的自动更正选项，此时只需要分别在"替换"文本框和"替换为"文本框中输入对应的内容即可；用户还可根据需要删除相应的自动更正选项，此时只需要选择相应的自动更正选项，单击"删除"按钮

图 3-13　"Word 选项"对话框

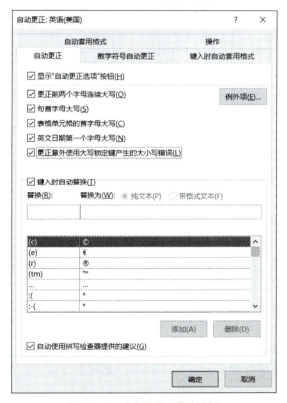

图 3-14　"自动更正"对话框

图 3-15　"拼写和语法检查完成"提示框

即可。

8. 拼写和语法检查

拼写和语法检查的作用主要是纠正英文写作中的拼写和语法错误。

单击"审阅"选项卡"校对"组中的"拼写和语法"按钮，会在文档编辑区右侧弹出"拼写检查"或"语法"面板，之后根据提示的内容进行相应操作即可。如无问题，则弹出"拼写和语法检查完成"提示框，如图 3-15 所示。

3.3　文档的排版

文档的排版是指对文本外观的一种美化和处理。文档编辑完成后，为了方便阅读，常常需要对字体、段落等进行一定的设置。本节介绍文档排版的一些基本方法。

3.3.1　设置字符格式

在 Word 2016 文档中，字符包括汉字、英文、数字和各种符号等，字符的格式包括字体、字形、字号、字体颜色、下划线、字符间距、文字效果以及对字符的各种修饰等。

1. 字体的设置

文字的各种形体称为字体。在 Word 2016 的字体中，常用的中文字体有宋体、楷体、黑体、隶书等，英文、数字和符号的常用字体有 Times New Roman、Arial 等。

在 Word 2016 中，设置字体的常用方法有以下两种：

● 选定文本，单击"开始"选项卡"字体"组中"字体"下拉列表框，从弹出的下拉列表中选择需要的字体。

● 选定文本，单击鼠标右键，在弹出的快捷菜单中选择"字体"命令，或单击"开始"选项卡"字体"组右下角的对话框启动器 ⌐，弹出"字体"对话框，如图 3-16 所示，然后根据需要在"中文字体"和"西文字体"下拉列表框中选择需要的字体。

2. 字号的设置

字符的字号是指字符的字体大小。在 Word 2016 文档中，默认的字号为五号。

在 Word 2016 中，设置字号的常用方法有以下三种：

● 选定文本，单击"开始"选项卡"字体"组中的"字号"下拉列表框，从弹出的下拉列表中选择需要的字号。

● 选定文本，单击鼠标右键，在弹出的快捷菜单中选择"字体"命令，或单击"开始"选项卡"字体"组右下角的对话框启动器 ⌐，弹出"字体"对话框，如图 3-16 所示，然后根据需要在"字号"列表框中选择需要的字号。

● 选定文本，按下组合键 Ctrl＋]或 Ctrl＋[，此时字号以 1 点为增量增大或减小。

3. 字形的设置

字符的字形设置主要包括加粗、倾斜、下划线、边框、底纹及缩放等。

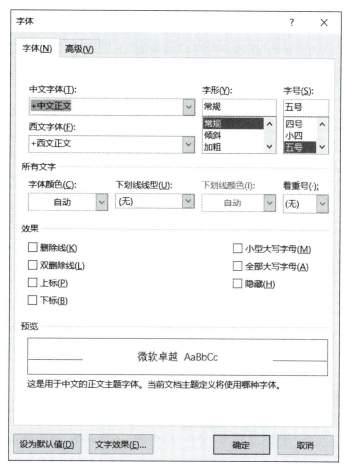

图 3 - 16　"字体"对话框

（1）加粗

在 Word 2016 中，字符加粗的常用方法有以下三种：

● 选定文本，单击"开始"选项卡"字体"组中"加粗"按钮 **B**。

● 选定文本，单击鼠标右键，在弹出的快捷菜单中选择"字体"命令，或单击"开始"选项卡"字体"组右下角的对话框启动器 ，弹出"字体"对话框，如图 3 - 16 所示，然后根据需要在"字形"列表框中选择"加粗"。

● 选定文本，按下组合键 Ctrl＋B。

（2）倾斜

在 Word 2016 中，将字符倾斜的常用方法有以下三种：

● 选定文本，单击"开始"选项卡"字体"组中"倾斜"按钮 *I*。

● 选定文本，单击鼠标右键，在弹出的快捷菜单中选择"字体"命令，或单击"开始"选项卡"字体"组右下角的对话框启动器 ，弹出"字体"对话框，如图 3 - 16 所示，然后根据需要在"字形"列表框中选择"倾斜"。

● 选定文本，按下组合键 Ctrl＋I。

（3）下划线

在 Word 2016 中，为字符添加下划线的常用方法有以下三种：

● 选定文本，单击"开始"选项卡"字体"组中的"下划线"按钮 **U**，或者单击该按钮右侧的下拉按钮，弹出"下划线"下拉列表，如图 3－17 所示，然后根据需要设置下划线的线型和颜色。

图 3－17 "下划线"下拉列表

● 选定文本，单击鼠标右键，在弹出的快捷菜单中选择"字体"命令，或单击"开始"选项卡"字体"组右下角的对话框启动器，弹出"字体"对话框，如图 3－16 所示，然后根据需要在"下划线线型"下拉列表框中选择下划线的线型，在"下划线颜色"下拉列表框中选择下划线的颜色。

● 按下组合键 Ctrl＋U，为选定文本添加默认的下划线线型和下划线颜色。

（4）着重号

在 Word 2016 中，为字符添加着重号的方法如下：

选定文本，单击鼠标右键，在弹出的快捷菜单中选择"字体"命令，或单击"开始"选项卡"字体"组右下角的对话框启动器，弹出"字体"对话框，如图 3－16 所示，然后根据需要在"着重号"下拉列表框中选择着重号。

（5）字符边框

在 Word 2016 中，为字符添加边框的常用方法有以下两种：

● 选定文本，单击"开始"选项卡"字体"组中的"字符边框"按钮，此时为选定文本添加默认的边框。

● 选定文本，单击"布局"选项卡"页面设置"组中的"页边距"按钮，从弹出的下拉列表中选择"自定义边距"命令，在弹出的"页面设置"对话框中单击"版式"选项卡，再单击"边框"按钮，弹出"边框和底纹"对话框，如图 3－18 所示；在"边框"选项卡中，可根据需要设置边框的样式、颜色、宽度、预览及应用范围，以添加不同样式的边框。

（6）字符底纹

在 Word 2016 中，为字符添加底纹的常用方法有以下两种：

● 选定文本，单击"开始"选项卡"字体"组中的"字符底纹"按钮，此时为选定文本添加默认的灰色底纹。

● 选定文本，单击"布局"选项卡"页面设置"组中的"页边距"按钮，从弹出的下拉列表中选择"自定义边距"命令，在弹出的"页面设置"对话框中单击"版式"选项卡，再单击"边框"按钮，弹出"边框和底纹"对话框，如图 3－18 所示；选择"底纹"选项卡，如图 3－19 所示，然后根据需要设置底纹的填充颜色、图案样式及应用范围，以添加不同样式应用范围的底纹。

（7）字符缩放

在 Word 2016 中，对字符进行缩放的常用方法有以下两种：

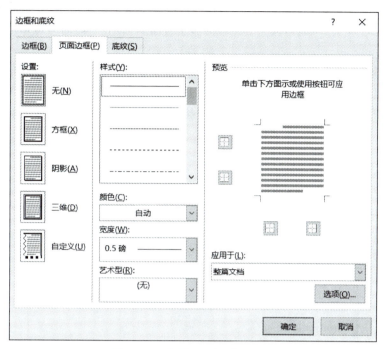

图 3 – 18　"边框和底纹"对话框

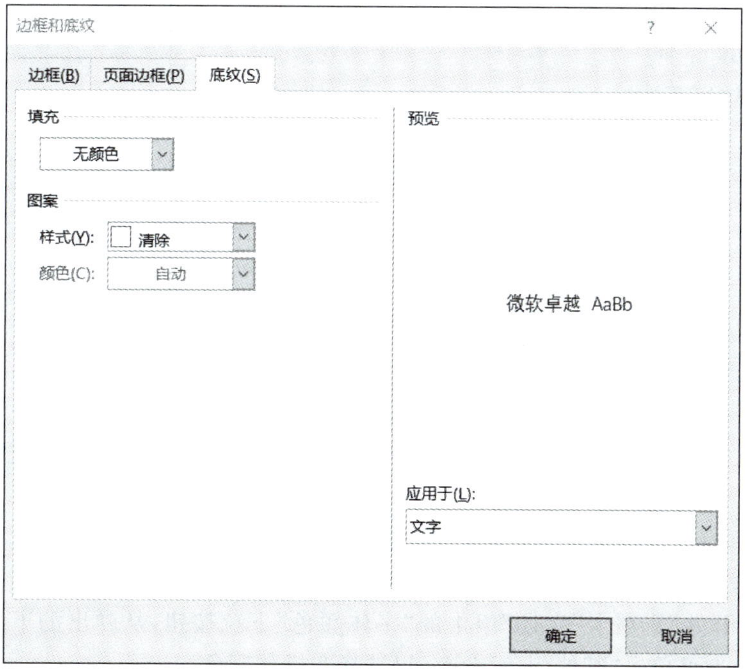

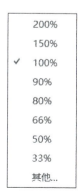

图 3 – 19　"底纹"选项卡

图 3 – 20　字符缩放
比例列表

● 选定文本,单击"开始"选项卡"段落"组中"中文版式"按钮,在弹出的下拉列表中选择"字符缩放"命令,弹出如图 3-20 所示的字符缩放比例列表,然后根据需要选择相应的缩放比例。

● 选定文本,单击鼠标右键,在弹出的快捷菜单中选择"字体"命令,或单击"开始"选项卡"字体"组右下角的对话框启动器 📃,此时弹出"字体"对话框,如图 3-16 所示;选择"高级"选项卡,如图 3-21 所示,在"缩放"下拉列表框中选择所需的缩放比例。

图 3-21 "高级"选项卡

4. 字体颜色的设置

在 Word 2016 文档中,默认情况下字体颜色为黑色。

在 Word 2016 中,设置字体颜色的常用方法有以下两种:

● 选定文本,单击"开始"选项卡"字体"组中的"字体颜色"下拉按钮,从弹出的下拉列表中选择需要的颜色;也可单击"其他颜色"命令,以选择非标准颜色。

● 选定文本,单击鼠标右键,在弹出的快捷菜单中选择"字体"命令,或单击"开始"选项卡"字体"组右下角的对话框启动器 📃,弹出"字体"对话框,如图 3-16 所示,然后根据需要在"字体颜色"下拉列表框中选择需要的颜色;也可单击"其他颜色"命令,以选择非标准颜色。

5. 字符间距的设置

所谓字符间距是指字符之间的间隔距离。

在 Word 2016 中,设置字符间距的方法如下:

选定文本,单击鼠标右键,在弹出的快捷菜单中选择"字体"命令,或单击"开始"选项卡"字体"组右下角的对话框启动器 $\square$,此时弹出"字体"对话框,如图 3-16 所示;选择"高级"选项卡,如图 3-21 所示,在"间距"下拉列表框中可选择"标准""加宽"或"紧缩",在其右侧的"磅值"数值选择框中调整间距大小或输入间距大小。

6. 文字效果的设置

文字效果是指为文字添加阴影、映像、发光、三维格式等效果,让文字看起来更有立体感。

在 Word 2016 中,设置文字效果的方法如下:

选定文本,单击鼠标右键,在弹出的快捷菜单中选择"字体"命令,或单击"开始"选项卡"字体"组右下角的对话框启动器 $\square$,弹出"字体"对话框,如图 3-16 所示;单击"文字效果"按钮,弹出"设置文本效果格式"对话框,如图 3-22 所示,然后根据需要对文本填充与轮廓(图 3-22a)、文字效果(图 3-22b)进行相应设置即可。

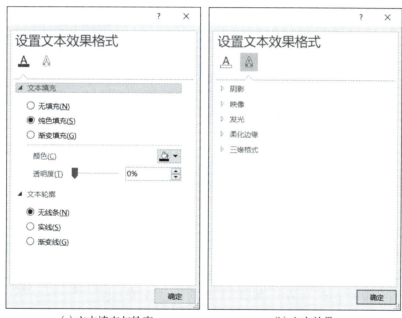

(a) 文本填充与轮廓　　　　　(b) 文字效果

图 3-22　"设置文本效果格式"对话框

7. 其他效果设置

(1) 其他效果的设置

在 Word 2016 中,还可为文字设置删除线、双删除线、上标、下标、小型大写字母、全部大写字母、隐藏等效果。设置此类效果的方法如下:

选定文本,单击鼠标右键,在弹出的快捷菜单中选择"字体"命令,或单击"开始"选项卡"字体"组右下角的对话框启动器 $\square$,弹出"字体"对话框,如图 3-16 所示,在"字体"选项

效果

□ 删除线(K)　　　　　□ 小型大写字母(M)

□ 双删除线(L)　　　　□ 全部大写字母(A)

□ 上标(P)　　　　　　□ 隐藏(H)

□ 下标(B)

图 3-23　"效果"选项组

卡的"效果"选项组中选择需要设置的效果,如图 3-23 所示。

(2)中文版式的设置

在 Word 2016 中,还可对字符进行拼音指南、带圈字符、纵横混排、合并字符、双行合一等中文版式效果的设置。

① 拼音指南。

添加拼音指南的方法如下:

选定文本,单击"开始"选项卡"字体"组中的"拼音指南"按钮,弹出"拼音指南"对话框,如图 3-24 所示,然后根据需要对各个选项进行输入或设置。

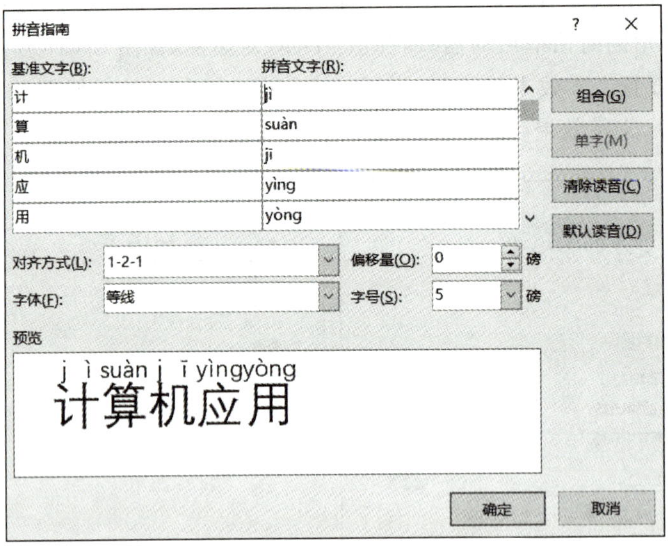

图 3-24　"拼音指南"对话框

② 带圈字符。

设置带圈字符的方法如下:

选定文本,单击"开始"选项卡"字体"组中的"带圈字符"按钮,弹出"带圈字符"对话框,如图 3-25 所示,然后根据需要对各个选项进行设置。

③ 纵横混排。

纵横混排是指将纵向字符与横向字符进行混合排版,方法如下:

选定文本,单击"开始"选项卡"段落"组中的"中文版式"按钮,从下拉列表中选择"纵横混排"命令,弹出"纵横混排"对话框,如图 3-26 所示,可以预览纵横混排效果,并可根据需要选择混排的文字是否自动适应行宽。

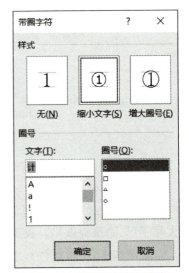

图 3-25　"带圈字符"对话框

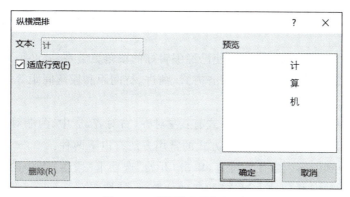

图 3 - 26　"纵横混排"对话框

④ 合并字符。

合并字符是指将多个(最多 6 个)字符合并成一个字符,方法如下:

选定文本,单击"开始"选项卡"段落"组中的"中文版式"按钮,从下拉列表中选择"合并字符"命令,弹出"合并字符"对话框,如图 3 - 27 所示,然后根据需要设置字体、字号。

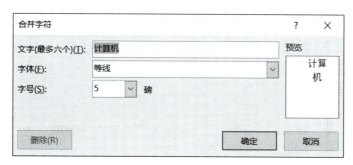

图 3 - 27　"合并字符"对话框

⑤ 双行合一。

双行合一是指将两行文字合并为一行,可以像处理一行文字一样同时处理这两行文字。双行合一的方法如下:

单击"开始"选项卡"段落"组中的"中文版式"按钮,从下拉列表中选择"双行合一"命令,弹出"双行合一"对话框,如图 3 - 28 所示,在"文字"文本输入框中输入需要双行合一的文字(也可以先选定文本,再执行"双行合一"命令),并且可以选择合一后的文字是否加括号以及括号的样式,"预览"框中可以展示设置的效果。

图 3 - 28　"双行合一"对话框

3.3.2　设置段落格式

在 Word 文档中,段落不仅是指按回车键后产生的一段文本,而且还包括后面跟有段落标记的图形或其他对象。当段落作为排版对象时，指的就是两个段落标记之间的内容。

文档是由许多段落组成的，要想使已经编辑好的段落更美观，就必须对段落进行格式设置。段落的格式主要包括段落的对齐方式、缩进、行间距和段落间距等。

1. 段落的对齐方式

Word 2016 中提供的段落对齐方式有：左对齐、右对齐、居中、两端对齐、分散对齐。

在 Word 2016 中，设置段落对齐方式的常用方法有以下两种：

● 光标定位到段落内的任意位置，单击"开始"选项卡"段落"组中的对齐按钮（包括"左对齐"按钮、"居中"按钮、"右对齐"按钮、"分散对齐"按钮）。

● 光标定位到段落内的任意位置，单击鼠标右键，在弹出的快捷菜单中选择"段落"命令，或单击"开始"选项卡"段落"组右下角的对话框启动器 ，弹出"段落"对话框，如图 3 - 29 所示，选择"缩进和间距"选项卡，在"对齐方式"下拉列表框中选择相应的对齐方式。

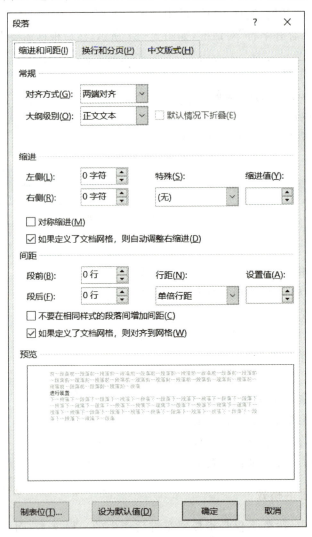

图 3 - 29 "段落"对话框

2. 段落的缩进

段落的缩进是指段落两侧与页边的距离,是很常用的排版操作之一。段落缩进的方式有四种:首行缩进、悬挂缩进、左缩进和右缩进。

在 Word 2016 中,设置段落缩进的常用方法有以下三种:

- 光标定位到段落内的任意位置,单击"开始"选项卡"段落"组中的"增加缩进量"按钮 或"减小缩进量"按钮 ,每单击一次,可使选定的段落向右(增加缩进量)或向左(减小缩进量)移动一个汉字的位置。
- 光标定位到段落内的任意位置,单击鼠标右键,在弹出的快捷菜单中选择"段落"命令,或单击"开始"选项卡"段落"组右下角的对话框启动器 ,此时弹出"段落"对话框,选择"缩进和间距"选项卡,在"缩进"选项组中可分别对左缩进、右缩进、特殊格式(即首行缩进、悬挂缩进)、缩进值进行设置。
- 光标定位到段落内的任意位置,用鼠标拖动标尺上相应缩进标记(首行缩进、左缩进、右缩进)向左或向右移动到合适的位置。

3. 行间距和段落间距

行间距是指段落中行与行之间的间隔距离;段落间距是指段落与段落之间的间隔距离。

在 Word 2016 中,设置行间距和段落间距的方法如下:

光标定位到段落内的任意位置,单击鼠标右键,在弹出的快捷菜单中选择"段落"命令,或单击"开始"选项卡"段落"组右下角的对话框启动器 ,此时弹出"段落"对话框,选择"缩进和间距"选项卡,在"间距"选项组中分别设置段前间距、段后间距及行距。

3.3.3 项目符号

在利用 Word 2016 进行文章的排版时,通常会涉及章节的划分,需要使用项目符号。利用项目符号可使文档条理清楚、重点突出,提高文章的可读性。

在 Word 2016 中,设置项目符号的操作方法如下:

光标定位到段落内的任意位置,单击"开始"选项卡"段落"组中的"项目符号"下拉按钮,在下拉列表中选择所需要的符号或单击"定义新项目符号"命令,弹出"定义新项目符号"对话框,如图 3-30所示,然后可根据需要单击"符号"按钮或"图片"按钮,弹出"符号"对话框或"插入图片"对话框,分别如图 3-31、图 3-32 所示,可以选择设置新的项目符号。

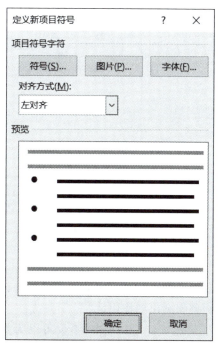

图 3-30 "定义新项目符号"对话框

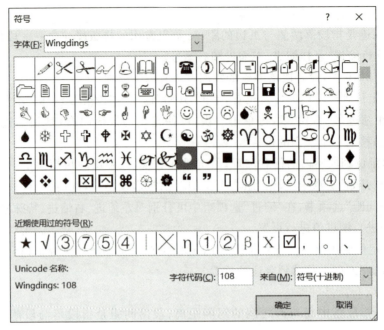

图 3-31 "符号"对话框

图 3-32 "插入图片"对话框

3.3.4 边框和底纹

在 Word 文档中,可以通过添加边框将当前所选择的内容与其他内容区分开,也可以通过添加底纹来突出显示当前所选择的内容。为选择的内容添加边框和底纹,可以起到强调和突出的作用。

在 Word 2016 中,不仅可以为文字、段落或整篇文档添加边框和底纹,还可以为表格或表格的单元格添加边框和底纹,其操作方法与添加字符边框和字符底纹相同,此处不再赘述。

3.3.5　分栏

所谓分栏就是将页面在横向上分为两栏或多栏,文档内容在每栏中逐行排列。在日常工作和生活中,经常会碰到一些采用分栏排版的文章,比如说报纸、杂志等。

在 Word 2016 中,设置分栏的操作方法如下:

选定需要分栏的内容,单击"布局"选项卡"页面设置"组中的"分栏"按钮,从下拉列表中选择预设的分栏。若预设的分栏无法满足要求,可单击"更多分栏"命令,弹出"分栏"对话框,如图 3-33 所示,根据需要设置栏数、宽度和间距及应用范围等。

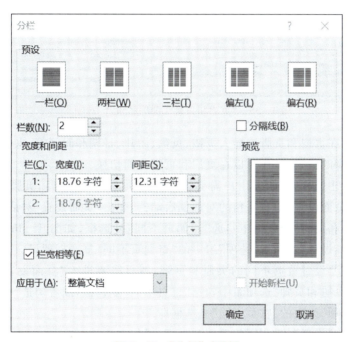

图 3-33　"分栏"对话框

3.3.6　首字下沉

所谓首字下沉就是使段落首行的第一个字符的字体变大,并且向下移动一定的距离,段落的其余部分保持原样。

在 Word 2016 中,设置首字下沉的操作方法如下:

将光标定位到需要设置首字下沉的段落内的任意位置,单击"插入"选项卡"文本"组中的"首字下沉"按钮,从下拉列表中选择下沉的位置;若需要设置更多的选项,则单击"首字下沉选项"命令,弹出"首字下沉"对话框,如图 3-34 所示,可根据需要选择首字下沉的位置、字体、下沉行数、距正文的距离等。

图 3-34　"首字下沉"对话框

3.3.7 页眉和页脚

页眉和页脚通常用来显示文档的附加信息，如时间、日期、页码、单位名称、徽标等。其中，页眉在页面的顶部，页脚在页面的底部。

在 Word 2016 中，设置页眉和页脚的操作方法如下：

单击"插入"选项卡"页眉和页脚"组中的"页眉"或"页脚"按钮，在弹出的下拉列表中选择内置的一些页眉或页脚样式；若内置的样式无法满足要求，可单击"编辑页眉"或"编辑页脚"命令，出现"页眉和页脚工具"栏"设计"选项卡，如图 3－35 所示。

图 3－35　"页眉和页脚工具"栏"设计"选项卡

根据需要可在页眉和页脚中插入页码、页数、图片、日期和时间等，也可以设置页码的格式、页眉和页脚的格式等，还可以在页眉和页脚之间切换。

在实际的应用过程中，如果用户需要设置奇偶页不同的页眉和页脚，则只需要单击"布局"选项卡"页面设置"组右下角的对话框启动器，弹出"页面设置"对话框，选择"布局"选项卡，在"页眉和页脚"选项组中勾选"奇偶页不同"复选框，如图 3－36 所示；或者勾选"页眉和页脚工具设计"选项卡"选项"组中的"奇偶页不同"复选框即可。

如果用户需要设置首页不同的页眉和页脚，则只需要进入"页面设置"对话框的"布局"选项卡，在"页眉和页脚"选项组中勾选"首页不同"复选框，或者勾选"页眉和页脚工具设计"选项卡"选项"组中的"首页不同"复选框即可。

如果用户需要设置互不相同的页眉和页脚，操作方法如下：

① 将光标定位到上一页的页尾或下一页的页首。

② 单击"布局"选项卡"页面设置"组中的"分隔符"按钮，在下拉列表中选择"下一页"选项。

③ 单击"页眉和页脚工具"栏"设计"选项卡中的"链接到前一条页眉"按钮 链接到前一条页眉 即可取消页眉和页脚的链接，在不同节之间设置不同的页眉和页脚。

3.3.8 样式与模板

样式与模板的功能是 Word 2016 中非常实用的功能，使用这个功能能够在短时间内完成各种排版操作，从而提高工作效率。

1. 样式

样式是多个格式排版命令的组合，它规定了一个段落的总体格式，包括段落中的字体字形、段落格式等。使用样式可以自动编排段落格式，既快速又准确，而且修改起来也很方便，避免了手工编排既费时费力、又不方便修改的不足。例如，一篇文章中有许多相同

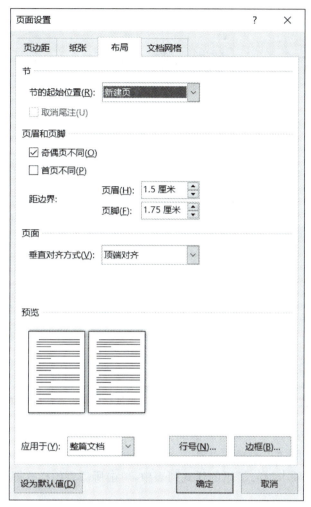

图 3 - 36　"布局"选项卡

格式的段落,那么就可以将这些段落排成同一个样式,这样,以后若需要改变这些段落的格式,只需重新定义一下此样式的格式即可。

（1）创建样式

在 Word 2016 中,创建样式的方法如下:

① 单击"开始"选项卡"样式"组右下角的"样式"按钮 ▣,弹出"样式"任务窗格,如图 3 - 37 所示。

② 单击"新建样式"按钮 ▣,弹出"根据格式化创建新样式"对话框,如图 3 - 38 所示。

③ 用户根据需要设置样式的名称、样式类型、样式基准、后续段落样式及对应的字体、字号、字形等。

（2）应用样式

样式定义好之后,就可以在实际的文档中应用它来排版。

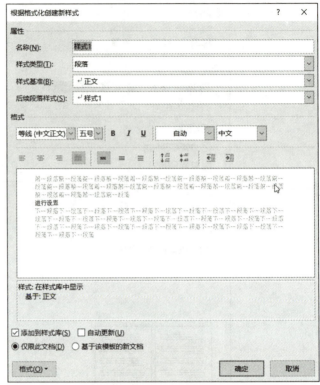

图 3-37 "样式"任务窗格　　图 3-38 "根据格式化设置创建新样式"对话框

在 Word 2016 中,应用样式的方法如下:

① 选择需要应用样式的操作对象。

② 在"开始"选项卡"样式"组的样式列表中,单击所需要的样式即可。

(3) 修改样式

样式定义好之后,用户可以随时对已定义好的样式进行修改,修改后 Word 2016 会自动更新文档中应用此样式的对象。

在 Word 2016 中,修改样式的方法如下:

① 单击"开始"选项卡"样式"组右下角的"样式"按钮 ,弹出"样式"任务窗格,如图 3-37 所示。

② 单击"管理样式"按钮 ,弹出"管理样式"对话框,如图 3-39 所示;选择要编辑的样式,单击"修改"按钮,弹出"修改样式"对话框,如图 3-40 所示,根据需要设置新的格式即可。

2. 模板

模板就是由多个特定的样式组合而成的文档,是一个预先设置好的特殊文档,它能提供一种塑造最终文档外观的框架,而同时又能让用户向其中加入自己的内容。模板中各个标题样式的格式都是预先设定好的,在排版文档时只要套用这个模板,就可以排出与模板文件相同格式的文档。

图 3 - 39　"管理样式"对话框

（1）基于已有文档创建模板

假设需要对多个文档进行排版，而且这些文档的标题、页眉等格式都需要统一，那么可以给这些文档建立一个模板，然后再进行排版。

基于已有文档创建模板的方法如下：

① 创建一个文档，并对该文档进行排版。

② 单击"文件"选项卡中的"另存为"按钮，再单击"浏览"按钮，弹出"另存为"对话框。

③ 在"保存类型"下拉列表框中选择"Word 模板"或"Word 97 - 2003 模板"，然后输入模板名并选择保存位置，单击"确定"按钮即可。

（2）基于已有模板创建模板

基于已有模板创建模板的方法如下：

① 单击"文件"选项卡中的"新建"按钮。

② 根据需要从"可用模板"列表中选择一种模板，然后单击"创建"按钮。

③ 根据需要，对模板的样式进行修改，并保存为自己的模板。

（3）模板的选用

模板创建好之后，就可以为文档选用相应的模板。

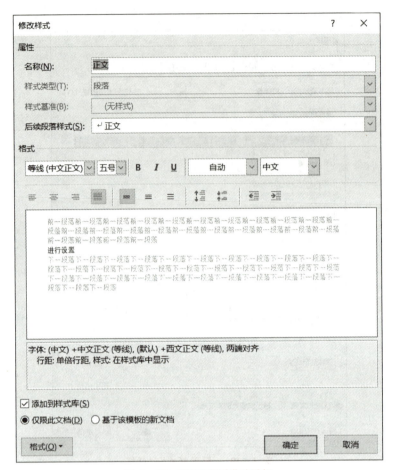

图 3 - 40　"修改样式"对话框

在 Word 2016 中,选用模板的方法如下:

① 单击"快速访问工具栏"中的"自定义快速访问工具栏"下拉按钮,选择"其他命令",弹出"Word 选项"对话框并已选中"快速访问工具栏"选项,在右侧窗格的"从下列位置选择命令"下拉列表框中选择"所有命令",在命令列表中选择"模板",单击"添加"按钮,如图 3 - 41 所示,然后单击"确定"按钮,"模板"按钮即被添加至"快速访问工具栏"中。

② 单击"快速访问工具栏"中的"模板"按钮,在弹出的选项中选择"文档模板",弹出"模板和加载项"对话框,如图 3 - 42 所示;单击"选用"按钮,弹出"选用模板"对话框,如图 3 - 43 所示,在模板的存储位置找到创建好的模板,再单击"打开"按钮即可。

（4）修改模板

模板创建好之后,用户可以随时对已创建好的模板进行修改。

在 Word 2016 中,修改模板的方法如下:

① 单击"文件"选项卡中的"打开"命令按钮,再单击"浏览"按钮,弹出"打开"对话框,在"文档类型"下拉列表框中选择"Word 模板",从保存位置将需要修改的模板打开。

② 按照普通文档的编辑方式对模板进行修改。

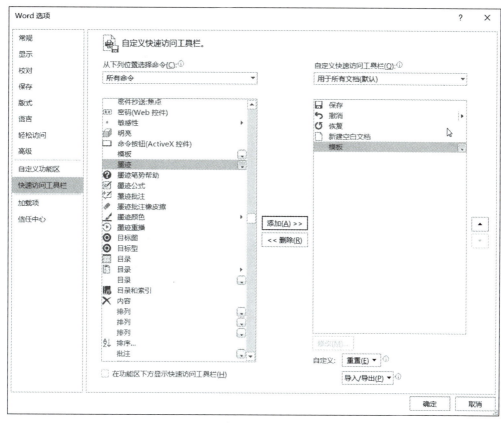

图 3 - 41　自定义快速访问工具栏

图 3 - 42　"模板和加载项"对话框

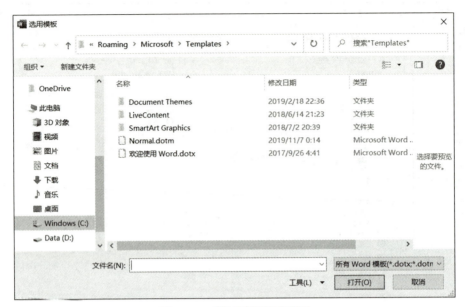

图 3–43 "选用模板"对话框

③ 修改完成后，单击"文件"选项卡中的"另存为"按钮，弹出"另存为"对话框，在"文档类型"下拉列表框中选择"Word 模板"，将原有模板替换保存即可。

3.4 Word 2016 的高级应用

Word 2016 除了提供基本的文档编辑、排版功能外，还提供了许多实用的功能，如超链接、邮件合并、宏的应用及文档保护等。

3.4.1 超链接

在编辑文档时，可以将应用程序、文件、Web 页、当前文档中的位置、电子邮件地址、书签等作为超链接插入到 Word 文档内。通过超链接，文档可以与其他文档、文档部分内容或应用程序之间建立联系，进行自由跳转。

根据链接对象的不同，超链接分为同一文档内的超链接、不同文档间的超链接、电子邮件的超链接等。

1. 同一文档内的超链接

同一文档内的超链接，是指超链接的目标对象位于同一文档中的某个位置。在 Word 文档中，通过书签及目录均可实现同一文档内的超链接。

（1）通过书签实现同一文档内的超链接

操作方法如下：

① 将光标定位到文档超链接的目标位置。

② 单击"插入"选项卡"链接"组中的"书签"按钮，弹出"书签"对话框，如图 3–44 所

示。在"书签名"文本框中输入书签名称,并根据需要设置排序依据(按名称或位置排序)以及是否隐藏书签,之后单击"添加"按钮。

③ 选择超链接对象。单击"插入"选项卡"链接"组中的"超链接"按钮,或单击鼠标右键并在弹出的快捷菜单中单击"超链接"命令,或按组合键 Ctrl + K,弹出"插入超链接"对话框,如图 3-45 所示。在"链接到"列表框中选择"本文档中的位置"选项,在"请选择文档中的位置"列表中单击"书签",然后选择已命名的书签,最后单击"确定"按钮即可。

(2) 通过目录实现目录项与正文间的链接

操作方法如下:

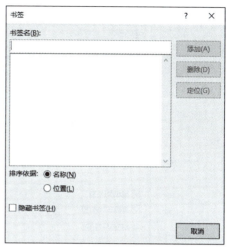

图 3-44 "书签"对话框

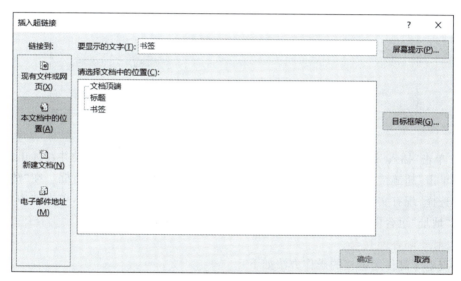

图 3-45 "插入超链接"对话框

① 输入文档标题,然后将光标分别定位在文档标题所在的段落中,根据标题的等级不同,依次为标题设置"标题 1""标题 2"或"标题 3"等样式。

② 将光标定位在需要输入目录的位置,单击"引用"选项卡"目录"组中的"目录"按钮,在弹出的下拉列表中选择所需要的目录样式;若下拉列表中的目录样式不能满足要求,则选择下拉列表中的"自定义目录"命令,弹出"目录"对话框,如图 3-46 所示。用户根据需要设置各项参数,再单击"确定"按钮即可。

2. 不同文档间或文档与网页间的超链接

不同文档间或文档与网页间的超链接是指超链接的目标对象是当前文档之外的其他文档或网页。实现不同文档间或文档与网页间的超链接的操作方法如下:

① 选择链接对象。

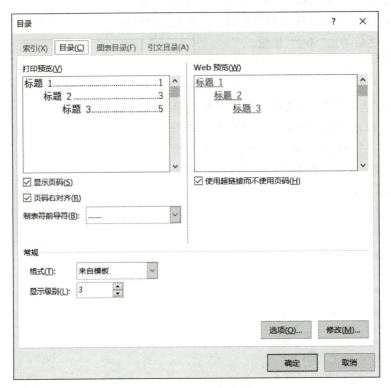

图 3-46 "目录"对话框

② 单击"插入"选项卡"链接"组中的"超链接"按钮,或单击鼠标右键并在弹出的快捷菜单中单击"超链接"命令,或按组合键 Ctrl+K,弹出"插入超链接"对话框。在"链接到"列表中选择"现有文件或网页"选项,根据需要定位到目标对象所在目录,单击选中目标对象或在"地址"组合框中输入网页地址,再单击"确定"按钮即可。

3. 电子邮件超链接

实现电子邮件超链接的操作方法如下:

① 选择链接对象。

② 单击"插入"选项卡"链接"组中的"超链接"按钮,或单击鼠标右键并在弹出的快捷菜单中单击"超链接"命令,或按组合键 Ctrl+K,弹出"插入超链接"对话框。在"链接到"列表中选择"电子邮件地址"选项,如图 3-47 所示,在"电子邮件地址"文本框中输入电子邮件地址,此时 Word 会自动在邮件地址前加上前缀"mailto:",再单击"确定"按钮即可。

4. 超链接的编辑、打开、复制和取消

需要对已设置的超链接进行编辑、选择、复制及取消时,可按如下方法进行操作:

① 将光标定位到超链接中的任意位置。

② 单击鼠标右键,在弹出的快捷菜单中分别选择"编辑超链接""打开超链接""复制超链接"或"取消超链接"命令即可。

图 3 - 47　"电子邮件地址"选项

3.4.2　邮件合并

操作视频

邮件合并

"邮件合并"这个名称最初是在批量处理"邮件文件"时提出的。具体地说就是在邮件文档(主文档)的固定内容中,合并与发送信息相关的一组通信资料(数据源可以是 Excel 表、Access 数据表等),从而批量生成需要的邮件文档,因此大大提高了工作效率,"邮件合并"因此而得名。

"邮件合并"并不是真正将两个"邮件"合并的操作,"邮件合并"中合并的两个文档为:主文档和数据源文档。

1. 主文档

主文档是经过特殊标记的 Word 2016 文档,它是用于创建输出文档的蓝图。主文档中包含了基本的文本内容,这些文本内容在所有输出的文档中都是相同的,比如信件的信头、主体以及落款等;另外还有一系列指令(称为合并域),用于插入在每个输出文档中都要发生变化的文本,比如收件人的姓名和地址等。

2. 数据源文档

数据源文档实际上是一个数据列表,其中包含了用户希望合并到主文档中的数据,包括姓名、通信地址、电子邮件地址、传真号码等数据字段。

这个数据源文档可以是已有的电子表格、数据库或文本文件,也可以是直接在 Word 2016 中创建的表格等。

3. 邮件合并的最终文档

邮件合并的最终文档包含了所有的输出结果,其中,有些文本内容在输出文档都是相同的,而有些会随着收件人的不同而发生变化。利用"邮件合并"功能可以创建信函、电子邮件、传真、信封、标签、目录等文档。

显然,"邮件合并"功能除了可以批量处理信函、信封等与邮件相关的文档外,一样可以轻松地批量制作标签、工资条、成绩单等实用文档,其操作方法如下:

① 单击"邮件"选项卡"开始邮件合并"组中的"开始邮件合并"按钮,在弹出下拉列表中单击"邮件合并分步向导"命令,如图 3-48 所示;在文档编辑区右侧显示"邮件合并"任务窗格,如图 3-49 所示,此时"邮件合并"任务窗格中显示"邮件合并分步向导"的第 1 步,在"选择文档类型"选项区域中默认选中"信函"单选按钮。

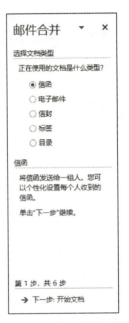

图 3-48 "邮件合并分步向导"命令　　图 3-49 "邮件合并"任务窗格

② 选择"下一步:开始文档",进入"邮件合并分步向导"的第 2 步,在"选择开始文档"选项区域中单击选中"使用当前文档"单选按钮,以当前文档作为邮件合并的主文档。

③ 选择"下一步:选择收件人",进入"邮件合并分步向导"的第 3 步,在"选择收件人"选项区域中单击选中"使用现有列表"单选按钮,然后单击"浏览"命令。

④ 打开"选取数据源"对话框,根据需要找到相应的数据文件,然后单击"打开"按钮,此时打开"选择表格"对话框,选择数据文件中所需的工作表,然后单击"确定"按钮。

⑤ 打开"邮件合并收件人"对话框,可以对收件人列表进行排序、筛选、查找重复收件人、查找收件人、验证地址等操作,收件人列表准备好之后,可以单击"确定"按钮,完成选择收件人的步骤。

⑥ 单击"下一步:撰写信函",进入"邮件合并分步向导"的第 4 步。

如果用户此时还未撰写信函的正文部分,可以在文档编辑区输入与所有输出文档中保持一致的文本。如果需要将收件人各类信息添加到信函中,先将光标定位到文档中的合适位置,然后单击"地址块""问候语""电子邮件"或"其他项目"等选项。这里单击"其他项目"选项。

⑦ 打开"插入合并域"对话框,如图 3-50 所示,在"域"列表框中,选择要添加到

文档中相应位置的域（该对话框中的域列表信息来自数据源文档信息）并单击插入按钮，文档中的相应位置就会出现已插入的域标记。单击"关闭"按钮完成所需收件人信息的添加。

图 3-50　"插入合并域"
对话框

⑧ 选择"下一步：预览信函"，进入"邮件合并分步向导"的第 5 步，在此可预览邮件合并结果。

⑨ 选择"下一步：完成合并"，进入"邮件合并分步向导"的第 6 步，完成合并。

3.4.3　宏的应用

所谓宏，是一个命令集，就是将一些命令组织在一起，作为一个单独的命令来完成一个特定的任务。Word 中对宏定义为："宏就是能组织到一起作为一独立的命令使用的一系列 Word 命令，它能使日常工作变得更容易"。

1. 宏的创建

在 Word 文档中，用户可根据实际需要，将一些需要重复执行的操作以宏的形式进行保存，即为这些操作创建一个宏。

创建宏的操作方法如下：

① 选择宏需要应用的对象。

② 单击"视图"选项卡"宏"组中的"宏"下拉按钮，从下拉列表中选择"录制宏"命令，弹出"录制宏"对话框，如图 3-51 所示，在"宏名"文本框中输入宏的名称。若需要通过单击按钮运行宏的方式创建宏，则单击"按钮"按钮，弹出"Word 选项"对话框，如图 3-52 所示，选择对应的宏，单击"添加"按钮，将代表该宏的按钮添加到快速访问工具栏上，再单击"确定"按钮进入宏的录制

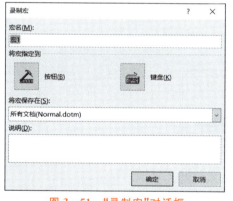

图 3-51　"录制宏"对话框

状态；若需要通过按键盘快捷键运行宏的方式创建宏，则单击"键盘"按钮，弹出"自定义键盘"对话框，如图 3-53 所示，选择对应的宏及命令，在"请按新快捷键"文本框中键入新的快捷键，单击"指定"按钮，然后单击"关闭"按钮进入宏的录制状态。

③ 用户此时可以开始执行需要添加到宏中的操作，操作完成后，单击"视图"选项卡"宏"组中的"宏"下拉按钮，从下拉列表中选择"停止录制"命令。若在录制过程中需要暂停宏的录制过程，可单击"暂停录制"按钮，如图 3-54 所示。

2. 宏的应用

在 Word 2016 中，有一些宏是内置的，勿需用户创建，用户可直接应用，其操作方法如下：

① 选择宏需要应用的对象。

② 单击"视图"选项卡"宏"组中的"宏"下拉按钮，从下拉列表中选择"查看宏"命令或

图 3-52　通过单击按钮运行宏的方式创建宏

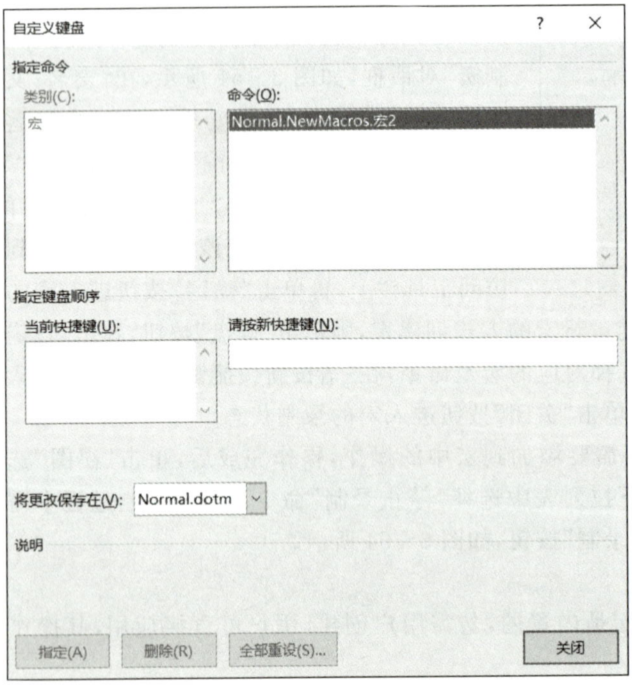

图 3-53　"自定义键盘"对话框 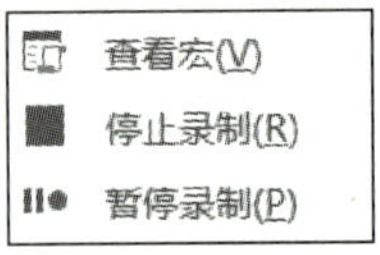　　　　　　　　图 3-54　"宏"命令选项

按组合键 Alt＋F8,弹出"宏"对话框,如图 3－55 所示,在"宏的位置"下拉列表框中选择"Word 命令"选项,用户根据需要选择相应的宏,单击"运行"按钮即可。

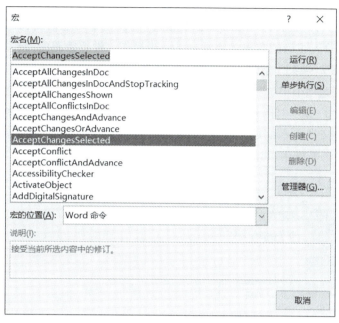

图 3－55　"宏"对话框

若用户需要运行自己创建的宏,其操作方法如下:

① 选择宏需要应用的对象。

② 单击"视图"选项卡"宏"组中的"宏"下拉按钮,从下拉列表中选择"查看宏"命令,或按组合键 Alt＋F8,在"宏的位置"下拉列表框中选择"所有的活动模板和文档"选项,根据需要选择相应的宏名,单击"运行"按钮即可。

3. 宏的修改

在 Word 文档中,创建好的宏可随时进行编辑修改,其操作方法如下:

① 单击"视图"选项卡"宏"组中的"宏"下拉按钮,从下拉列表中选择"查看宏"命令,或按下组合键 Alt＋F8,打开"宏"对话框,选择需要修改的宏,单击"编辑"按钮,此时进入 Microsoft Visual Basic for Applications 窗口,用户可根据需要和要求对该宏的相应代码进行修改。

② 代码修改完成后保存并退出即可。

4. 宏的删除

在 Word 文档中,用户创建的宏可随时删除,其操作方法如下:

单击"视图"选项卡"宏"组中的"宏"下拉按钮,从下拉列表中选择"查看宏"命令,或按下组合键 Alt＋F8,打开"宏"对话框,选择要删除的宏,单击"删除"按钮即可。

3.4.4　文档保护

文档保护是指以多种方式保护文档格式与内容的安全,如仅授予某些用户编辑、批注或读取文档的权限。在 Word 2016 中，通过设置打开密码、修改密码或保护文档均可实现对文档格式与内容的保护。

1. 设置密码

Word 文档的密码包括打开密码和修改密码，若设置了对应的密码，当打开文档或修改文档时均需要输入正确的密码才能进行下一步操作。设置密码的操作方法如下：

① 新建一个需要保护的文档或打开一个已有文档。

② 在"文件"选项卡中选择"信息"选项，单击"保护文档"下拉按钮，在弹出的"保护文档"下拉列表（图 3-56）中选择"用密码进行加密"命令，弹出"加密文档"对话框，如图 3-57 所示；在"密码"文本框中输入密码，单击"确定"按钮，弹出"确认密码"对话框，在"重新输入密码"文本框中再次输入相同的密码，单击"确定"按钮完成文档打开密码的设置。

图 3-56 "保护文档"下拉列表

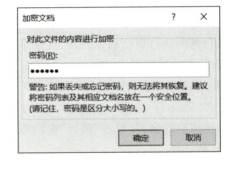

图 3-57 "加密文档"对话框

③ 若用户需要分别设置文档的打开密码和修改密码，则单击"文件"选项卡中的"保存"（新建文档）或"另存为"（已有文档）命令，再单击"浏览"命令，弹出"另存为"对话框，单击"工具"按钮，在弹出的下拉列表中选择"常规选项"命令，弹出"常规选项"对话框，如图 3-58 所示；根据需要分别在"打开文件时的密码"和"修改文件时的密码"文本框中输入密码即可。若要求文档以只读方式打开，则选择"建议以只读方式打开文档"复选框。

④ 设置密码后，在下次打开或修改文档时需要输入正确的密码才能进行下一步操作。

2. 保护文档

在 Word 文档中，通过保护文档设置可以实现对文档格式及编辑操作的限制。

（1）格式设置限制

① 新建一个需要保护的文档或打开一个已有文档。

图 3 - 58　"常规选项"对话框

②在"文件"选项卡中选择"信息"选项,单击"保护文档"按钮,在弹出的下拉列表中选择"限制编辑"命令,或者单击"审阅"选项卡"保护"组中的"限制编辑"按钮,在文档编辑区的右侧弹出"限制编辑"任务窗格,如图 3 - 59 所示。

③"格式设置限制"是指对文档中的某些格式的操作进行限制,若选中此复选框,单击"设置"命令后弹出"格式化限制"对话框,如图 3 - 60 所示;在"当前允许使用的样式"列表框中清除勾选不允许设置格式的样式前的复选框,只有选中的样式允许使用,单击"确定"按钮。

④设置完成后,单击"限制格式和编辑"任务窗格中的"是,启动强制保护"按钮,弹出"启动强制保护"对话框,如图 3 - 61 所示;采用密码形式的保护方法,在"新密码"及"确认新密码"文本框中输入相应的密码即可。

（2）编辑限制

①新建一个需要保护的文档或打开一个已有文档。

②在"限制编辑"任务窗格中选中"仅允许在文档中进行此类型的编辑"复选框,然后在下拉列表中选择允许进行的操作选项。选择"修订"选项时,表示所有对文档的更改均以修订的形式存在;选择"批注"选项时,表示在当前文档中只能插入批注;选择"填写窗体"选项时,表示文档

图 3 - 59　"限制编辑"
任务窗格

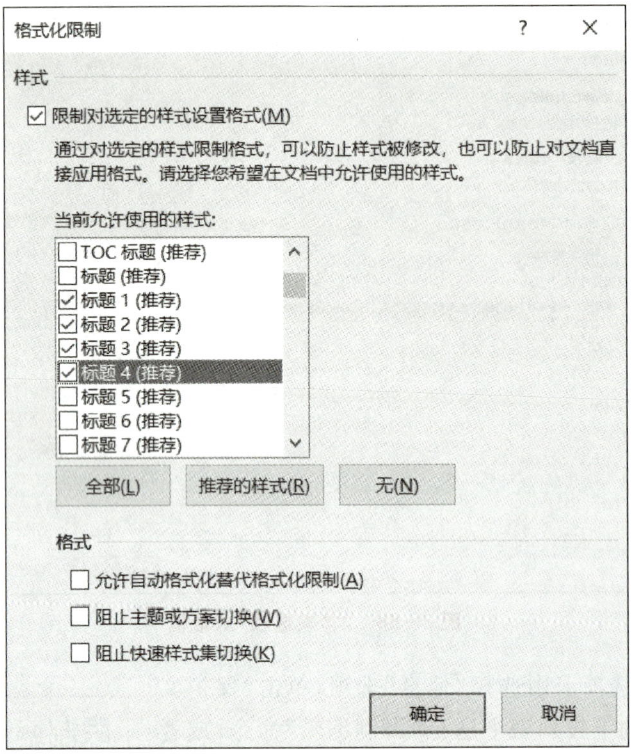

图 3-60 "格式化限制"对话框

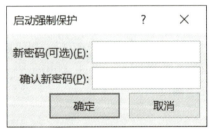

图 3-61 "启动强制保护"对话框

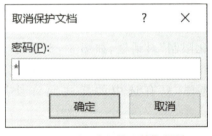

图 3-62 "取消保护文档"对话框

中如果插入了窗体控件,除了窗体控件的其他内容不允许编辑;选择"不允许任何更改(只读)"选项时,表示只能查看文档,不能做任何修改。用户可根据具体的需要选择允许进行的操作选项。

　　③ 设置完成后,单击"限制编辑"任务窗格中的"是,启动强制保护"按钮,弹出"启动强制保护"对话框,采用密码形式的保护方法,在"新密码"及"确认新密码"文本框中输入相应的密码即可。

　　3. 取消文档保护

　　(1) 取消密码

　　① 打开密码保护的文档。

　　② 在"文件"选项卡中选择"信息"选项,单击"保护文档"按钮,在下拉列表中选择"用

密码进行加密"选项,弹出"加密文档"对话框,删除"密码"文本框中的密码,单击"确定"按钮,即可取消文档的内容保护密码。

③ 若要取消文档修改保护密码,则单击"文件"选项卡中的"保存"或"另存为"按钮,弹出"另存为"对话框,单击"工具"按钮,在弹出的下拉列表中选择"常规选项"选项,弹出"常规选项"对话框,根据需要分别删除"打开文件时的密码"和"修改文件时的密码"文本框中的密码即可。

（2）取消保护文档

① 打开设置了保护文档的文档。

② 在"文件"选项卡中选择"信息"选项,单击"保护文档"按钮,在下拉列表中选择"限制编辑"命令,或者单击"审阅"选项卡"保护"组中的"限制编辑"按钮,在文档编辑区的右侧弹出"限制编辑"任务窗格;单击"停止保护"按钮,弹出"取消保护文档"对话框,如图 3-62 所示,在"密码"文本框中输入之前设置的保护文档密码,单击"确定"按钮即可。

3.5　表格的操作

在文档中,常常需要用表格来表示一些数据,使文本内容更直观。使用 Word 2016 可以在文档中快速地插入表格,并对表格进行编辑和排版。

3.5.1　创建表格

创建表格的方法通常有以下几种。

1. 通过"插入表格"命令创建表格

通过"插入表格"命令创建表格的操作方法如下:

① 将光标定位在需要插入表格的位置。

② 在"插入"选项卡"表格"组中单击"表格"按钮,在弹出的下拉列表中单击"插入表格"命令,弹出"插入表格"对话框,如图 3-63 所示,根据需要在"列数""行数"文本框中输入相应的列数和行数,在"'自动调整'操作"选项组中选定一种操作。如果选择"固定列宽"选项,则可以在其右侧的组合框中输入指定的列宽值或由软件自动分配列宽;若选择"根据内容调整表格"选项,

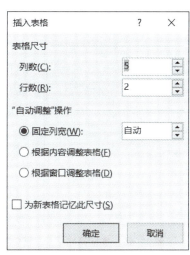

图 3-63　"插入表格"对话框

则列宽会自动适应内容的宽度;若选择"根据窗口调整表格"选项,则表示表格的宽度与窗口的宽度一致,当窗口的宽度改变时,表格宽度同时改变。

2. 绘制表格

通过绘制表格的方式创建表格的操作方法如下:

① 将光标定位在需要插入表格的位置。

② 在"插入"选项卡"表格"组中单击"表格"按钮,在弹出的下拉列表中单击"绘制表

格"命令,此时鼠标指针变为一支笔的形状,然后在文档编辑窗口中按下鼠标左键拖曳,即可根据需要绘制表格。同时在功能区出现"表格工具"栏"设计"和"布局"选项卡,分别如图 3-64 和图 3-65 所示。通过这两个选项卡可以设置表格样式、擦除表格边框、绘制表格、表格数据排序等。

图 3-64 "表格工具"栏"设计"选项卡

图 3-65 "表格工具"栏"布局"选项卡

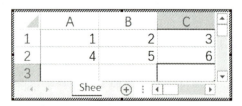

图 3-66 表格网格

5. 插入快速表格

在 Word 文档中可插入一些预先设定好行列数及样式的表格,其操作方法如下:

① 将光标定位在需要插入表格的位置。

② 在"插入"选项卡"表格"组中单击"表格"按钮,在弹出的下拉列表中单击"快速表格"命

3. 通过"表格"菜单创建表格

通过"表格"菜单创建表格的操作方法如下:

① 将光标定位在需要插入表格的位置。

② 在"插入"选项卡"表格"组中单击"表格"按钮,在弹出的下拉列表中有一个表格网格,如图 3-66 所示。

③ 鼠标指针移至表格网格区域,移动鼠标指针选择所需的行数和列数(在表格网格上方会显示所选表格的行数与列数),同时在文档编辑区光标定位处会动态插入相应的表格,然后单击确认即可。

4. 插入 Excel 电子表格

在 Word 文档中插入 Excel 表格的操作方法如下:

① 将光标定位在需要插入表格的位置。

② 在"插入"选项卡"表格"组中单击"表格"按钮,在弹出的下拉列表中单击"Excel 电子表格"命令,在光标所在位置出现一个 Excel 电子表格,如图 3-67 所示。根据需要在单元格中输入内容,输入完毕后在文档空白处单击即可。

图 3-67 Excel 电子表格

令,在弹出的列表中单击符合要求的表格样式即可。

3.5.2 编辑表格

创建表格之后,可根据需要对表格进行一些编辑处理。例如,输入内容,合并或拆分单元格等。

1. 输入表格内容

表格创建之后,就可在每个单元格中输入内容,输入时需要先将插入点定位在对应的单元格中,再输入内容。当一个单元格的内容输入完成后,可用 Tab 键使插入点移动到下一个单元格(如果已经为最后一个单元格,那么 Word 会自动为表格添加一行)。如果要回到上一个单元格,可以按组合键 Shift+Tab。

如果用户不习惯使用键盘操作,直接单击所需的单元格,即可开始输入内容。

2. 选定表格元素

对表格的编辑处理和其他文本一样,仍然需要先选定,再处理。选定表格元素的方法如下:

● 选定单元格:将鼠标指针移动到单元格的左边框处,当鼠标指针变为指向右上方的小实心箭头时单击,即可选定此单元格。

● 选定列:将鼠标指针移动到一列的顶部,当鼠标指针变为指向下方的小实心箭头时单击,即可选定此列。

● 选定行:将鼠标指针移动到一行左边的选定区,当鼠标指针变为指向右上方的大空心箭头时单击,即可选定此行。

● 选定整个表格:在页面视图中,将鼠标指针移动到表格上停留片刻,此时表格左上角会出现一个移动图柄✥,单击它即可选定整个表格。

● 选定单元格区域:按住鼠标左键拖曳,鼠标指针经过的单元格区域即被选中。

3. 插入/删除单元格、行列

(1)插入/删除单元格

①插入单元格的操作方法如下:

● 将光标定位到插入位置的单元格中。

● 单击鼠标右键,在弹出的快捷菜单中选择"插入"→"插入单元格"命令,弹出"插入单元格"对话框,如图 3-68 所示。

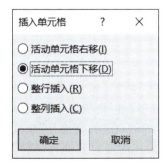

图 3-68 "插入单元格"对话框

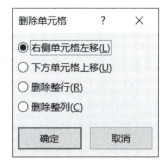

图 3-69 "删除单元格"对话框

● 在对话框中提供了四种插入后其他单元格位置的调整方式，根据需要选择一种，单击"确定"按钮即可。

② 删除单元格是插入单元格的逆过程。删除单元格的操作方法如下：

● 选定要删除的单元格。

● 单击鼠标右键，在弹出的快捷菜单中选择"删除单元格"命令或单击"表格布局"选项卡"行和列"组中的"删除"按钮，在弹出的下拉列表中选择"删除单元格"命令，弹出"删除单元格"对话框，如图 3-69 所示，根据需要选择一种删除单元格后其他单元格位置的调整方式，单击"确定"按钮即可。

（2）插入/删除行列

① 将光标定位于单元格内，或选择某行/某列。

② 单击鼠标右键，在弹出的快捷菜单中选择"插入"子菜单中的"在左侧插入列""在右侧插入列""在上方插入行"或"在下方插入行"命令，或单击"表格布局"选项卡"行和列"组中的"在上方插入""在下方插入""在左侧插入"或"在右侧插入"命令即可插入行或列。若要删除行或列，则单击"表格布局"选项卡"行和列"组中的"删除"按钮，在弹出的下拉列表中选择"删除列"/"删除行"命令即可。

4. 移动/复制行列

表格的行列，也可以像文本一样，进行复制和移动。操作方法如下：

① 选定要复制或移动的行或列。

② 单击"开始"选项卡"剪贴板"组中的"剪切"或"复制"按钮，或单击鼠标右键，在弹出的快捷菜单中选择"剪切"或"复制"命令。

③ 将插入点定位到要复制或移动到的位置，单击"开始"选项卡"剪贴板"组中的"粘贴"按钮，或单击鼠标右键，在弹出的快捷菜单中选择"粘贴"命令，即可完成移动或复制。

对于单元格也可以采用这样的方法进行移动和复制。

5. 调整表格的行高与列宽

在 Word 文档中，表格的行高与列宽并不是固定不变的，可以进行一定的调整。

（1）鼠标移动法

将鼠标指针移动到需改变行高（列宽）表格的垂直（水平）标尺处的行线（列线）上，当鼠标指针变为双向箭头状时，拖曳鼠标到满意的位置即可。

（2）利用命令法

有时对表格的行高和列宽，有一定具体的精度要求，这时就可以采用命令进行调整。操作方法如下：

① 选定要调整的行（列）或将光标定位在该行（列）的单元格中。

② 单击"表格工具"栏"布局"选项卡的"表"组中的"属性"命令，此时弹出"表格属性"对话框，如图 3-70 所示。选择"行"或"列"选项卡，在"尺寸"选项组中选中"指定高度"或"指定宽度"复选框，在后面的数值选择框中输入具体的值，在"行高值是"数值选择框中根据需要选择指定的高度为"最小值"或"固定值"。如果还需要对其他行（列）调整，可以单击"上一行"（"前一列"）或"下一行"（"后一列"）按钮。

图 3-70 "表格属性"对话框

除了上述方法以外，还可直接在"表格布局"选项卡"单元格大小"组中的"高度"或"宽度"数值选择框输入具体高度或宽度值来进行调整。

6. 合并和拆分单元格

（1）合并单元格

合并单元格，是指将多个单元格合并为一个单元格。操作方法如下：

① 选定需要合并的所有单元格。

② 单击"表格布局"选项卡"合并"组中的"合并单元格"按钮，或单击鼠标右键并在弹出的快捷菜单中选择"合并单元格"命令。

（2）拆分单元格

拆分单元格是合并的逆过程，是指将一个单元格拆分为多个单元格。操作方法如下：

① 选定需拆分的单元格。

② 单击"表格布局"选项卡"合并"组中的"拆分单元格"按钮，或单击鼠标右键并在弹出的快捷菜单中选择"拆分单元格"命令，弹出"拆分单元格"对话框，如图 3-71 所示。在"拆分单元格"对话框中输入拆分后的行数和列数，如果选中的是多个单元格，可选中"拆分前合并单元格"复选框，这样就会先将多个单元格合并后再拆分。否则，系统会将所有选定的单

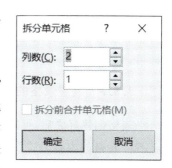

图 3-71 "拆分单元格"
对话框

元格全部单独进行拆分。

7. 将文本转换为表格

用户编辑好文本内容后,如果觉得用表格表现出来会更直观,可以将文本转换为表格,操作方法如下:

① 选定需转换的文本。

② 单击"插入"选项卡"表格"组中的"表格"按钮,在弹出的下拉列表中单击"文本转换成表格"命令,出现"将文字转换成表格"对话框,如图 3-72 所示。

③ 在"将文字转换成表格"对话框中设定列数、自动调整表格的方式以及文字的分隔位置。

④ 设置完成后,单击"确定"按钮,便可将文本转换为表格形式。

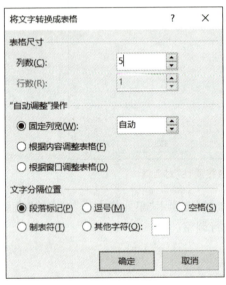

图 3-72 "将文字转换成表格"对话框

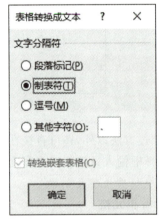

图 3-73 "表格转换成文本"对话框

8. 将表格转换为文本

用户也可以将制作好的表格转换为文本的形式,其操作方法如下:

① 选定表格。

② 单击"表格工具"栏"布局"选项卡的"数据"组中的"转换为文本"按钮,弹出"表格转换成文本"对话框,如图 3-73 所示,根据需要选择文字分隔符,然后单击"确定"按钮即可。

3.5.3　设置表格的格式

表格创建好之后,可以对表格的内容格式及表格的外观进行设置,使表格看起来更加美观。表格的内容格式设置主要涉及对齐方式、字体、字号等,只需像设置文本段落格式一样进行设置即可;对于表格外观的修饰,主要涉及表格的边框和底纹、单元格边距、单元格间距、行高以及列宽等。表格边框和底纹的设置同字符的边框和底纹设置,此处不再赘

述。下面介绍一下表格选项的设置，操作方法
如下：

① 选择要设置的表格。

② 单击鼠标右键并在弹出的快捷菜单中选
择"表格属性"命令，弹出"表格属性"对话框，在
"表格"选项卡中，单击"选项"按钮，弹出"表格选
项"对话框，如图 3－74 所示，根据需要进行相应
设置，单击"确定"按钮即可；单击"边框和底纹"
按钮，弹出"边框和底纹"对话框，如图 3－75 所
示，利用该对话框可设置表格或单元格的边框和
底纹。

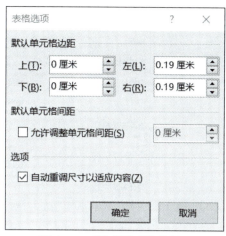

图 3－74　"表格选项"对话框

图 3－75　"边框和底纹"对话框

3.5.4　表格内数据的排序与计算

在日常工作和生活中，常常需要对表格内的数据进行排序与计算。下面就对表格内
数据的排序与计算作具体的介绍。

1. 排序

对于表格内的数据可根据列的内容按升序或降序进行排列。操作步骤如下：

① 将插入点光标停留在表格中的任何位置（或者选择需排序的列）。

② 单击"表格布局"选项卡"数据"组中的"排序"按钮，弹出"排序"对话框，如图 3－76

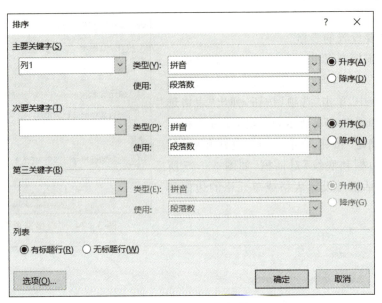

图 3 - 76 "排序"对话框

所示。

　　③ 在"排序"对话框的"主要关键字"下拉列表框中选择排序的依据；当内容有并列的情况时，可选择设置次要关键字，对并列的内容再次进行排序；若仍有并列的情况，可选择设置第三关键字，第三次进行排序。在"类型"下拉列表框中可以选择关键字的数据类型，例如数字、日期、拼音等。最后可选择按升序或降序排列。

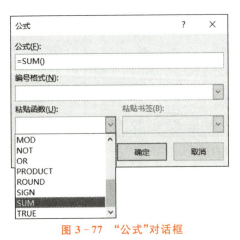

图 3 - 77 "公式"对话框

　　④ 单击"确定"按钮，即可完成排序。

2. 计算

　　同样，也可以对表格中的数据进行计算。操作方法如下：

　　① 将光标插入点置于需要存放计算结果的单元格中。

　　② 单击"表格布局"选项卡"数据"组中的"公式"按钮，弹出"公式"对话框，如图 3 - 77 所示。

　　③ "公式"文本框用于设置计算所用的公式，"粘贴函数"下拉列表框中罗列了许多常用的公式，可以从中选择并同步粘贴至"公式"文本框中；计算的对象可以用单元格表示（列用字母 A、B、C…表示，行用数字 1、2、3…表示，则单元格即是 A1、A2…）。"编号格式"下拉列表框则用于设置计算结果的格式，例如百分比、小数位数等。

　　④ 单击"确定"按钮，即可完成计算。

3.6　图形的操作

在 Word 文档中,不仅可以编辑文本、表格,还可以对图形进行编辑,进一步提高文档的可读性。

3.6.1　插入图片

用户可以方便地将图片插入到文档的任何位置,达到图文并茂的效果。

1. 插入图片文件

Word 文档中,可以插入的图片文件类型有:.cgm、.bmp、.wmf、.pict、.jpg 等。

插入图片文件的操作步骤如下:

① 将光标置于需插入图片的位置。

② 单击"插入"选项卡"插图"组中的"图片"按钮,弹出"插入图片"对话框,如图 3 - 78 所示。

③ 在左侧的导航窗格中定位到需插入图片的目录位置。

④ 在右侧的内容窗格中选择所需的图片文件。

⑤ 单击"插入"按钮即可。

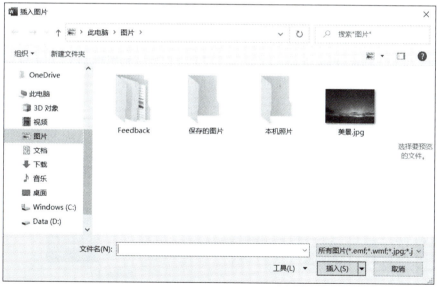

图 3 - 78　"插入图片"对话框

2. 插入屏幕截图

用户还可将屏幕截图插入到文档中,其操作方法如下:

① 将光标置于需插入图片的位置。

② 单击"插入"选项卡"插图"组中的"屏幕截图"按钮,在弹出的列表中单击"屏幕剪

辑"命令,此时鼠标指针变为十字形,按下鼠标左键绘制截图区域,松开鼠标左键,此时对应区域的截图便插入到光标所在的位置。取消此操作,可点击 Esc 键。

3.6.2 绘制形状

在 Word 文档中,除了可以插入已有的图片外,还可利用 Word 2016 提供的绘图功能绘制图形。

1. 绘制形状

当用户需要在指定区域绘制形状时,可按如下方法进行操作:

① 将光标置于需要插入形状的位置。

② 单击"插入"选项卡"插图"组中的"形状"按钮,在弹出的下拉列表中列出了各种不同类型的形状,其中包括"线条""矩形""基本形状""箭头总汇""公式形状""流程图"等类别,每一类别下列出了该类别的各种需要绘制的形状按钮,单击需要绘制的形状按钮,鼠标指针便会变为"十"字形。在文本编辑区中拖曳鼠标,即可绘制出相应的形状。

2. 绘制 SmartArt 图形

SmartArt 图形是信息和观点的视觉表示形式。可以通过从多种不同布局中进行选择来创建 SmartArt 图形,从而快速、轻松、有效地传达信息。Word 2016 为用户提供了插入 SmartArt 图形的功能。

在 Word 文档中插入 SmartArt 图形的操作方法如下:

① 将光标置于需要插入图形的位置。

② 单击"插入"选项卡"插图"组中的"SmartArt"按钮,弹出"选择 SmartArt 图形"对话框,如图 3-79 所示,根据需要在左侧的列表框中选择一种图形类型,在中间的列表中选择一种图形,单击"确定"按钮,即可插入对应的 SmartArt 图形。

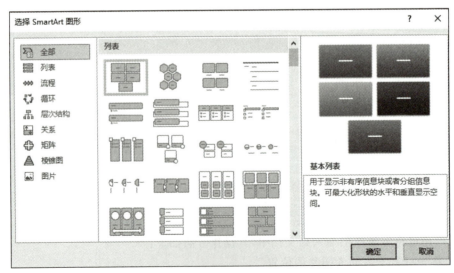

图 3-79 "选择 SmartArt 图形"对话框

3. 设置形状样式

绘制图形后,还可以根据需要对图形进行一些修饰,为图形设置内部填充效果或让图形产生立体的效果。在 Word 2016 中,这些效果统称为形状样式,主要包括形状填充、形状轮廓和形状效果等。下面以绘制的形状为例,讲解如何设置其形状样式。

当选择形状后,会出现"绘图工具"栏"格式"选项卡,利用该选项卡中的"形状样式"组可直接应用预设的一些形状样式,此时只需单击形状样式列表中的样式即可。若对预设样式不满意,可进行自定义设置。

（1）设置形状填充

① 选定需设置形状填充的形状,单击"绘图工具"栏"格式"选项卡"形状样式"组中的"形状填充"按钮,在弹出的下拉列表中可以选择设置主题颜色、标准色、无填充颜色或其他填充颜色;当单击"其他填充颜色"命令时,弹出"颜色"对话框,如图 3 - 80 所示,用户可根据需要选择对应的颜色,再单击"确定"按钮即可。

② 若需要用图片进行填充,可单击"图片"命令,弹出"插入图片"对话框,根据需要选择对应的图片即可。

③ 若需要用渐变色进行填充,可选择"渐变"命令,在弹出的列表中选择需要的渐变类型选项或单击"其他渐变"命令,弹出"设置形状格式"窗格,选择"填充"组中的"渐变填充"单选按钮,如图 3 - 81 所示,根据需要可选择预设渐变并对渐变类型、方向、角度、渐变光圈、颜色、位置、透明

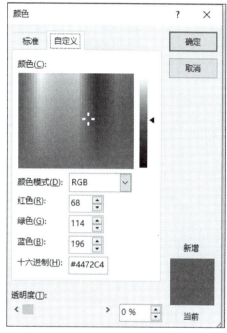

图 3 - 80　"颜色"对话框

度、亮度进行设置;若旋转图形时希望渐变效果与图形同时进行旋转,则勾选"与形状一起旋转"复选框。

④ 若需要用纹理进行填充,可选择"纹理"命令,在弹出的列表中选择相应的纹理图案即可。

（2）设置形状轮廓

① 选定需设置形状轮廓的形状,单击"绘图工具"栏"格式"选项卡"形状样式"组中的"形状轮廓"按钮,在弹出的下拉列表中可以选择设置主题颜色、标准色、无轮廓或其他轮廓颜色;当单击"其他轮廓颜色"命令时,弹出"颜色"对话框,如图 3 - 80 所示,根据需要选择对应的颜色,再单击"确定"按钮即可。

② 单击"粗细"命令,在弹出的下拉列表中选择需要的轮廓线条粗细;若单击"其他线条"命令,弹出"设置形状格式"窗格,选择"线条"选项,如图 3 - 82 所示,然后根据需要设置轮廓颜色、透明度、宽度、复合类型、短划线类型、线端类型、连接类型、箭头设置等选项即可。

③ 单击"虚线"命令,在弹出的下拉列表中选择相应的虚线线条;若单击"其他线条"命令,之后的操作同步骤②。

图 3-81 "设置形状格式"窗格

图 3-82 "线条"选项

④ 单击"箭头"命令,在弹出的下拉列表中选择相应的箭头形状;若单击"其他箭头"命令,之后的操作同步骤②。

（3）设置形状效果

形状效果是指为形状添加阴影、映像、发光等效果,可使形状呈现立体感。

① 选定需设置形状效果的形状,单击"绘图工具"栏"格式"选项卡"形状样式"组中的"形状效果"按钮,在弹出的下拉列表中可选择"预设""阴影""映像""发光"等效果选项。

② 单击"阴影"效果选项,在弹出的列表中选择相应的阴影样式,若单击"阴影选项"命令,弹出"设置形状格式"对话框,显示"阴影"选项,如图 3-83 所示,根据需要设置阴影的预设、颜色、透明度、大小、模糊、角度、距离等选项即可。

③ 单击"映像"效果选项,在弹出的列表中选择相应的映像样式;若单击"映像选项"命令,弹出"设置形状格式"对话框,显示"映像"选项,如图 3-84 所示,可根据需要设置预设、透明度、大小、模糊、距离等选项。

图 3 - 83　"阴影"选项　　　　　图 3 - 84　"映像"选项

④ 单击"发光""柔化边缘""棱台"或"三维旋转"效果选项,在弹出的下拉列表中选择相应的样式;若单击"发光选项"命令,弹出"设置形状格式"对话框,显示"发光"选项,如图 3 - 85 所示;若单击"柔化边缘选项"命令,弹出"设置形状格式"对话框,将显示"柔化边缘"选项,如图 3 - 86 所示;若单击"三维选项"命令,弹出"设置形状格式"对话框,显示

图 3 - 85　"发光"选项

图 3 - 86　"柔化边缘"选项

"三维格式"选项,如图 3-87 所示;若单击"三维旋转选项"命令,弹出"设置形状格式"对话框,显示"三维旋转"选项,如图 3-88 所示。用户根据需要对各选项进行设置即可。

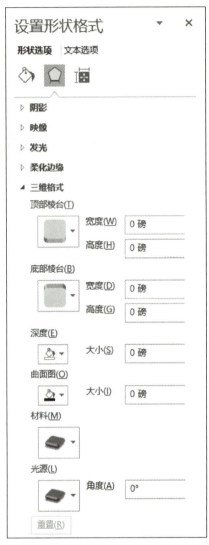

图 3-87 "三维格式"选项

图 3-88 "三维旋转"选项

4. 图形的叠放

有时,用户需要绘制多个重叠的图形。一般的重叠顺序是最先绘制的图形处于最底层,最后绘制的图形处于最上层。如果需要改变这样的重叠顺序,可以利用快捷菜单中"叠放次序"命令来实现。选定需改变的图形,单击鼠标右键,在弹出的快捷菜单中选择"置于顶层"或"置于底层"命令,然后根据需要选择子菜单中的一项命令即可。

3.6.3 编辑图片

在文档中插入图片之后,通常需要对图片进行一些编辑处理。

1. 图片的缩放、裁剪和旋转

（1）裁剪

对图片进行裁剪的操作方法如下：

① 选择需要裁剪的图片。

② 单击"图片工具"栏"格式"选项卡"大小"组中的"裁剪"下拉按钮，在弹出的下拉菜单中可选择"裁剪""裁剪为形状""纵横比""填充"或"适合"命令。当单击"裁剪"命令时，图片出现黑色裁剪线，拖曳黑色裁剪线可调整图片所需裁剪区域，然后按回车键即可完成裁剪；当单击"裁剪为形状"命令时，会弹出形状列表，单击所需形状即可将图片裁剪为对应的形状；当单击"纵横比"命令时，会弹出纵横比列表，可根据需要选择纵横比；当单击"填充"命令时，保持原始纵横比，对图片大小进行调整，从而填充整个图片区域；当单击"适合"命令时，保持原始纵横比，对图片大小进行调整，从而让整个图片在图片区域中显示。

（2）缩放

① 选择需要缩放的图片。

② 在"图片工具"栏"格式"选项卡"大小"组中的"高度""宽度"数值选择框中输入所需的高度和宽度值，或单击微调按钮来调整高度和宽度，从而实现图片的缩放；另外也可以利用鼠标左键拖动图片上的控制柄来实现图片的缩放。

③ 若要对图片进行精确缩放，可单击"图片工具"栏"格式"选项卡"大小"组的对话框启动器，弹出"布局"对话框并显示"大小"选项卡，如图 3 - 89 所示，根据需要设置缩放选项即可。

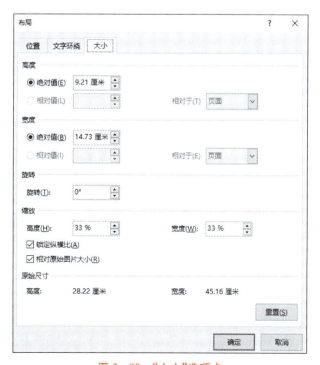

图 3 - 89　"大小"选项卡

（3）旋转

① 选择需要旋转的图片。

② 单击"图片工具"栏"格式"选项卡"排列"组中的"旋转"按钮，在弹出的下拉列表中可以选择"向右旋转90°""向左旋转90°""垂直翻转""水平翻转"命令，使图片按规定动作进行旋转。

③ 若要对图片进行其他角度的旋转，则单击"旋转"下拉列表中的"其他旋转选项"命令，弹出"布局"对话框并显示"大小"选项卡，如图3-89所示，根据需要设置旋转选项即可。

2. 图片的调整

对于插入文档中的图片可进行更正、颜色设置，还可以添加艺术效果，从而让图片变得更加符合主题，更有艺术感。

（1）图片的更正

图片的更正实际是调整图片的亮度、对比度或清晰度。其操作方法如下：

① 选择需要更正的图片。

② 单击"图片工具"栏"格式"选项卡"调整"组中的"校正"按钮，在弹出的下拉列表中选择预设的更正效果；若效果不满意，可单击"图片更正选项"命令，弹出"设置形状格式"对话框，显示"图片校正"选项，如图3-90所示，根据需要对各选项进行设置即可。

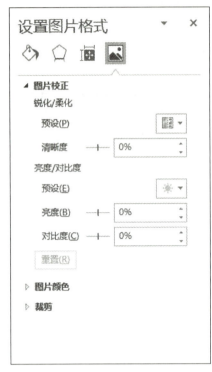

图3-90 "图片校正"选项

（2）图片的重新着色

更改图片的颜色是为了提高图片的质量或匹配文档内容。其操作方法如下：

① 选择需要重新着色的图片。

② 单击"图片工具"栏"格式"选项卡"调整"组中的"颜色"按钮，在弹出的下拉列表中选择颜色饱和度、色调、重新着色等预设的颜色效果；若效果不满意，则可单击其他命令。单击"其他变体"命令，在弹出的颜色列表中选择需要的颜色；单击"设置透明色"命令，此时鼠标指针变为设置透明色图标，在图片需要透明的颜色上单击即可使该颜色透明；单击"图片颜色选项"命令，弹出"设置形状格式"对话框并显示"图片颜色"选项，如图3-91所示，根据需要对各选项进行设置即可。

（3）图片的艺术效果

为图片添加艺术效果是为了让图片更像草图或油画，更具有艺术感。其操作方法如下：

① 选择需要添加艺术效果的图片。

② 单击"图片工具"栏"格式"选项卡"调整"组中的"艺术效果"按钮，在弹出的下拉列表中选择预设的艺术效果；若效果不满意，则单击"艺术效果选项"命令，弹出"设置形状格

式"对话框并显示"艺术效果"选项,如图 3 - 92 所示,在"艺术效果"下拉列表框中选择一种艺术效果,然后再对相应的透明度或粒度大小选项进行自定义即可。

图 3 - 91　"图片颜色"选项

图 3 - 92　"艺术效果"选项

3. 图片的样式

图片的样式主要包括图片边框、图片效果和图片版式,图片边框是为图片添加指定粗细、线型和颜色的轮廓线;图片效果是为图片添加阴影、棱台、发光、映像等三维效果;图片版式是将图片与 SmartArt 图形联系起来。

要为图片添加样式,其操作与设置形状效果类似,此处不再赘述。

4. 图片的环绕方式

如果需要在图片的周围环绕文字,可单击"图片工具"栏"格式"选项卡"排列"组中的"环绕文字"按钮,在弹出的下拉列表中选择需要的环绕方式;若需要进行自定义,则单击"其他布局选项"命令,弹出"布局"对话框并显示"文字环绕"选项卡,如图 3 - 93 所示,根据需要进行选项的设置即可。

5. 文本框的使用

文本框就是文档中包含了图片、表格、文字等内容的局部文档,可以根据需要将其放置在文档中的任何位置。

（1）插入文本框

① 插入内置文本框。

单击"插入"选项卡"文本"组中的"文本框"按钮,在弹出的下拉列表中单击"内置"列表中的文本框样式,此时在文档中光标所在位置便插入了相应样式的文本框,然后将其中

图 3 - 93 "文字环绕"选项卡

的内容更改为所需内容即可。

② 插入空白的文本框。

单击"插入"选项卡"文本"组中的"文本框"按钮,在弹出的下拉列表中单击"绘制文本框"命令,此时鼠标指针变为黑色"十"字形,拖曳鼠标即可绘制一个文本框。若要绘制一个空白的竖排文本框,可在弹出的下拉列表中单击"绘制竖排文本框"命令,拖曳鼠标进行绘制即可。

③ 将所选内容保存到文本框库。

对于一些需要重复使用的内容,可以将其保存到文本框库,使用时只需单击"文本框"按钮,从"常规"列表中选择已保存的文本框样式即可。具体操作方法如下:

● 选择需要保存的文本内容,单击"插入"选项卡"文本"组中的"文本框"按钮,在弹出的下拉列表中选择"将所选内容保存到文本框库"命令,弹出"新建构建基块"对话框,如图 3 - 94 所示,根据需要对对话框中各选项进行设置,然后单击"确定"按钮。

● 在需要插入已保存内容的位置,单击"文本框"按钮,从"常规"列表中选择包含此内容的

图 3 - 94 "新建构建基块"对话框

文本框即可。

（2）编辑文本框

插入文本框之后，用户还可以改变文本框的大小、位置或者为文本框做一些修饰。

① 改变文本框的大小、位置。

要改变文本框的大小、位置，只需直接利用鼠标进行拖动即可。选中文本框（此时鼠标指针变为四方向箭头形状，文本框周围有 8 个控制柄），可以拖曳文本框至任意位置；当鼠标指针变为两方向箭头时就可以改变文本框的大小，当满足用户需要后，释放鼠标即可。

② 文本框的修饰。

如果需要对文本框的轮廓、颜色等进行编辑，可在"绘图工具"栏"格式"选项卡"形状样式"组中进行文本框样式的设置，其操作方法与设置形状样式相同，此处不再赘述。

（3）文本框的链接

在 Word 文档中，还可以建立多个文本框，并且可以将这些文本框链接起来。创建文本框链接的操作方法如下：

① 在文档中插入多个文本框，并输入相应的内容。

② 选定一个文本框，单击"绘图工具"栏"格式"选项卡"文本"组中的"创建链接"按钮，此时鼠标指针变成一个带向下箭头的杯子形状，将鼠标指针移动到需要链接的文本框中，鼠标指针变为一个带指向右下角箭头的倾斜的杯子形状，此时单击鼠标左键便可将两个文本框链接起来。

需要链接多个文本框时，只需重复上面的步骤即可。文本框链接好之后，一个文本框中溢出的内容就会自动移到下一个链接的文本框中。

需要断开链接时，只需选定被链接的文本框，然后单击"绘图工具"栏"格式"选项卡"文本"组中的"断开链接"按钮即可。

6. 艺术字

艺术字是指具有各种特殊形状和图形效果的文字。

（1）插入艺术字

插入艺术字的操作方法如下：

① 将光标置于需要插入艺术字的位置。

② 单击"插入"选项卡"文本"组中的"艺术字"按钮，在弹出的下拉列表中单击所需要的艺术字样式，此时该艺术字文本框便插入到文档对应位置上。

③ 将艺术字文本框中的文本更改为所需要的文本即可。

（2）编辑艺术字

当插入艺术字之后，可以对艺术字的样式进行自定义，其操作方法如下：

① 选择需要编辑的艺术字。

② 在"绘图工具"栏"格式"选项卡"艺术字样式"组中编辑艺术字，其中包括可设置为预设的艺术字样式，若预设的艺术字样式不满足要求，则可自定义文本填充、文本轮廓和文本效果。其操作与设置形状样式类似，此处不再赘述。

7. 插入公式

Word 2016 提供的公式编辑器可以让用户方便地在文档中建立复杂的数学公式。

插入公式的操作方法如下：

① 将光标定位在需插入公式的位置。

② 单击"插入"选项卡"符号"组中的"公式"下拉按钮，在弹出的下拉列表中单击"内置"列表中需要的公式，此时文档需插入公式的位置会出现一个公式占位符，其中内容为内置列表中所选的公式。

③ 若所需公式不在"内置"列表中，则单击"插入新公式"命令，此时出现"公式工具"栏"设计"选项卡，如图 3-95 所示，并且在需插入公式的位置会出现一个提示内容为"在此处键入公式"的公式占位符。

图 3-95 "公式工具"栏"设计"选项卡

④ 根据需要在功能区上选择相应的模板和符号来构建新公式，文档中的公式占位符中即同步插入所选内容。

⑤ 公式建立好之后，在文档空白区的任意位置单击鼠标，即可退出公式编辑状态完成插入公式的操作。

建立好公式后，如果需要修改公式，可单击该公式，出现该公式的公式占位符，并重新打开"公式工具"栏"设计"选项卡，根据需要进行修改即可。

3.7 文档的输出

建立 Word 文档的主要目的是为了保存和阅读，因此文档建立后，可将文档输出。

3.7.1 页面设置

页面设置是指整个文档页面的布局以及纸张大小的选择。

进行页面设置的操作方法如下：

单击"布局"选项卡"页面设置"组的对话框启动器 ，弹出"页面设置"对话框，如图 3-96

图 3-96 "页面设置"对话框

所示。

　　在"页边距"选项卡中可设置文本与纸张边界的距离以及装订线位置等选项。

　　在"纸张"选项卡中可设置纸张的大小(一般默认为 A4)和打印选项等。

　　在"版式"选项卡中可设置页眉和页脚、页面垂直对齐方式等选项。

　　在"文档网格"选项卡中可设置文档是否有网格以及文字的排列方式等选项。

3.7.2　打印预览与打印输出

　　Word 2016 将打印预览和打印设置合并在了一起,操作方法如下:

　　单击"文件"选项卡中的"打印"命令,此时中间窗格为打印设置,右侧窗格为打印预览,如图 3-97 所示。用户根据需要可对打印纸张、打印页数、边距等选项进行设置。设置完成后单击"打印"按钮即可打印输出。

图 3-97　"打印"命令选项

·习　题　3·

一、单项选择题

1. 下列选项中不能用于启动 Word 2016 的操作是(　　　)。

A. 单击"开始"→"所有程序"→"Microsoft Office"→"Microsoft Word 2016"

B. 单击任务栏中的 Word 快捷方式图标

C. 双击 Windows 桌面上的 Word 快捷方式图标

D. 单击 Windows 桌面上的 Word 快捷方式图标

2. Word 2016 主窗口的标题栏右边显示的按钮　是(　　　)。

A. "关闭"按钮　　　　　　　　　　B. "最小化"按钮

C. "最大化"按钮　　　　　　　　　D. "还原"按钮

3. 在 Word 2016 编辑状态下,对于选定的文本(　　　)。

A. 可以移动,不能复制　　　　　　B. 可以复制,不能移动

C. 可以同时进行移动和复制　　　　D. 可以进行移动或复制

4. 在 Word 2016 中,若要计算表格中某行数值的总和,可以使用的统计函数是(　　　)。

A. Total()　　　　B. SUM()　　　　C. AVERAGE()　　　D. COUNT()

5. 下列选项不属于 Word 2016 窗口组成部分的是(　　　)。

A. 对话框　　　　B. 标题栏　　　　C. 菜单栏　　　　　D. 状态栏

6. 启动 Word 后,打开了一个已有文档 W1.doc,又进行了"新建"操作,则(　　　)。

A. W1.doc 被关闭　　　　　　　　B. W1.doc 和新建文档均处于打开状态

C. "新建"操作失败　　　　　　　　D. 新建文档被打开但 W1.doc 被关闭

7. 在 Word 2016 的编辑状态下,"复制"操作的组合键是(　　　)。

A. Ctrl+A　　　　B. Ctrl+C　　　　C. Ctrl+V　　　　　D. Ctrl+X

8. 在 Word 2016 的编辑状态下,统计文档的字数,需要使用的选项卡是(　　　)。

A. 文件　　　　　B. 开始　　　　　C. 插入　　　　　　D. 审阅

9. 在 Word 2016 的编辑状态下,对于选定的文字不能进行的设置是(　　　)。

A. 动态效果　　　B. 自动版式　　　C. 下划线　　　　　D. 着重号

10. 在 Word 2016 中,下述关于分栏操作的说法中,正确的是(　　　)。

A. 任何视图下均可看到分栏效果

B. 设置的各栏宽度和间距与页面宽度无关

C. 可以将选定的段落分成指定宽度的两栏

D. 栏与栏之间不可以设置分隔线

11. 在 Word 2016 的编辑状态下,当前正在编辑一个新建文档"文档1",当执行"文件"菜单中的"保存"命令时(　　　)。

A. 自动以"文档1"为名存盘　　　　B. 弹出"另存为"对话框,供进一步操作

C. 该"文档1"被存盘　　　　　　　D. 不能以"文档1"存盘

12. Word 2016 不具有的功能是(　　　)。

A. 表格处理　　　B. 绘制图形　　　C. 自动更正　　　　D. 添加动画效果

13. 在 Word 2016 的文档中,选定文档某行内容后,使用鼠标拖动方法将其移动时,配合的键盘操作是(　　　)。

A. 按住 Esc 键　　　　　　　　　　B. 按住 Ctrl 键

C. 不做操作　　　　　　　　　　　D. 按住 Alt 键

二、填空题

1. 在 Word 2016 的编辑状态下,可以进行"拼写和语法"检查的选项在_____选项卡中。

2. 在 Word 2016 的编辑状态下,可以设定表格宽度的命令在_____选项卡中。

3. 在 Word 2016 中,可以显示水平标尺的视图模式有＿＿＿＿＿＿＿＿。

4. 在 Word 2016 的编辑状态下,将鼠标光标指向一中文句子并双击左键,该句子被选中,字体栏显示"黑体",选择"宋体"字体后,再单击,此时该句子的字体应该是＿＿＿＿＿。

第 4 章
电子表格软件 Excel 2016

本章要点：
- ➤ Excel 2016 概述。
- ➤ Excel 2016 的基本操作。
- ➤ Excel 2016 工作表的编辑。
- ➤ Excel 2016 的公式与函数。
- ➤ Excel 2016 的数据管理与数据分析。
- ➤ Excel 2016 图表的操作。
- ➤ Excel 2016 电子表格的输出。

本章主要讲述 Excel 2016 的基本操作、工作表的编辑及格式设置、工作表中公式和函数的基本概念及使用、工作表中数据的管理与分析（包括筛选、排序、数据透视表等）、根据工作表中的数据创建图表并对图表进行格式设置、电子表格的输出等内容。

4.1 Excel 2016 概述

Excel 2016 是微软公司开发的办公软件 Office 2016 的套件之一，是 Office 2016 的重要组成部分，广泛地应用于管理、统计财经、金融等众多领域，使用它可以进行各种数据的处理、统计分析和辅助决策操作。Excel 中包含大量的公式和函数，可以实现许多快速的计算功能，给使用者带来了极大的方便。

4.1.1 Excel 2016 的启动与退出

1. Excel 2016 的启动
启动 Excel 2016 的常用方法主要有以下三种：
- 选择"开始"→"Excel 2016"选项。
- 若计算机桌面有 Excel 2016 的快捷图标 ，则直接双击该图标；若计算机桌面

无 Excel 2016 的快捷图标，可进入软件的安装目录中，找到可执行文件 EXCEL. EXE 并双击对应的图标。

- 双击任意一个已经建立的 Excel 工作簿文件。

2. Excel 2016 的退出

退出 Excel 2016 的常用方法主要有以下三种：

- 在 Excel 2016 窗口中，右击标题栏，在弹出的菜单中单击"关闭"按钮。
- 单击 Excel 2016 窗口右上方的"关闭"按钮 ×。
- 按下组合键 Alt+F4。

4.1.2　Excel 2016 的窗口组成

Excel 2016 窗口主要由快速访问工具栏、标题栏、窗口控制按钮、功能区、编辑栏、编辑区、状态栏等组成，如图 4-1 所示。

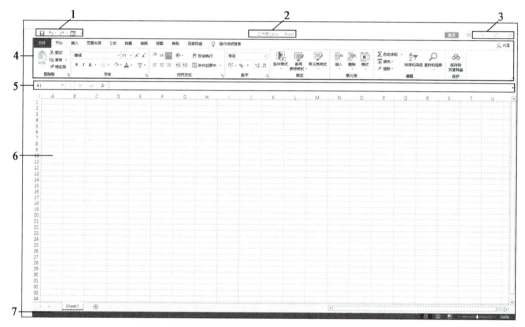

图 4-1　Excel 2016 窗口

1. 快速访问工具栏

快速访问工具栏位于窗口左上角，用于放置常用的命令按钮，使用户能够快速执行常用的命令。默认情况下，"快速访问工具栏"中只有数量较少的命令，用户可以根据需要添加多个自定义命令，操作步骤与 Word 2016 相同，此处不再赘述。

2. 标题栏

标题栏位于窗口的顶部，用于显示当前工作簿文件的名称和软件名称。

3. 窗口控制按钮

窗口控制按钮位于窗口的右上角，包括"登录""功能区显示选项""最小化""最大化/向下还原"及"关闭"三个按钮。"登录"和"功能区显示选项"按钮的功能同 Word 2016，此处不再赘述。单击"最小化"按钮，可以将当前文档最小化为系统任务栏上的一个按钮。在 Excel 2016 窗口处于最大化状态下，可以单击"向下还原"按钮，将 Excel 2016 窗口缩小。在 Excel 2016 窗口处于非最大化状态时，可以单击"最大化"按钮，将 Excel 2016 窗口最大化。单击"关闭"按钮，可以退出 Excel 2016。

4. 功能区

功能区位于标题栏的下方，由多个选项卡组成，包括"文件""开始""插入""页面布局""公式""数据""审阅""视图""帮助"9 个内置的默认选项卡。每个选项卡包含若干个组，每个组由一些功能相近的命令按钮组成。用户可以根据需要添加自定义选项卡和自定义组。

5. 编辑栏

编辑栏位于功能区的下方。编辑栏分为两部分，左侧为名称框，用来显示当前选中单元格的名称，通过名称框还可以选择单元格或单元格区域；在 Excel 2016 中输入和编辑数据时，可以直接在单元格中完成，也可以在编辑栏中进行。

6. 编辑区

编辑栏下方的大片窗口区域称为编辑区或文档窗口，主要由单元格、行号列标、工作表标签和标签滚动条等组成，是输入和处理各种数据的主要区域。

7. 状态栏

状态栏位于窗口的底部，用于显示有关执行过程中的选定命令和操作信息。当选定命令后，状态栏将显示该命令的简单描述。

4.2 Excel 2016 的基本操作

4.2.1 工作簿的基本操作

操作视频

Excel 2016
的基本操作

一个工作簿就是一个 Excel 2016 文件。在使用 Excel 2016 制作电子表格时，首先要建立一个工作簿。一个工作簿可以包含多个工作表，各个工作表是输入、处理数据的主要区域，是主要的操作对象。若将工作簿比作一本书，工作表就相当于书中的每一页。下面就来了解关于这本"书"的基本操作。

1. 创建工作簿

创建工作簿是用 Excel 2016 处理、编辑数据的第一步。用户可以创建一个空白工作簿，也可以利用模板创建具有固定格式的工作簿，或根据已有工作簿来创建工作簿。在启动 Excel 2016 时，在开始界面单击"空白工作簿"即可创建一个名为"工作簿 1"的空白工作簿；在 Excel 2016 已经启动的情况下，创建一个新的工作簿的操作方法如下：

① 单击"文件"选项卡中的"新建"命令，如图 4-2 所示。

② 如果需要创建一个空白工作簿，则单击"空白工作簿"，或按下组合键 Ctrl＋N 来创建。若需要创建其他类型的工作簿，则根据需要选择相应的模板，再双击选中的模板创建或单击模板，弹出该模板介绍页面，再单击"创建"按钮。若需要创建其他模板，可在"搜索联机模板"搜索框内进行搜索，然后创建。

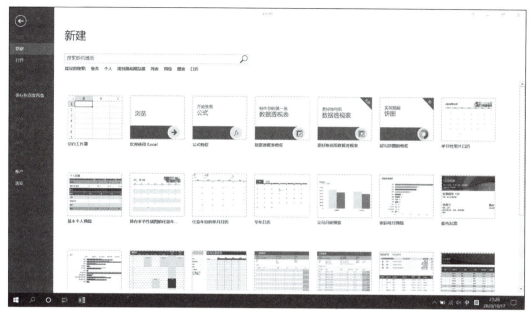

图 4 - 2 单击"新建"命令

2. 保存工作簿

在使用 Excel 2016 进行了数据处理之后，及时保存文件是很有必要的，这样能够防止因为意外情况丢失数据。

（1）保存新建的工作簿

保存新建的工作簿文件，方法有以下三种：

① 单击"文件"选项卡中的"保存"命令。

② 单击"文件"选项卡中的"另存为"命令。

③ 按下组合键 Ctrl＋S。

执行以上操作后，均会切换到"文件"选项卡中的"另存为"命令，单击"浏览"按钮，弹出"另存为"对话框，如图 4 - 3 所示。首先选择文件存储的位置，再在"文件名"组合框中输入文件名，单击"保存"按钮即可。此时，系统默认的文件保存类型是"Excel 工作簿（*.xlsx）"，其扩展名为".xlsx"。

（2）保存已命名的工作簿

对一个已经执行过保存操作的工作簿进行数据修改后，为了把修改后的内容保存下来，可以执行以下几种操作：

① 单击"文件"选项卡中的"保存"命令或按下组合键 Ctrl＋S，此时不会弹出任何对话框，以修改后的工作簿替换原来的工作簿。

② 单击"文件"选项卡中的"另存为"命令，单击"浏览"按钮，此时弹出"另存为"对话框，用户如果需要将修改后的工作簿保存为一个新的文件，则在对话框中选择保存位置，输入文件名，单击"保存"按钮即可；如果需要替换原来的工作簿，则选择原文件，单击"保存"按钮，此时弹出"确认另存为"对话框，如图 4 - 4 所示，单击"是"按钮则执行文件替换操作，单击"否"按钮则取消替换操作。

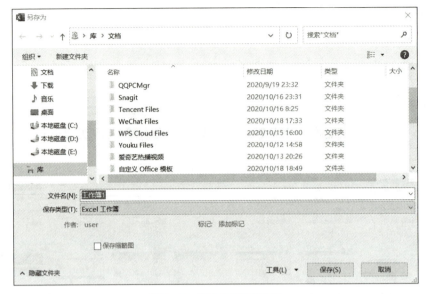

图 4-3 "另存为"对话框

图 4-4 "确认另存为"对话框

3. 打开工作簿

对已经保存的工作簿文件进行修改编辑时，必须先打开该文件。打开已有工作簿的常用方法有以下两种：

① 在 Windows 资源管理器中直接双击要打开的工作簿文件，该文件会随着 Excel 2016 的打开而自动打开。

② 启动 Excel 2016 后，单击"文件"选项卡中的"打开"命令，或者按组合键 Ctrl＋O，单击"浏览"按钮，此时弹出"打开"对话框，如图 4-5 所示，选择要打开的工作簿文件，单

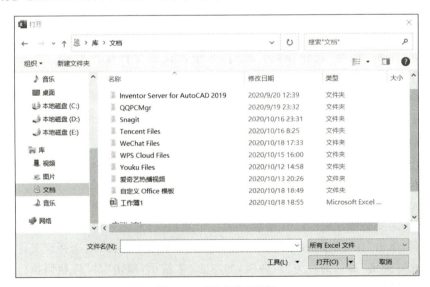

图 4-5 "打开"对话框

击"打开"按钮即可。

4. 关闭工作簿

对工作簿文件操作完毕之后,应该及时将其关闭以节省计算机内存空间。常用的关闭工作簿的方法有以下三种:

① 单击"文件"选项卡中的"关闭"命令。如果在关闭之前没有保存修改过的内容,则系统会弹出一个保存更改确认对话框,如图 4 - 6所示,用户根据实际情况进行选择。

② 按下组合键 Ctrl＋F4。

③ 单击窗口右上角的"关闭"按钮。

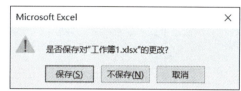

图 4 - 6　保存更改确认对话框

4.2.2　工作表的基本操作

一个工作表是工作簿文件这本"书"的一页,一个工作簿可以有很多个工作表,Excel 2016 中的操作主要是对每一个工作表的操作。

1. 工作表的选定

首先应该了解如何选定所需的工作表,只有先选定了要进行数据处理的工作表,才能进行后续操作。

① 选定单个工作表最常用的方法有以下两种:

● 用鼠标单击工作簿窗口左下角的工作表标签。如果当前工作表个数较多,所需工作表标签没有显示出来,则可以单击工作表标签左侧的标签滚动按钮　◀　▶　…　,使其显示出来。

● 按组合键 Ctrl＋PgUp 或 Ctrl＋PgDn。按组合键 Ctrl＋PgUp 可以选定前一个工作表,按组合键 Ctrl＋PgDn 可以选定后一个工作表。

② 选定多个连续的工作表的操作方法如下:

● 单击需要选定的第一个工作表标签。

● 按下 Shift 键,再单击最后一个需要选定的工作表标签。

③ 选定多个不连续的工作表的操作方法如下:

● 单击需要选定的第一个工作表标签。

● 按下 Ctrl 键,单击其他需要选定的工作表标签。

2. 工作表的插入

默认情况下,一个工作簿有一个工作表,它的名称是 Sheet1。如果不够用,需添加工作表,操作方法如下:

① 选定当前工作表以确定插入位置。

② 单击鼠标右键,在弹出的快捷菜单中选择"插入"命令,弹出"插入"对话框,如图 4 - 7 所示;在"常用"选项卡中选择"工作表",再单击"确定"按钮即可插入工作表。单击"开始"选项卡"单元格"组中的"插入"下拉按钮,在弹出的下拉菜单中选择"插入工作表"命令,或单击工作表标签右侧的"新工作表"图标 ⊕ ,亦可插入新的工作表。

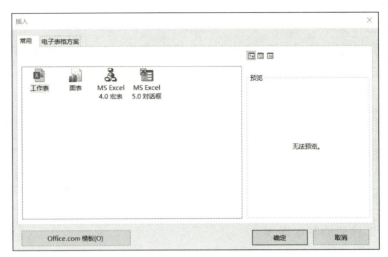

图 4-7 "插入"对话框

3. 工作表的删除

删除工作表的操作方法如下：

① 选定需要删除的工作表。

② 单击"开始"选项卡"单元格"组中的"删除"下拉按钮，在弹出的下拉菜单中选择"删除工作表"命令；或者在需要删除的工作表标签上单击鼠标右键，在弹出的快捷菜单中选择"删除"命令。

4. 工作表的移动和复制

工作表的移动和复制既可以用鼠标操作完成，也可以通过菜单命令实现。相对来说，鼠标操作更简单、快捷。

（1）鼠标操作

选定想要移动的一个或多个工作表，拖曳工作表标签到目的位置即可移动工作表，如图 4-8 所示。

在拖曳工作表的同时按住 Ctrl 键，可以复制工作表。

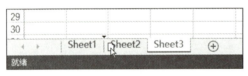

图 4-8 鼠标操作

（2）菜单命令操作

通过菜单命令移动和复制工作表的操作方法如下：

① 选定要移动或复制的一个或多个工作表。

② 单击"开始"选项卡"单元格"组中的"格式"下拉按钮，在弹出的下拉菜单中选择"移动或复制工作表"命令，或右击工作表标签，在弹出的快捷菜单中选择"移动或复制"命令，弹出"移动或复制工作表"对话框，如图 4-9 所示；若需要将工作表移动或复制至其他工作簿中，则在"工作簿"下拉列表框中选择目标工作簿，在"下列选定工作表之前"列表框中选择移动或复制的工作表的目标位置后的工作表标签；若仅移动工作表，则不要选中"建立副本"复选框；若要复制工作表，则选中"建立副本"复选框。最后单击"确定"按钮

即可。

5. 工作表的重命名

每一个工作表都有一个默认的名字。当工作表中存放了数据之后,应该根据其数据的内容和含义取一个有意义的名字,做到"见名知义"。

常用的重命名工作表的方法如下:

● 双击工作表标签。

● 选择工作表标签,单击鼠标右键,在弹出的快捷菜单中选择"重命名"命令。

● 选择工作表标签,单击"开始"选项卡"单元格"组中的"格式"按钮,在弹出的下拉菜单中选择"重命名工作表"命令。

执行以上任一操作,工作表标签会呈阴影显示并处于可编辑状态,直接输入新的名称,按回车键即可。

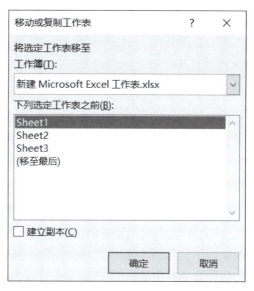

图 4 - 9　"移动或复制工作表"对话框

6. 工作表数据的输入

数据输入是 Excel 2016 最基本的操作,是进行数据处理分析的前提。在输入数据时,可以用键盘直接输入,也可以采用 Excel 2016 的自动填充功能。Excel 2016 支持多种数据类型,不同类型数据的输入格式有所区别。但不管是哪种数据类型,输入前都应先选定单元格,输入完成后一般按回车键确认或移动到下一个单元格。在这里,重点掌握三种数据类型的输入方法:文本、数值、日期和时间。

(1) 文本的输入

Excel 2016 的文本类型数据包括汉字、英文字母、数字符号、空格等各种能从键盘输入的符号。工作表的每一个单元格都有默认的数据格式:"常规"格式,它支持各种数据类型的输入。文本数据输入到单元格中时,默认左对齐。如果在一个单元格中输入的文本数据超过了默认的单元格长度,而右边的单元格中没有数据,则多出的部分延伸到右边的单元格(注意:并没有占据右边单元格的空间);若右边的单元格中有数据,则超出部分不显示。不论是哪种情况,都可以通过调整单元格宽度等方法来让单元格内容显示完整。

(2) 数值的输入

把数值数据输入到单元格中时,默认右对齐,并且一般情况下采用整数或者带小数位数的格式来显示。当数值数据长度超过 12 位时,会自动采用科学计数法表示。如输入"984375142645",则显示为"9.84375E+11"。因此,手机号码、身份证号码等一些由数字组成的数据不要以数值类型输入,而应该以文本数据输入,具体操作方法是在输入这些数据之前,先在单元格中加单引号,如"'13086645864"。

(3) 日期和时间的输入

输入日期类型数据时应按年月日的顺序输入,年月日之间用"/"或"-"作为分隔符,如2005/3/20、2005 - 5 - 21 等。如果省略年份,则系统默认为当前年份。

时间类型数据的输入格式为：hh:mm:ss [am/pm]，如 6:45:50 表示上午 6 点 45 分 50 秒。一般情况下，系统采用 24 小时制。如果想表示下午 6:45:50，则输入 6:45:50 pm 或 18:45:50。

日期和时间类型数据默认也是右对齐。

在工作表中输入数据时，可能会在同一列中输入相同的内容，这时记忆输入功能就发挥作用了，它能给用户的数据输入带来一定的方便。记忆功能的表现形式如下：如果在单元格中输入的起始字符与同列中已有的单元格起始字符相同，则 Excel 2016 会自动填写余下的内容，用户只需按回车键即可。

4.2.3　单元格的基本操作

Excel 2016 的工作表由很多规则的矩形格子组成，这些格子称为单元格，它是工作表的最小单位，是实际输入数据的空间。要进行数据输入，首先必须选定单元格。选定单元格包括选定单个单元格、选定多个连续单元格和选定多个不连续单元格等。在选定的多个单元格中只有一个单元格是激活的，称为活动单元格。

1. 选定单个单元格

用鼠标左键单击目标单元格。

2. 选定多个连续单元格

选定整行(列)时，单击行号(列标)。

选定整个工作表时，单击工作表窗口左上角的全选按钮 ◢。

选定多个连续单元格的常用方法有以下两种：

● 在编辑区按住鼠标左键并拖动，鼠标指针经过的区域即被选中。

● 用鼠标单击要选择区域的起始单元格，按住 Shift 键，再单击该区域结束单元格。

3. 选定多个不连续单元格

按住 Ctrl 键不放，依次单击需要选定的单元格或拖曳鼠标选定需要的单元格区域。

4. 取消选定

单击任意一个单元格即可。

5. 单元格的插入与删除

在工作表中插入或删除单元格时会引起相邻单元格的移动，即相邻单元格的地址会发生变化，在操作时应注意。

(1) 插入单元格

插入单元格的常用方法有以下两种：

● 鼠标右键单击要插入单元格的位置，在弹出的快捷菜单中选择"插入"命令。

● 单击"开始"选项卡"单元格"组中的"插入"下拉按钮，在弹出的下拉菜单中选择"插入单元格"命令。

执行以上任一操作均会弹出"插入"对话框，如图 4-10 所示，用户根据需要选择相应的选项，再单击"确定"按钮即可。同样的操作方法也可插入整行或整列。

图 4 - 10　"插入"对话框

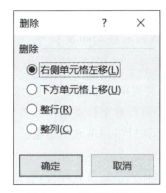

图 4 - 11　"删除"对话框

（2）删除单元格

删除单元格的常用方法有以下两种：

- 鼠标右键单击要删除的单元格，在弹出的快捷菜单中选择"删除"命令。

- 选定要删除的单元格，单击"开始"选项卡"单元格"组中的"删除"下拉按钮，在弹出的下拉菜单中选择"删除单元格"命令。

执行以上任一操作后均会弹出"删除"对话框，如图 4 - 11 所示，根据需要选择相应的选项，再单击"确定"按钮即可。同样的操作方法也可删除对应的行或列。

4.3　工作表的编辑

4.3.1　数据的清除和修改

如果要清除单元格或单元格区域内的数据内容，常用的方法有以下两种：

- 选定目标单元格或单元格区域，然后按 Delete 键。

- 选定目标单元格或单元格区域，单击鼠标右键，在弹出的快捷菜单中选择"清除内容"命令。

这两种方法只清除单元格或单元格区域内的数据内容，对单元格本身并没有任何影响。若要删除单元格的内容及对应的相关属性，则操作方法如下：

① 选定需要删除数据及对应的相关属性的目标单元格或单元格区域。

② 单击"开始"选项卡"编辑"组中的"清除"按钮，在弹出的下拉菜单中选择"全部清除"命令即可。此外还可以根据需要选择"清除格式""清除内容""清除批注""清除超链接"等命令。

如果要修改单元格中的数据，常用的方法有以下两种：

- 双击要修改数据的单元格，这时在单元格中会出现一个光标，然后按照编辑 Word 文档的方法进行操作，最后按回车键确认。

- 选定要修改数据的单元格，单元格的内容就会在编辑栏中显示出来，单击编辑栏即可进行修改。

4.3.2　数据的移动和复制

1. 使用鼠标实现单元格数据的移动或复制

使用鼠标实现单元格数据移动或复制的操作方法如下：

① 选定要进行数据移动的单元格或单元格区域。

② 将鼠标指针指向单元格边框或单元格区域边框，这时鼠标指针变成左上箭头加十字形四向箭头。

③ 拖曳鼠标到目标位置即可；若数据需要复制，则在拖曳鼠标的同时按住 Ctrl 键。

2. 使用命令实现单元格数据的移动或复制

使用命令实现单元格数据移动或复制的操作方法如下：

① 选定要进行数据移动的单元格或单元格区域。

② 单击"开始"选项卡"剪贴板"组中的"复制"或"剪切"命令，或单击鼠标右键，在弹出的快捷菜单中选择"复制"或"剪切"命令。

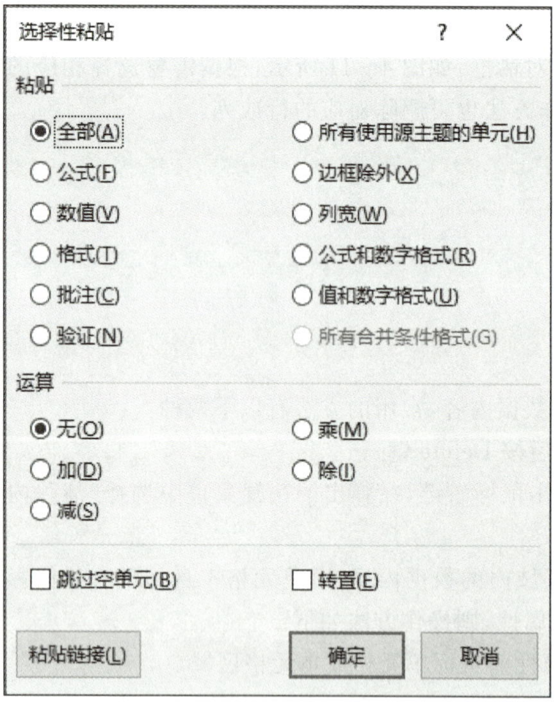

③ 单击目标单元格，然后单击"开始"选项卡"剪贴板"组中的"粘贴"命令，或单击鼠标右键，在弹出的快捷菜单中选择"粘贴"命令。

3. 复制单元格中的特定内容

若想只复制单元格中的某些特定内容（如格式、批注、公式等），可按以下方法进行操作：

① 选定要进行特定内容复制的单元格或单元格区域。

② 单击"开始"选项卡"剪贴板"组中的"复制"命令，或单击鼠标右键，在弹出的快捷菜单中选择"复制"命令。

③ 单击目标单元格，然后单击"开始"选项卡"剪贴板"组中的"粘贴"下拉按钮，在弹出的菜单中选择"选择性粘贴"命令，此时弹出"选择性粘贴"对话框，如图 4-12 所示，根据需要选择粘贴选项，再单击"确定"按钮。

图 4-12　"选择性粘贴"对话框

4.3.3　自动填充与序列的输入

如果输入的数据是有规律的，那么可以采用 Excel 2016 的自动填充功能，提高工作效率。

自动填充和序列的输入只能在一行或一列的连续单元格中实现。自动填充是根据初始值决定下面填充数据的。单击初始值所在的单元格并将鼠标指针移到该单元格的右下角(也就是填充柄的位置),这时鼠标指针会变成实心十字形,拖动鼠标到想要填充的最后一个单元格,即可完成自动填充。在实际操作中,根据初始单元格中数据内容的不同,其表现形式会有所差异。

1. 使用填充柄填充单元格数据

使用填充柄填充单元格数据只能在连续的单元格中进行,其操作方法如下:

① 选定一个单元格或单元格区域。

② 将鼠标移至选中单元格或单元格区域的右下角小方块(即为填充柄)处,鼠标指针变为实心十字形,此时按下鼠标左键拖动填充柄即可实现数据的自动填充。

在实际操作中,根据初始单元格中数据内容的不同,填充的方式有所差异。下面分别来介绍一下。

● 初始值为数字时,直接拖动填充柄相当于复制操作,如果在拖动鼠标时按住 Ctrl 键不放,则数字会依次递增。

● 初始值为纯字符时,不管按不按住 Ctrl 键,拖动填充柄时都将实现复制操作。

● 初始值为文字和数字的组合时,则拖动填充柄时字符保持不变,数字依次递增。例如,初始值为 X1,自动填充为 X2、X3、X4⋯

2. 使用对话框填充数据序列

(1) 填充已定义数据序列

填充已定义数据序列的操作方法如下:

① 在需要填充数据序列的单元格区域的第一个单元格中输入序列的第一个数值或文字。

② 选定需要填充数据序列的单元格区域。

③ 单击"开始"选项卡"编辑"组中的"填充"下拉按钮,在弹出的下拉菜单中选择"序列"命令,弹出"序列"对话框,如图 4 - 13 所示,根据需要选择序列产生的位置与类型等选项。

(2) 填充自定义数据序列

① 首先必须定义所需要的数据序列,其操作方法如下:

● 单击"文件"选项卡中的"选项"命令,弹出"Excel 选项"对话框。

● 在左侧的列表框中选择"高级"选项卡,然

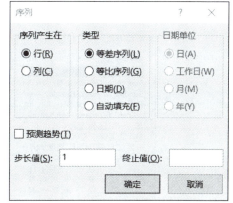

图 4 - 13 "序列"对话框

后单击右侧列表框"常规"组中的"编辑自定义列表"按钮,如图 4 - 14 所示,弹出"自定义序列"对话框,如图 4 - 15 所示。

● 在"输入序列"列表框中输入所需要的序列(如星期一、星期二、星期三、星期四、星期五),每输入一个序列项之后按回车键,然后再输入下一序列项,输入完成后单击"添加"按钮,最后单击"确定"按钮,完成自定义序列。

② 填充自定义数据序列的操作方法如下:

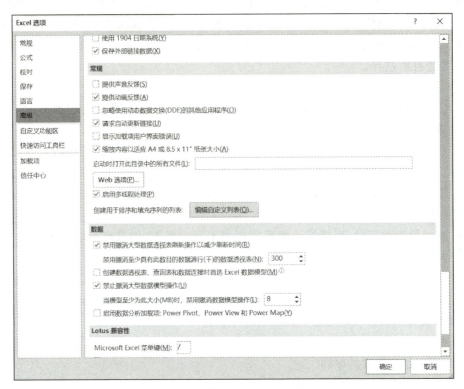

图 4-14 "编辑自定义列表"按钮

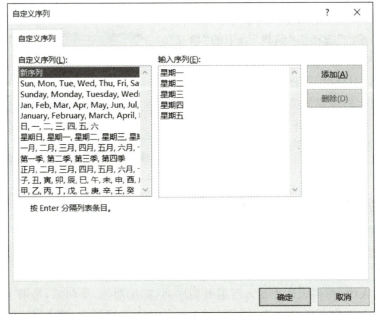

图 4-15 "自定义序列"对话框

● 在需要填充数据序列的单元格区域的第一个单元格中输入自定义序列的第一项。

● 拖动填充柄便可完成自定义序列的填充。

4.3.4　单元格地址的引用

在公式中经常会引用单元格地址,实质上是为了引用单元格中的数据,这样做能给用户分析、处理数据提供方便,因为单元格中的数据发生改变时,并不会影响所使用的公式,但公式的计算结果会随之变化。在 4.3.3 节中讲到,为了快捷方便地输入有规律的数据,可以使用 Excel 的自动填充功能,那么,如果要输入大量有规律的公式时,能不能也用自动填充功能来实现呢? 答案是肯定的。在公式中引用单元格地址的方式有两种:相对引用和绝对引用。

1. 相对引用

相对引用就是在用鼠标拖动公式所在单元格的填充柄时,公式中引用的单元格地址相应地发生变化。以统计员工的工资总计为例讲解公式中单元格地址的相对引用。为了得到第一个员工的工资总计,可以在 D2 单元格中输入公式"＝B2＋C2",按回车键后得到其总计为 2 200,如图 4－16 所示。对于以下员工,因为所使用的公

图 4－16　输入计算第一个员工工资总计的公式

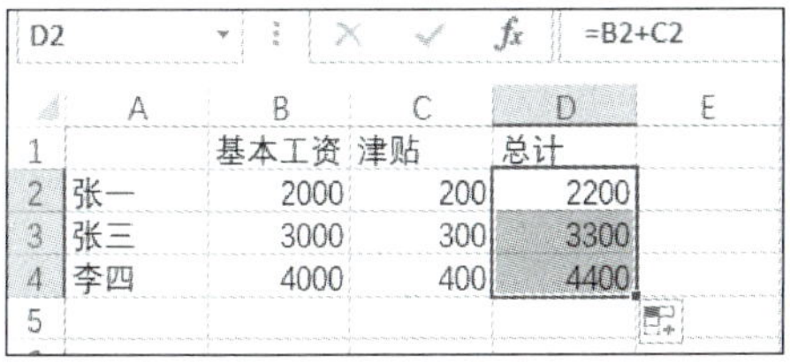

式具有相同的规律,所以不必再一一输入,只需用鼠标拖动 D2 单元格右下角的填充柄至最后一个员工的总计单元格即可,操作完成后如图 4－17 所示。请注意观察如图 4－18 所示 D4 单元格显示在编辑栏中的公式信息,并与图 4－16 中 D2 单元格显示在编辑栏中的公式信息相比较。

图 4－17　拖动填充柄进行自动填充 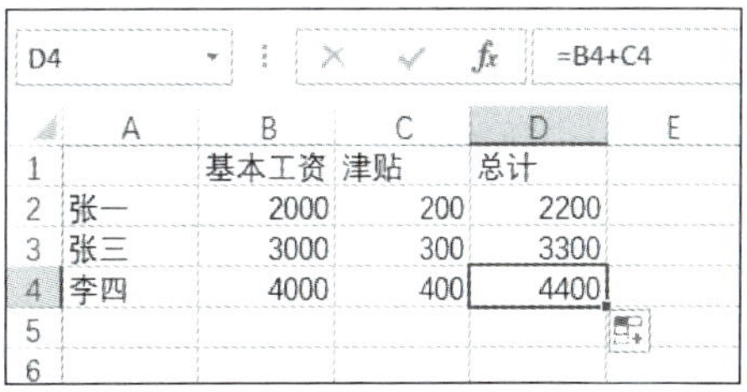　　　　图 4－18　观察公式信息

2. 绝对引用

绝对引用就是鼠标拖动公式所在的单元格时,公式中引用的单元格地址的行号和列标分别用 $ 符号锁定,不随之发生变化。以计算学生平时成绩(假设平时成绩为总成绩的 30%)为例讲解公式中单元格地址的绝对引用。在 D2 单元格中输入公式"＝B2 ＊C2"后,操作过程与相对引用一样,读者通过观察如图 4－19、图 4－20 所示编辑栏中的公式信息变化,来领会绝对引用的作用和实质。特别是要注意 $ 符号在绝对引用中所起的作用,思考:如果只在行号或列标前加 $ 符号会出现什么样的情况?

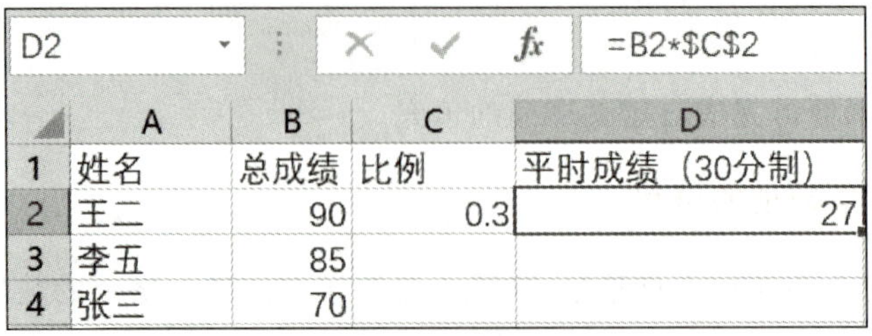

| D2 | | | × | ✓ | f_x | =B2*C2 |

▲	A	B	C	D
1	姓名	总成绩	比例	平时成绩（30分制）
2	王二	90	0.3	27
3	李五	85		
4	张三	70		

图 4-19　绝对引用图（一）

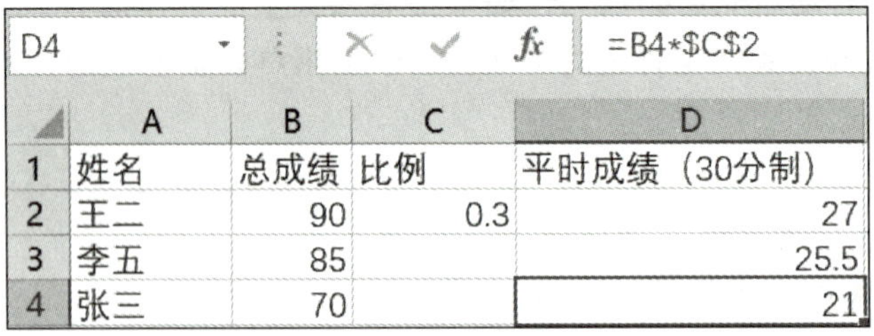

| D4 | | | × | ✓ | f_x | =B4*C2 |

▲	A	B	C	D
1	姓名	总成绩	比例	平时成绩（30分制）
2	王二	90	0.3	27
3	李五	85		25.5
4	张三	70		21

图 4-20　绝对引用图（二）

4.3.5　查找与替换

查找功能可以使用户在工作表中快速查看到所需的数据，替换功能可以在找到数据后将其替换成用户设定的数据。

为了快速或批量地修改数据的格式或内容，常常需要应用查找与替换功能。

1. 单元格数据的查找

对单元格数据进行查找的操作方法如下：

① 选定数据查找区域（如果查找区域是整张工作表，只需单击其中任意一个单元格即可）。

② 单击"开始"选项卡"编辑"组中的"查找和选择"下拉按钮，在弹出的下拉菜单中选择"查找"命令，弹出"查找和替换"对话框，在"查找"选项卡中，根据需要进行相关选项的设置，如图 4-21 所示。

图 4-21　"查找"选项卡

2. 单元格数据的替换

对单元格数据进行替换的操作方法如下：

① 选定数据查找区域（如果查找区域是整张工作表，只需单击其中任意一个单元格即可）。

② 单击"开始"选项卡"编辑"组中的"查找和选择"按钮，在弹出的下拉菜单中选择"替换"命令，弹出"查找和替换"对话框，在"替换"选项卡中，根据需要进行相关选项的设置，如图 4 - 22 所示。

图 4 - 22 "替换"选项卡

4.3.6 行高和列宽的设置

在新建的工作簿文件中，工作表的单元格有默认的行高和列宽，但其大小并不能满足所有的需求，因此单元格的行高和列宽可能会根据实际情况进行调整。

1. 设置行高

设置行高的操作方法如下：

① 选定需设置行高的行。

② 单击"开始"选项卡"单元格"组中的"格式"下拉按钮，在弹出的下拉菜单中选择"行高"命令，弹出"行高"对话框，如图 4 - 23 所示。

③ 在"行高"文本框中输入要设定的行高数值，单击"确定"按钮。

图 4 - 23 "行高"对话框

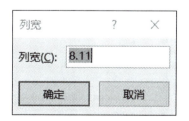

图 4 - 24 "列宽"对话框

2. 设置列宽

设置列宽的操作方法如下：

① 选定需设置列宽的列。

② 单击"开始"选项卡"单元格"组中的"格式"下拉按钮,在弹出的下拉菜单中选择"列宽"命令,弹出"列宽"对话框,如图 4-24 所示。

③ 在"列宽"文本框中输入要设定的列宽数值,单击"确定"按钮。

3. 利用鼠标设置行高和列宽

也可以用鼠标拖动的方式实现行高和列宽的调整,操作方法如下:

① 将鼠标指针移动到需改变行高(列宽)的行(列)的下(右)分隔线处,这时鼠标指针会变成"╋"或"╉"状。

② 向下拖动行高增加,向上拖动行高减小;向右拖动列宽增加,向左拖动列宽减小。用这种方法拖动鼠标到合适位置即可。

4.3.7 单元格数据格式的设置

单元格中数据的格式设置主要针对最常见的三种数据类型:字符、数字、日期和时间。

1. 字符格式设置

操作方法如下:

① 选定单元格或单元格区域。

② 单击"开始"选项卡"单元格"组中的"格式"下拉按钮,在弹出的下拉菜单中选择"设置单元格格式"命令,在弹出的"设置单元格格式"对话框中选择"字体"选项卡,如图 4-25 所示。在该对话框中可分别选择设置字体、字形、字号、颜色等格式,单击"确定"按钮。

图 4-25 "字体"选项卡

2. 数字格式设置

数字格式设置实际上是将一个数字用不同的形式来表示,如科学计数法、分数等,操作方法如下:

① 选定单元格或单元格区域。

② 单击"开始"选项卡"数字"组的对话框启动器 ,弹出"设置单元格格式"对话框并显示"数字"选项卡,如图 4 – 26 所示。

图 4 – 26 "数字"选项卡

③ 在"分类"列表框中选择"数值""货币"等数字格式,再在右边的选项中进行详细的设置,单击"确定"按钮。

4.3.8 自动套用格式

在 Excel 2016 中,用户除了能根据自己的需要设置格式之外,还可以套用 Excel 2016 提供的多种定义好的工作表格式,并且在套用格式时,可以整个套用,也可以部分套用。套用格式的操作方法如下:

① 选定单元格区域。

② 单击"开始"选项卡"样式"组中的"套用表格格式"下拉按钮,在弹出的下拉列表中单击需要应用的样式。

③ 若对已有样式不满意,可在下拉列表中单击"新建表格样式"命令,弹出"新建表样式"对话框,如图 4 – 27 所示。根据需要输入样式名称,选择对应的表元素,单击"格式"按

钮,打开"设置单元格格式"对话框,如图 4-28 所示,用户根据需要进行相应格式的设置,单击两次"确定"按钮。

图 4-27　"新建表样式"对话框

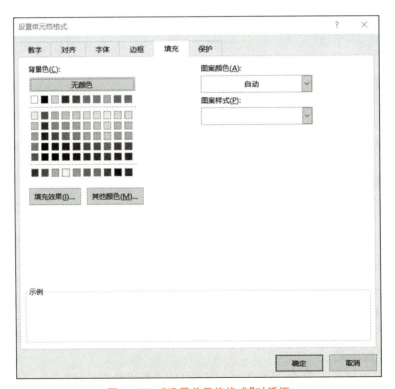

图 4-28　"设置单元格格式"对话框

4.3.9　编辑工作表

本小节主要介绍工作表其他格式的设置方法,通过这些格式的设置可以使用户在操作 Excel 2016 时更方便快捷,也能进一步满足用户的实际需要。

1. 设置单元格边框

在 Excel 2016 窗口中显示的网格线是为了方便用户输入、编辑数据而预设的,实际上并不存在,也就是说当用户打印工作表时,这些网格线不会被打印出来,用户必须自己为工作表设置边框,否则打印出来的工作表是一张无框线的表格。设置单元格边框的操作方法如下:

① 选定要添加边框的区域。

② 单击“开始”选项卡“单元格”组中的“格式”下拉按钮,在弹出的下拉菜单中选择“设置单元格格式”命令,在弹出的“设置单元格格式”对话框中选择“边框”选项卡,如图4-29 所示,用户根据需要进行相应设置。

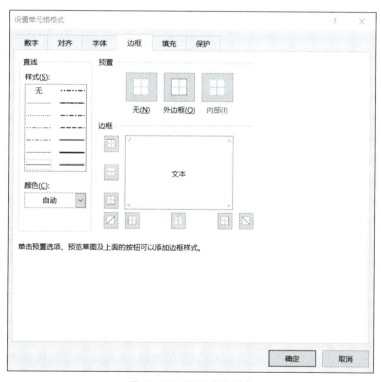

图 4-29　“边框”选项卡

2. 设置单元格底纹

如果想使自己设计的表格更加美观,更具有特色,可以适当加上一些底纹或图案。操作方法如下:

① 选定要添加底纹的单元格区域。

② 单击“开始”选项卡“单元格”组中的“格式”下拉按钮,在弹出的下拉菜单中选择

"设置单元格格式"命令,在弹出的"设置单元格格式"对话框中选择"填充"选项卡,如图 4－30 所示,然后根据需要进行相应设置。

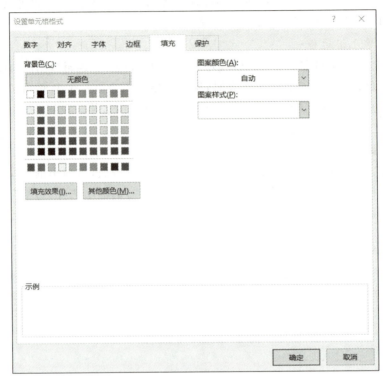

图 4－30 "填充"选项卡

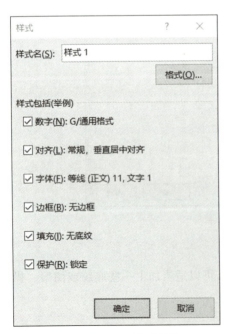

图 4－31 "样式"对话框

3. 创建和使用样式

如果已经对某个单元格区域设置了比较复杂的格式,而且这种格式在以后还会经常使用,可以把它创建为固定的样式。

(1) 创建样式

创建样式的操作方法如下:

① 选定作为样式的单元格区域。

② 单击"开始"选项卡"样式"组中的"单元格样式"下拉按钮,在弹出的下拉菜单中选择"新建单元格样式"命令,弹出"样式"对话框,如图 4－31 所示,根据需要选择相应的选项。若需要设置格式,可单击"格式"按钮,在弹出的"设置单元格格式"对话框中进行设置,设置完成后,单击"确定"按钮。

(2) 使用样式

样式包括内置样式和自定义样式,内置样式是 Excel 内部定义的样式,用户可以直接使用;自定义样式是用户自己定义的样式,一旦定义完成便可使用。

使用样式的操作方法如下:

① 选定需要应用样式的单元格或单元格区域。

② 单击"开始"选项卡"样式"组中的"单元格样式"下拉按钮,在弹出的下拉列表中单击需要应用的样式。

4. 数据对齐方式

根据用户的需要,有时需要改变数据在单元格中的对齐方式。对齐方式分为水平对齐和垂直对齐两种。水平对齐是指单元格内容相对于单元格左边或右边对齐,垂直对齐是指单元格内容相对于单元格顶部或底部对齐。

设置单元格数据对齐方式的操作方法主要有以下两种:

● 先选定要重新设置对齐方式的单元格或单元格区域,然后根据用户需要单击"开始"选项卡"对齐方式"组中的相应对齐按钮 。

● 先选定要重新设置对齐方式的单元格或单元格区域,单击"开始"选项卡"单元格"组中的"格式"下拉按钮,在弹出的下拉菜单中选择"设置单元格格式"命令,在弹出的"设置单元格格式"对话框中选择"对齐"选项卡,如图 4 - 32 所示,用户根据需要进行相应设置。

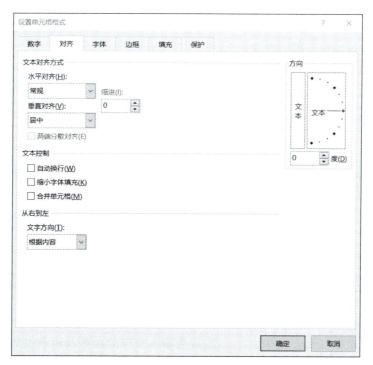

图 4 - 32 "对齐"选项卡

5. 合并及居中

合并及居中是指将选定单元格区域合并成一个单元格,并将单元格区域左上角的单元格内容放置在合并后的单元格中间。操作方法如下：

① 选定要合并的单元格区域。

② 单击"开始"选项卡"对齐方式"组中的"合并后居中"按钮 ⊞合并后居中 ▾；或单击鼠标右键，在弹出的快捷菜单中选择"设置单元格格式"命令，此时弹出"设置单元格格式"对话框，选择"对齐"选项卡，勾选"文本控制"组中的"合并单元格"复选框，并分别设置"水平对齐"和"垂直对齐"选项。

4.4 公式与函数

Excel 2016 提供了强大的计算功能，而公式与函数便是其中非常重要的组成部分，通过公式与函数，让数据分析和处理变得更加方便简单。

4.4.1 公式

通常公式是单个或多个函数的结合运用。使用公式时必须以等号"＝"开始，其后由函数、数据、运算符等组成。

以公式"＝AVERAGE(A1:D1)＊5－E2"为例，它要以等号"＝"开始，其右侧可以包括函数、引用、运算符和常量。上式中的"AVERAGE(A1:D1)"是函数，"E2"是对单元格 E2 的引用(使用其中存储的数据)，"5"是常量，"＊"和"－"是算术运算符(另外还有比较运算符、文本运算符和引用运算符)。

举例：若要计算 A1、A2、B1、B2、C1、C2 共 6 个单元格内数据的算术平均值，并将平均值存入 D2 单元格中，则可在 D2 单元格中输入公式"＝AVERAGE(A1:C2)"或"＝SUM(A1:C2)/6"。

4.4.2 函数

Excel 中的函数其实是一些预定义的公式，它们使用一些称为参数的特定数值按特定的顺序或结构进行计算。用户可以直接用它们对某个区域内的数值进行一系列运算，如求和、计算平均值、排序显示和运算文本数据等。例如，SUM 函数对单元格或单元格区域进行求和运算。

1. 函数的插入

在 Excel 中，插入函数常用的方法有直接输入法及粘贴函数法。

① 采用直接输入法插入函数的操作如下：

● 选定需要插入函数的单元格。

● 在单元格中首先输入等号"＝"，然后再输入相应的函数及函数参数。如"＝MAX(A1:A10)"表示取 A1 至 A10 共 10 个单元格中的最大值。

● 完成输入后，按回车键。

② 采用粘贴函数法插入函数的操作如下：

● 选定需要插入函数的单元格。

● 单击编辑栏上的"插入函数"按钮 f_x ，或单击"公式"选项卡"函数库"组中的"插入函数"按钮，弹出"插入函数"对话框，如图 4-33 所示。

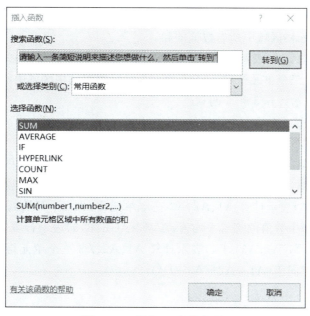

图 4-33　"插入函数"对话框

● 在"选择函数"列表框中找到需要的函数（以 SUM 函数为例），单击"确定"按钮，弹出"函数参数"对话框，如图 4-34 所示。

图 4-34　"函数参数"对话框

● 分别在对应参数的文本框中输入参数，单击"确定"按钮。每个参数都可以是单元格区域、单元格引用、数组、常量、公式或另一个函数的结果。

2. 常用函数简介

Excel 2016 提供了大量的函数,下面主要介绍其中的一些常用函数的含义及其用法。

(1) SUM 函数

语法:SUM(number1,number2,…)

功能:计算单元格区域中所有数值的和。

举例:SUM(A1,A3)表示计算 A1 和 A3 两个单元格中数值的和,SUM(A1:A3)表示计算 A1、A2、A3 三个单元格(即 A1 开始、A3 结束的单元格区域中所有单元格)中数值的和,SUM(3,5)表示计算 3 和 5 的和。

(2) AVERAGE 函数

语法:AVERAGE(number1,number2,…)

功能:计算参数的算术平均值,参数可以是数值或包含数值的名称、数组或引用。

举例:AVERAGE(A1,A3)表示计算 A1 和 A3 两个单元格中数值的算术平均值;AVERAGE(A1:A3)表示计算 A1、A2、A3 三个单元格(即 A1 开始到 A3 结束的单元格区域中所有单元格)中数值的算术平均值;AVERAGE(3,5)表示计算 3 和 5 的算术平均值;AVERAGE(SUM(A1:A3),D4)表示计算 A1、A2、A3 三个单元格的总和与 D4 单元格的算术平均值,等同于(A1+A2+A3+D4)/2。

(3) IF 函数

语法:IF(logical_test,value_if_true,value_if_false)

功能:判断条件是否满足,如果满足返回一个值,如果不满足则返回另一个值。

举例:IF(A1>60,"及格","不及格")表示如果 A1 单元格中的数值大于 60,则返回"及格",否则返回"不及格",此公式可用于判断学生的成绩是否及格。

(4) COUNT 函数

语法:COUNT(value1,value2,…)

功能:计算包含数字的单元格及参数列表中的数字的个数。

举例:若工作表中数据如图 4-35 所示,则函数 COUNT(A1:B3)表示计算从 A1 开始到 B3 结束的单元格区域内单元格中值为数字的单元格个数,结果为 2,即只有 A1 和 B2 两个单元格的数值为数字;函数 COUNT(A1:B3,10,你好)的返回值为 3。

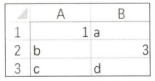

图 4-35　COUNT 函数举例图

(5) MAX 函数

语法:MAX(number1,number2,…)

功能:返回一组数据中数值的最大值,忽略逻辑值、文本等非数值参数。

举例:以图 4-35 为例,MAX(A1:B3)的运行结果为 3,此时忽略了 A2、A3、B1、B3 四个单元格中的文本;MAX(A1:B3,15)的运行结果为 15,表示返回 1、3、15 三个数值中的最大值。

(6) MIN 函数

语法:MIN(number1,number2,…)

功能:返回一组数据中数值的最小值,忽略逻辑值、文本等非数值数据。

举例：以图 4 - 35 为例，MIN(A1:B3)的运行结果为 1，此时忽略了 A2、A3、B1、B3 四个单元格中的文本。

（7）RADIANS 函数

语法：RADIANS(angle)

功能：将角度转为弧度。

举例：RADIANS(90)结果约为 1.57，即 90 度角对应的弧度值。

（8）SIN 函数、COS 函数

语法：SIN(number)、COS(number)

功能：返回给定角度的正弦值或余弦值，其中 number 是以弧度表示的角度。

举例：SIN(RANDIANS(0))表示 0 度的正弦值，结果为 0；COS(RANDIANS(0))表示 0 度的余弦值，结果为 1。

（9）SUMIF 函数

语法：SUMIF(range, criteria, sum_range)

功能：对满足条件的单元格求和。

参数说明：range 表示要进行条件判断的单元格区域；criteria 表示以数字、表达式或文本形式定义的条件；sum_range 表示用于求和计算的实际单元格，如果省略，将使用进行判断的单元格区域中的单元格进行求和计算。

举例：若工作表中的数据如图 4 - 36 所示，则 SUMIF(A2:A6,"计算机应用",B2:B6)表示计算 A2 至 A6 单元格区域中"专业名称"为"计算机应用"的"人数"总和，即 B2+B4+B6，结果为 79。

	A	B
1	专业名称	人数
2	计算机应用	30
3	计算机信息管理	5
4	计算机应用	25
5	计算机软件	40
6	计算机应用	24

图 4 - 36　SUMIF 函数举例图

（10）PMT 函数

语法：PMT(rate, nper, pv, [fv], [type])

功能：基于固定利率及等额分期付款方式，计算贷款的每期偿还额。

参数说明：rate 表示贷款利率，例如，当利率为 7％时，使用 7％/12 计算一个月的还款额；nper 表示该项投资或贷款的付款总期数；pv 表示从该项投资或贷款开始计算时已经入账的款项，或一系列未来付款当前值的累积和，即本金；fv 表示未来值，或在最后一次付款后可以获得的现金余额，如果忽略，则认为此值为 0；type 为逻辑值 0 或 1，用以指定付款时间在期初还是期末，如果为 1，则付款在期初，如果为 0 或忽略，则付款在期末。

举例：计算基于等额还款方式的情况下，贷款 30 万，利率为 7.05％，还款期为 20 年的条件下，每月所偿还的金额。

解答：函数应为 PMT(7.05％/12,240,300 000)，结果为¥-2,334.91。

（11）DATE 函数、TIME 函数

语法：DATE(year, month, day)、TIME(hour, minute, second)

功能：返回在 Microsoft Office Excel 日期时间参数中代表日期的数字。

参数说明：year 为介于 1 900 和 9 999 之间的数字。month 代表月份的数字，其值为

1~12,如果所输入的月份大于12,将从指定年份的一月份执行加法运算。day 代表一个月中第几天的数字,其值为 1~31 之间,如果 day 大于该月份的最大天数时,将从指定月份的第一天开始往上累加。hour 代表小时数,其值为 0~23 的数字。minute 表示分钟数,其值为 0~59 的数字。second 表示秒数,其值为 0~59 的数字。

举例:DATE(2021,2,20)的返回结果为 2021/2/20 或 41 325(单元格类型为数值);TIME(11,20,12)的运行结果为 11:20 AM 或 0.472 361 111(单元格类型为数值)。

（12）YEAR 函数、MONTH 函数、DAY 函数、HOUR 函数、SECOND 函数、MINUTE 函数

语法:函数名(serial_number)

功能:分别返回年、月、日、时、分、秒的数值。

举例:YEAR("2021-2-24")的运行结果为 2021,MONTH("2021-2-24")的运行结果为 2,DAY("2021-2-24")的运行结果为 24,HOUR("16:30:30")的运行结果为 16,MINUTE("16:30:10")的运行结果为 30,SECOND("16:30:10")的运行结果为 10。

（13）NOW 函数、TODAY 函数

语法:NOW()、TODAY()

功能:返回日期时间格式的当前日期和时间;返回日期格式的当前日期。

举例:NOW()在当前状态下的运行结果为 2021-2-24 11:02,TODAY()的运行结果为 2021/2/24。

（14）PRODUCT 函数

语法:PRODUCT(number1, number2,...)

功能:计算所有参数的乘积。

举例:PRODUCT(2,3)的运行结果为 6,即 2 乘以 3。

（15）POWER 函数

语法:POWER(number, power)

功能:返回某数的乘幂。

参数说明:number 代表底数,取值为任何实数,power 为幂值。

举例:POWER(2,3)的运行结果为 8,即 2 的 3 次幂。

（16）ABS 函数

语法:ABS(number)

功能:返回给定数值的绝对值,即不带符号的数值。

举例:ABS(-5.3)的运行结果为 5.3,即-5.3 的绝对值。

（17）INT 函数

语法:INT(number)

功能:将数值向下取整为最接近的整数。

举例:INT(3.2)及 INT(3.7)的运行结果均为 3。

（18）STDEV 函数

语法:STDEV(number1, number2,...)

功能：估算基于给定样本的标准偏差(忽略样本中的逻辑值及文本)。

举例：若工作表中的数据如图 4-37 所示,计算该班学生成绩的标准偏差并将结果存入 B7 单元格。可在 B7 单元格中输入"=STDEV(B2:B6)",计算结果为 11.379 81。

(19) TEXT 函数

语法：TEXT(value,format_text)

功能：根据指定的数值格式将数字转换成文本。

举例：TEXT(5,"¥0.00")的运行结果为¥5.00。

(20) LEN 函数

语法：LEN(text)

功能：返回文本字符串中的字符个数。

举例：LEN("ABCD")的运行结果为 4。

	A	B
1	姓名	成绩
2	张一	70
3	张三	75
4	李四	87
5	王五	90
6	陈李	98

图 4-37　STDEV 函数举例图

(21) LOWER 函数、UPPER 函数

语法：LOWER(text)、UPPER(text)

功能：LOWER 函数用于将一个文本字符串的所有字母转换为小写形式,UPPER 函数用于将一个文本字符串的所有字母转换为大写形式。

举例：LOWER("I'm a teacher")的运行结果为 i'm a teacher,UPPER("I'm a teacher")的运行结果为 I'M A TEACHER。

(22) AND 函数、OR 函数

语法：函数名(logical1, logical2, ...)

功能：AND 函数用于检查是否所有参数均为 TRUE,如果所有参数均为 TRUE,则返回 TRUE,否则返回 FALSE。OR 函数的任一参数值为 TRUE 时返回 TRUE,只有当所有参数值均为 FALSE 时才返回 FALSE。

举例：AND(TRUE,0,1,0)的运行结果为 FALSE, OR(TRUE,0,1,0)的运行结果为 TRUE。

(23) TRUE 函数、FALSE 函数

语法：函数名()

功能：分别返回逻辑值 TRUE 或 FALSE。

(24) NOT 函数

语法：NOT(logical)

功能：对参数的逻辑值求反。

举例：NOT(TRUE)的运行结果为 FALSE,NOT(FALSE)的运行结果为 TRUE。

Excel 2016 提供的函数还有很多,限于篇幅,本书中只是介绍了其中的一部分,其余部分函数的使用方法请参阅 Excel 2016 的帮助文档。

4.5 数据管理与数据分析

4.5.1 数据管理与数据分析概述

通过前面的介绍,在 Excel 2016 中可以方便快捷地输入数据,但对用户来说,重点是对输入的数据进行管理和分析,以得到有价值的信息。因此,微软公司在开发这套软件时也想到了这点,赋予了 Excel 2016 强大的数据管理功能,以满足用户的需要。

数据管理是指对数据进行排序、筛选、分类汇总等操作。合理运用数据管理功能,用户可以很容易地对工作簿文件中的大量数据进行符合自己需要的各种操作。比如,当前工作表中存放的是大量学生的期末考试成绩,而用户现在需要了解各科成绩的第一名是哪些学生,怎么办呢?利用 Excel 2016 提供的排序功能,只需对每门课程的成绩按降序排列即可,而不必花费大量的时间和精力在如此多的数据中一个一个地找,并且这样还很容易出错。因此,数据管理功能是 Excel 2016 必不可少的组成部分,也是用户很有必要掌握的知识。

数据分析是指用适当的统计方法对收集来的大量数据进行分析,以求最大化地利用数据资料的价值,是为了提取有用信息和形成结论而对数据加以详细研究和概括总结的过程。

4.5.2 数据记录单

记录单就是数据清单,又称为工作表数据库,它是一张二维表。记录单与 Excel 2016 中的一般表格的主要区别在于:记录单必须有列名,每一列必须是同类型数据。它是一种特殊的工作表,把一列称为一个字段,列名称为字段名,一行称为一条记录,这和关系数据库中表的基本概念是一致的,因此可以在记录单上执行数据库管理功能,给处理分析数据带来极大的方便。

① 要使用记录单强大的数据管理功能,首先必须创建记录单。创建记录单的方法和一般表格是一样的,只是在创建的过程中应注意以下几点:

- 一个工作表中最好只建立一个记录单。
- 在记录单和工作表的其他数据之间至少空一行或一列。
- 记录单中最好不要有空行或空列。
- 记录单中的第一行必须是字段名,且只能是文本类型,各个字段名必须不同。
- 字段名和记录之间不能有空行。

② 记录单创建好之后就可以对它进行操作了。对于一些基本操作,如浏览、修改、添加、删除和查找等,可以采用和一般表格相似的方法,但最好是用记录单特有的操作方式。操作方法如下:

- 首先将"记录单"命令添加到快速访问工具栏中,操作步骤为,在快速访问工具栏中单击"自定义快速访问工具栏"下拉按钮,在弹出的下拉列表中单击"其他命令"命令,弹出 Excel 选项对话框,单击"从下列位置选择命令"下拉列表框,选择"不在功能区的命令",在下面列表框中选择"记录单",单击添加按钮,"记录单"即被添加至右侧"自定义快速访问工具栏"中,单击"确定"按钮完成添加。

- 选定需要创建记录单的任一单元格。
- 单击"快速访问工具栏"中的"记录单"按钮■,此时弹出记录单对话框,如图 4-38 所示,根据需要进行记录的新建、删除、查看上一条或下一条等操作。

4.5.3 数据的排序

排序是进行数据管理的重要功能之一,它根据某列中的数据内容重新排列记录单中的行,使用户获得自己需要的信息组合。Excel 2016 中的排序主要有两种,这里分别予以介绍。

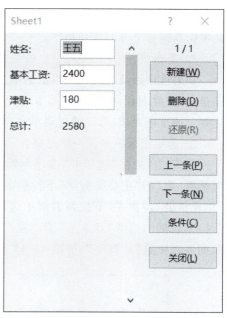

图 4-38 记录单对话框

1. 简单排序

简单排序是将某一列的值按升序或降序排列,操作方法如下:

① 选定需要排序列中的任一单元格。

② 单击"数据"选项卡"排序和筛选"组中的"升序"按钮 ↓ 或"降序"按钮 ↓ 即可。例如,要对图 4-39 所示的原始记录单中的记录按总计降序排列,可先选定"总计"列中的任一单元格,然后单击"降序"按钮,排序结果如图 4-40 所示。

	A	B	C	D
1	姓名	基本工资	津贴	总计
2	王五	2400	180	2580
3	张一	2000	200	2200
4	李四	1500	150	1650
5	张一	2200	200	2400

图 4-39 原始记录单

	A	B	C	D
1	姓名	基本工资	津贴	总计
2	王五	2400	180	2580
3	张一	2200	200	2400
4	张一	2000	200	2200
5	李四	1500	150	1650

图 4-40 简单排序结果

如图 4-39 所示,对数值型数据排序是根据其数值的大小关系,而对文本型数据排序是根据其拼音字母的排列顺序。

2. 复杂排序

如果排序涉及两列或列以上的数据,比如对图 4-39 所示的记录单需要先按姓名升序排列,在姓名相同时,再按基本工资的降序排列,此时就不能使用简单排序实现了。要达到上述排序要求,可以通过菜单命令完成,操作方法如下:

① 选定记录单中任一单元格。

② 单击"数据"选项卡"排序和筛选"组中的"排序"按钮,弹出"排序"对话框,在该对话框"列"的"主要关键字"下拉列表框中选择"姓名","排序依据"中下拉列表框选择"单元格值","次序"下拉列表框中选择"升序";单击"添加条件"按钮,在"次要关键字"下拉列表框中选择"基本工资","排序依据"下拉列表框中选择"单元格值","次序"下拉列表框中选择"升序",如图 4-41 所示,排序结果如图 4-42 所示。

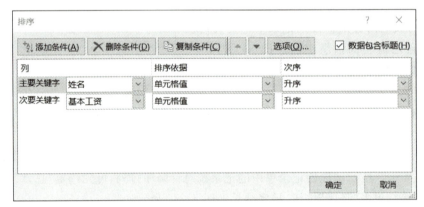

图 4-41 "排序"对话框

	A	B	C	D
1	姓名	基本工资	津贴	总计
2	李四	1500	150	1650
3	王五	2400	180	2580
4	张一	2000	200	2200
5	张一	2200	200	2400

图 4-42 复杂排序结果

3. 自定义排序

如果用户对数据的排序有特殊要求,可在如图 4-41 所示的"排序"对话框内"次序"下拉列表框中选择"自定义序列…"选项,在弹出的对话框中进行相应设置。

4.5.4 数据的筛选

数据的筛选是按照指定的条件将记录单中不满足条件的记录暂时隐藏起来,这样可以大大提高用户浏览数据的效率。数据的筛选分为简单筛选、自定义筛选和高级筛选。

1. 简单筛选

若需要显示如图 4 - 39 所示记录单中的所有姓名为"张一"的数据,操作方法如下:

① 选定记录单中任一单元格。

② 单击"数据"选项卡"排序和筛选"组中的"筛选"按钮,这时每列标题右侧都会出现一个下拉按钮。单击"姓名"列的下拉按钮,并从下拉列表中选择"张一"即可,筛选结果如图 4 - 43 所示。

	A	B	C	D
1	姓名	基本工	津贴	总计
4	张一	2000	200	2200
5	张一	2200	200	2400

图 4 - 43　简单筛选结果

2. 自定义筛选

筛选条件可根据用户的需要自行定义,而且定义方式灵活方便。比如,如果想知道如图 4 - 39 所示的记录单中哪些人员的基本工资在 1 800 以上、3 000 以下,操作方法如下:

① 单击"基本工资"列的下拉按钮,在下拉列表中选择"数字筛选"→"自定义筛选"命令,弹出"自定义自动筛选方式"对话框,如图 4 - 44 所示。

图 4 - 44　"自定义自动筛选方式"对话框

② 在左侧上边的下拉列表框中选择"大于或等于",在其右边组合框中输入"1 800";选择"与"单选按钮;在左侧下边的下拉列表框中选择"小于或等于",在其右边的组合框中输入"3 000",最后单击"确定"按钮即可。

3. 高级筛选

相对于自动筛选,高级筛选可以根据复杂条件进行筛选,而且还可以把筛选的结果复制到指定的地方,更方便进行对比。

高级筛选中,可以使用通配符作为筛选条件。其中通配符? 代表单个字符, * 代表任意多个字符。

要筛选如图 4 - 39 所示的记录单中姓张的人员的记录,操作方法如下:

姓名
张*

图 4 - 45 高级筛选的条件

① 在空白单元格区域中输入高级筛选的条件,如图 4 - 45 所示。

② 选定源数据中的任意一个单元格。

③ 单击"数据"选项卡"排序和筛选"组中的"高级"按钮,弹出"高级筛选"对话框,如图 4 - 46 所示;"方式"选项组用于确定筛选结果的显示方式,用户可根据需要进行设置,此处选择"将筛选结果复制到其他位置";"列表区域""条件区域"及"复制到"文本框中分别输入或选择相应的区域。

④ 设置完成后,单击确定按钮,记录单中姓张的人员记录即被筛选并复制到"复制到"文本框中设置的区域中。

图 4 - 46 "高级筛选"对话框

姓名	性别	年龄
张一	女	18
张二	男	19
张三	女	17
张四	女	16
张五	男	17

图 4 - 47 分类汇总源数据

4.5.5 分类汇总

分类汇总是对数据进行统计计算,灵活运用分类汇总功能,可以避免多次求和运算,从而提高工作效率。要统计如图 4 - 47 所示表格中男女同学分别的平均年龄,操作方法如下:

① 选定记录单中任一单元格。

② 按照排序的方法首先将数据按性别的升序排序。

③ 单击"数据"选项卡"分级显示"组中的"分类汇总"按钮,弹出"分类汇总"对话框,如图 4 - 48 所示。在该对话框的"分类字段"下拉列表框中选择"性别","汇总方式"下拉列表框中选择"平均值","选定汇总项"列表框中选择"年龄",单击"确定"按钮,分类汇总结果如图 4 - 49 所示。

4.5.6 数据透视表

数据透视表是指对已有的记录单或表格中的数据或来自外部的数据建立交叉列表和快速汇总的交互式表格。通过使用数据透视表,用户可以交换行和列来查看源数据的不同汇总结果,可以显示不同页面来筛选数据,还可以根据需要显示区域中的不同明细数

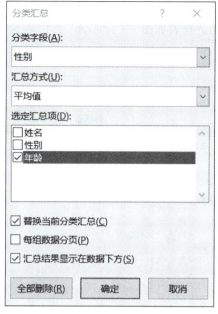

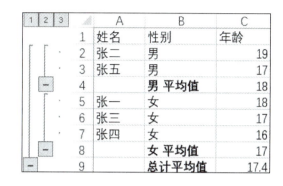

图 4-48 "分类汇总"对话框　　　　　图 4-49 分类汇总结果

据。因此,数据透视表是 Excel 2016 提供的功能强大的综合管理分析数据工具。

1. 创建数据透视表

创建数据透视表的操作方法如下:

① 选定源数据中任一单元格。

② 单击"插入"选项卡"表格"组中的"数据透视表"按钮,弹出"创建数据透视表"对话框,如图 4-50 所示,单击"确定"按钮。

图 4-50 "创建数据透视表"对话框

③ 在弹出的"数据透视表字段"任务窗格中,选择数据透视表的列标签、行标签和需要的处理方式,如图 4-51 所示,创建完成后的数据透视表如图 4-52 所示。

3			列标签		
4	行标签		男	女	总计
5	葛优				
6	求和项:体育		89		89
7	求和项:外语		79		79
8	求和项:计算机基础		86		86
9	李四				
10	求和项:体育		80		80
11	求和项:外语		80		80
12	求和项:计算机基础		76		76
13	刘一				
14	求和项:体育			77	77
15	求和项:外语			88	88
16	求和项:计算机基础			66	66
17	王五				
18	求和项:体育			65	65
19	求和项:外语			67	67
20	求和项:计算机基础			95	95
21	张三				
22	求和项:体育			85	85
23	求和项:外语			86	86
24	求和项:计算机基础			90	90
25	张一				
26	求和项:体育			72	72
27	求和项:外语			40	40
28	求和项:计算机基础			80	80
29	求和项:体育汇总		169	299	468
30	求和项:外语汇总		159	281	440
31	求和项:计算机基础汇总		162	331	493

图 4-51 "数据透视表字段"任务窗格　　　　图 4-52 创建完成后的数据透视表

2. 数据透视表的编辑

数据透视表建好后,还可以根据实际情况进行相应的编辑,以适应不断出现的数据更新。常用的编辑方法有下面几种。

(1) 修改数据透视表的结构

修改数据透视表的结构是指增加或删除字段以及字段顺序和位置的改变。操作方法如下:

① 选定数据透视表中的任意单元格。

② 单击"数据透视表工具"栏"分析"选项卡"显示"组中的"字段列表"按钮,弹出"数据透视表字段"任务窗格,用户根据需要修改数据透视表的结构。

(2) 更改数据格式

数据透视表中的数据是不能删除的,但可以更改其中文字和数字的格式。操作方法如下:

① 选定文字或数字所在的单元格区域。

② 单击"开始"选项卡"字体"组的对话框启动器 ，在出现的"设置单元格格式"对话框中设置文字和数字的格式。

（3）更新数据

数据透视表中的数据不会随着数据源（即记录单）的变化而自动更新，当数据源中的数据发生变化时，单击"数据透视表工具"栏"分析"选项卡"数据"组中的"刷新"命令即可更新数据透视表中的数据。

4.6　图表的操作

4.6.1　图表概述

在 Excel 2016 中记录单虽然能精确地反映现实情况，但如果用图表方式来表示，将更加直观，更容易反映数据之间的关系、数据的变化趋势等特征。在 Excel 2016 中，可以采用数据的图表化来达到此目的。

数据的图表化是将工作表中的数据以各种统计图表的形式显示，使那些显得杂乱无章的抽象、复杂的数据更易于理解和交流。图表与生成它们的工作表数据相链接，更新工作表中的数据时，图表中对应项的数据也随之变化，自动更新。

Excel 2016 提供了多种图表类型，每种类型都包含一些子图表类型，但不管是何种图表类型，其基本组成元素是相同的。

图表的基本组成元素又称为图表项，一般包括图表区、绘图区、分类轴、数值轴、图例、图表标题、数据表、系列线、数据标志等。用鼠标单击图表的不同部分，可以选择图表的各个图表项，选定其中一个之后，该图表项的名称就会出现在名称栏中，此时如果执行"格式"菜单中的对应选项就可以更改图表项的格式。

4.6.2　图表的形式

Excel 2016 中的图表形式有两种：一种是将图表直接插入数据所在的工作表中，称为嵌入式图表；嵌入式图表与数据处于同一个工作表中，位于数据层的上方，因此它有可能将数据区中的数据挡住，此时只需用鼠标拖动的方式将图表移开即可。另一种是专门为图表建立一个工作表，这样的工作表没有单元格，没有数据，没有行列标题，只有图标和图形，称为图表工作表。

4.6.3　创建图表

根据图表的形式和建立过程的不同，进行图表创建。

1. 创建图表工作表

操作方法如下：

① 选定要建立图表的数据区域。

② 按功能键 F11，就会立即得到如图 4－53 所示的图表工作表。该表建立在另外的

操作视频

图表的操作

工作表中，默认的工作表名为 Chart1、Chart2 等。

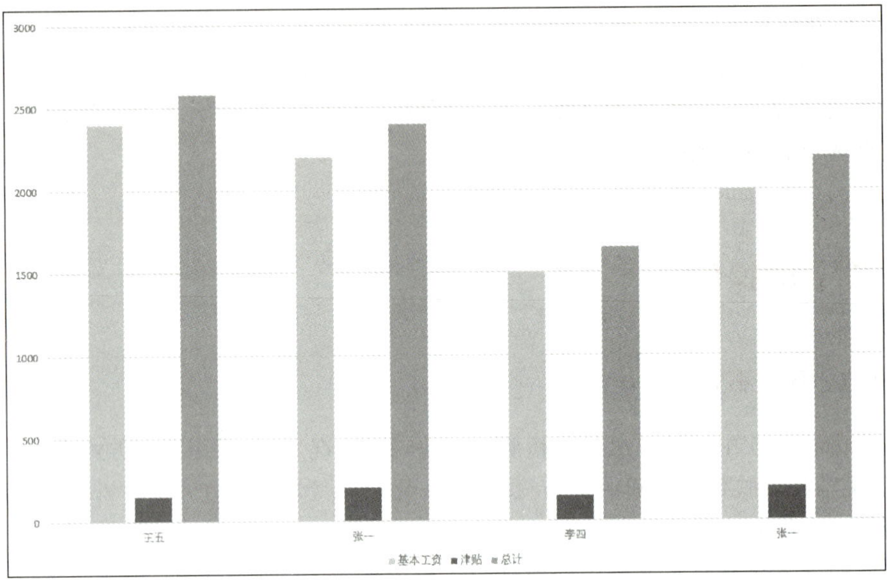

图 4 - 53　图表工作表

2. 使用图表向导创建图表

无论嵌入式图表还是图表工作表，都可以利用 Excel 2016 提供的图表向导来创建，具体操作步骤如下：

① 选定要建立图表的数据区域。

② 单击"插入"选项卡"图表"组的对话框启动器，弹出"插入图表"对话框，如图 4 - 54 所示。

③ 选择需要插入的图表类型后，单击"确定"按钮，此时 Excel 即插入所选择类型的图表；单击"图表工具"栏"设计"选项卡"数据"组中的"选择数据"按钮，弹出"选择数据源"对话框，如图 4 - 55 所示，可根据需要对图例项（系列）及水平（分类）轴标签进行添加、编辑及删除操作。

④ 若要添加图表标题，可选择图表，单击"图表工具"栏"设计"选项卡"图表布局"组中的"添加图表元素"下拉按钮，在弹出的下拉菜单中选择"图表标题"选项，在弹出的下级菜单中选择需要的图表标题位置，然后在图表中更改标题文字。

⑤ 其余图表元素的添加操作步骤同图表标题，如"图例""坐标轴标题"等元素的添加。

设置完成后的工资表图表如图 4 - 56 所示。

4.6.4　编辑图表

图表创建完成后，如果发现有不满意的地方，还可以进行修改，直到满意为止。编辑图表实际上就是修改图表中各个对象，包括增加、删除、修改数据，更改图表类型，设

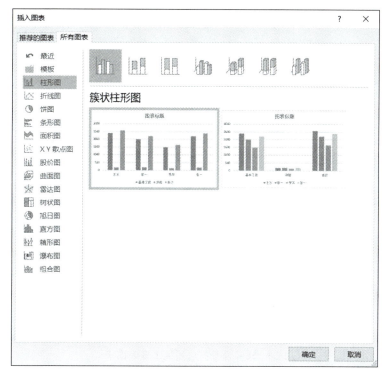

图 4 - 54　"插入图表"对话框

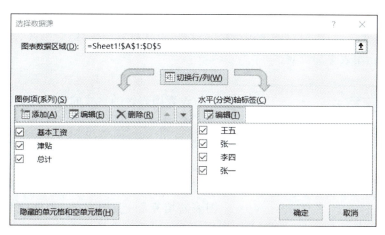

图 4 - 55　"选择数据源"对话框

置数据格式等。在 Excel 2016 中,单击图表即可选定图表,选定之后再进行具体的编辑操作。

图表的编辑可以通过命令按钮来实现,但最方便快捷的方法是直接用鼠标双击要修改的图表项,打开图表项所对应的设置格式窗格,然后在设置格式窗格中设置该图表项的格式。

对于整个图表的移动、复制、缩放和删除操作与 Word 2016 中对图形的处理方法是一样的,这里不再赘述。

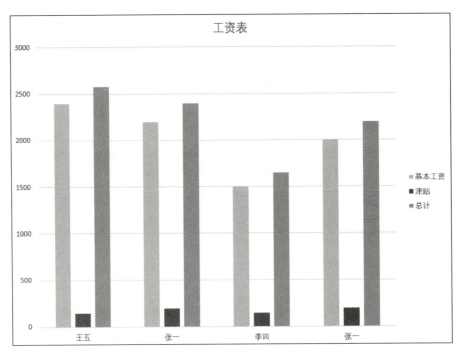

图 4 - 56　设置完成后的工资表图表

4.6.5　设置图表的格式

完成图表建立后，可以对图表进行格式设置，包括设置图表区、绘图区、图例及坐标轴的格式，从而让图表更加美观。

图 4 - 57　"设置图表区格式"窗格

1. 设置图表区的格式

设置图表区的格式的操作方法如下：

① 选定图表。

② 单击鼠标右键，在弹出的快捷菜单中选择"设置图表区域格式"命令，弹出"设置图表区格式"窗格，如图 4 - 57 所示。在该窗格中可设置图表的填充颜色、图案等，边框颜色与样式，效果，大小，属性及可选文字等，只需选择相应的选项进行设置即可。

2. 设置绘图区的格式

设置绘图区格式的操作方法如下：

① 选定图表的绘图区。

② 单击鼠标右键，在弹出的快捷菜单中选择"设置绘图区格式"命令，弹出"设置绘图区格式"窗格，如图 4 - 58 所示，只需选择相应的选项进行设置即可。

图 4-58　"设置绘图区格式"窗格

图 4-59　"设置图例格式"对话框

3. 设置图例的格式

设置图例格式的操作方法如下：

① 选定图表的图例。

② 单击鼠标右键，在弹出的快捷菜单中选择"设置图例格式"命令，弹出"设置图例格式"窗格，如图4-59所示，只需选择相应的选项进行设置即可。

4. 设置坐标轴的格式

设置坐标轴格式的操作方法如下：

① 选定图表的坐标轴。

② 单击鼠标右键，在弹出的快捷菜单中选择"设置坐标轴格式"命令，弹出"设置坐标轴格式"窗格，如图4-60所示，只需选择相应的选项进行设置即可。

4.7　电子表格的输出

4.7.1　页面设置

在页面设置中可以对要打印的工作表进行页面布局和格式的安排，使打印输出的表格更加合理、美

图 4-60　"设置坐标轴格式"窗格

观。要进行页面设置，可按如下方法进行操作：

① 单击"页面布局"选项卡"页面设置"组的对话框启动器，弹出"页面设置"对话框，如图 4 - 61 所示。

② 该对话框包含"页面""页边距""页眉/页脚""工作表"四个选项卡，它们的作用分别是：在"页面"选项卡中可以设置打印的方向、纸张的大小等选项；在"页边距"选项卡中设置表格与打印纸边缘的距离；在"页眉/页脚"选项卡中可以添加每页顶部/底部的页眉/页脚；在"工作表"选项卡中可以设置打印区域、打印顺序等。

图 4 - 61　"页面设置"对话框

图 4 - 62　打印选项

4.7.2　打印输出

1. 打印预览

页面设置工作完成后，先不要急于打印输出，应先对要打印的工作表进行打印预览，以查看打印效果。如果不满意，可以返回工作表进行修改、设置，完成后再进行打印预览。可多次反复，直到满意为止，再打印输出。

打印预览可以显示电子表格的打印效果。在打印预览中，电子表格的打印预览效果与实际打印结果基本一致,用户可及时改正不足之处,以减少纸张和油墨的浪费。

单击"文件"选项卡中的"打印"命令,即可在右侧窗格中显示打印预览效果。

2. 打印输出

将电子表格打印输出的操作方法如下:

① 所有的设置完成后,就可以将电子表格打印出来。在打印之前需要确定打印机已经连接到主机上,并且已经开启,打印纸也准备好。

② 单击"文件"选项卡中的"打印"命令,在中间窗格中显示"打印"按钮以及打印机相关设置等打印选项,如图 4 - 62 所示,根据需要完成设置后单击"打印"按钮即可将电子表格打印输出。

•习　题　4•

一、判断题

1. Excel 中提供了 15 种图表类型。

2. 若 COUNT(B2:B4)＝2,则 COUNT(B2:B4,3)＝5。

3. 在 Excel 工作表中不能插入图形。

4. 在单元格中输入 781101 和输入'781101 是等效的。

5. 执行 SUM(A1:A10)和 SUM(A1,A10)这两个函数的结果是相同的。

6. 修改 Excel 文档后,换名存盘,可以单击"文件"选项卡中的"另存为"按钮。

7. 选中 A4 单元格时,按 Del 键,将删除 A4 单元格。

8. 在 Excel 中所建立的图表,在工作表数据变化后,图表也随之更新。

9. 对于数据复制操作,可以用拖动单元格填充柄来实现。

10. 要想在单元格中输入函数,必须在函数名称之前输入"＝"。

11. 在一个 Excel 工作簿中,仅有 3 张工作表。

12. 在 Excel 工作表中,文本数据在单元格中的默认显示为右对齐。

13. 单元格的地址是由所在的行和列决定的,例如 B5 单元格在 B 行 5 列。

14. 启动 Excel 后,会自动产生名为 BOOK1. XLS 的工作簿文件。

15. 工作表是 Excel 的主体部分,共有 256 列、65 536 行,因此,一张工作表共有 65 536×256 个单元格。

二、单项选择题

1. Microsoft Excel 是处理(　　　)的软件。

A. 图像效果　　　　B. 文字编辑排版　　C. 图形设计方案　　D. 电子表格

2. 以下操作中不属于 Excel 的操作是(　　　)。

A. 自动求和　　　　B. 自动填充数据　　C. 自动筛选　　　　D. 自动排版

3. 以下单元格引用中,属于相对引用的有(　　　)。

A. ＄A＄2　　　　B. ＄A2　　　　　C. A2　　　　　　D. A＄2

4. 在 Excel 中,对工作表的数据进行一次排序,排序关键字是(　　　)。

A. 任意多　　　　　B. 只能一列　　　　C. 只能两列　　　　D. 最多三列

5. Excel 对于新建的工作簿文件,若还没有进行存盘,会采用(　　)作为临时名字。

A. 文档 1　　　　　B. Sheet1　　　　　C. File1　　　　　D. 工作簿 1

6. 要编辑单元格内容时,在该单元格中(　　)鼠标,光标插入点将位于单元格内。

A. 右击　　　　　B. 单击　　　　　C. 双击　　　　　D. 以上都不对

7. Excel 中单元格的地址是由(　　)来表示的。

A. 列标　　　　　B. 行号　　　　　C. 任意确定　　　　D. 列标和行号

8. Excel 中如果单元格中的数太大不能显示时,一组(　　)符号会显示在单元格内。

A. *　　　　　B. ?　　　　　C. ♯　　　　　D. ERROR!

9. & 表示(　　)。

A. 文字运算符　　　B. 引用运算符　　　C. 比较运算符　　　D. 算术运算符

10. 下列关于 Excel 单元格的高度与宽度叙述中错误的是(　　)。

A. 单元格的宽度可以改变,高度是固定的　　B. 可用菜单命令改变单元格的高度

C. 单元格的默认宽度为 8 个字符　　　　　D. 可用鼠标改变单元格的宽度

11. 选中工作表中的某一行,按 Delete 键后(　　)。

A. 该行被清除,同时该行所设置的格式也被清除

B. 该行被清除,但下一行的内容不上移

C. 该行被清除,同时下一行的内容上移

D. 以上都不正确

12. 要想获得 Excel 的联机帮助信息,可以按功能键(　　)。

A. F3　　　　　B. F2　　　　　C. F1　　　　　D. F4

13. 复制选定单元格数据时,需要按住(　　)键,并拖动鼠标。

A. Alt　　　　　B. Ctrl　　　　　C. Shift　　　　　D. Tab

14. Excel 工作表的 Sheet1、Sheet2…是(　　)。

A. 菜单　　　　　B. 工作簿名称　　　C. 工作表名称　　　D. 单元格名称

15. 在 Excel 中当鼠标移到自动填充柄上时,鼠标指针变为(　　)。

A. 双十字形　　　B. 双箭头形　　　C. 黑十字形　　　D. 黑矩形

16. 在 Excel 中默认的图表类型是(　　)。

A. 条形图　　　　B. 饼图　　　　　C. 柱形图　　　　D. 折线图

17. 在 Excel 单元格中,数值型数据的默认对齐方式是(　　)。

A. 居中对齐　　　B. 左对齐　　　　C. 右对齐　　　　D. 顶端对齐

18. Excel 的文件是(　　)。

A. 文档　　　　　B. 工作表　　　　C. 单元格　　　　D. 工作簿

19. 在 Excel 工作表中,A1 至 A8 单元格的数值都为 1,A9 单元格的数值为 0,A10 单元格的数据为"Excel",则函数 AVERAGE(A1:A10)的结果是(　　)。

A. 0.8　　　　　B. 1　　　　　C. 8/9　　　　　D. ERROR

三、填空题

1. 一般在 Excel 中紧接着"开始"选项卡的是＿＿＿＿＿＿＿。

2. 除直接在单元格中编辑内容外,也可使用＿＿＿＿＿＿＿编辑。

3. 保存 Excel 工作簿的快捷键是＿＿＿＿＿＿＿。

4. 对单元格 A5 的绝对引用是＿＿＿＿＿＿＿。

5. 保存工作簿文件的操作步骤是:单击"文件"选项卡中的"保存"按钮,如果文件为新文件,屏幕显示"＿＿＿＿＿＿＿"对话框,如果该文件已保存过,则系统不出现该对话框。

6. Excel 单元格中,在默认情况下,数值数据靠＿＿＿＿对齐,日期和时间数据靠＿＿＿＿对齐,文本数据靠＿＿＿＿对齐。

7. 在 Excel 单元格中,输入由数字组成的文本数据,数字前应加＿＿＿＿＿＿＿。

8. 退出 Excel 的快捷键是＿＿＿＿＿＿＿。

9. Excel 主窗口由＿＿＿＿、快速访问工具栏、功能区、编辑栏、编辑区、状态栏、＿＿＿＿等组成。

第5章
演示文稿制作软件 PowerPoint 2016

本章要点：
➢ PowerPoint 2016 概述。
➢ PowerPoint 2016 的基本操作。
➢ PowerPoint 2016 演示文稿的编排。
➢ PowerPoint 2016 对象操作。
➢ PowerPoint 2016 动画与超链接。
➢ PowerPoint 2016 演示文稿的放映和打印。

本章主要讲述 PowerPoint 2016 的基本操作、演示文稿的格式设置、对象（图形、艺术字、多媒体对象、表格、图表等）的基本操作、动画和超链接、演示文稿的放映和打印等内容。

5.1　PowerPoint 2016 概述

PowerPoint 2016 是 Office 2016 组件之一。通过它可以制作出具有专业水准的演示文稿、35 毫米彩色幻灯片及投影胶片，并可以在演示文稿中加入声音、图形、图像、动画等多媒体对象，通过计算机或大屏幕投影呈现给观众一个声、情、景俱佳的多彩世界。另外，为了能够直接在幻灯片中加入更多、更丰富的图片或文件，它还提供了强大的网络支持功能。

通常把用 PowerPoint 制作出来的文档称为"演示文稿"。所谓"演示文稿"就是指人们在组织情况、阐述计划和实施方案时，向大家展示的一系列材料。演示文稿由若干张按一定顺序组织起来的页面组成，这些页面称为"幻灯片"。

5.1.1　PowerPoint 2016 的启动与退出

1. PowerPoint 2016 的启动
启动 PowerPoint 2016 的常用方法主要有以下三种：
● 选择"开始"→"PowerPoint 2016"选项即可。

- 若计算机桌面有 PowerPoint 2016 的快捷图标 ，则直接双击该图标即可；若计算机桌面无 PowerPoint 2016 的快捷图标，可进入软件的安装目录中，找到对应的图标双击即可。

- 双击任意一个已经建立的 PowerPoint 演示文稿文件。

2. PowerPoint 2016 的退出

退出 PowerPoint 2016 的常用方法主要有以下三种：

- 在 PowerPoint 2016 窗口中，右击标题栏，在弹出的菜单中单击"关闭"按钮。
- 单击 PowerPoint 2016 窗口右上方的"关闭"按钮 ✕ 。
- 按下组合键 Alt＋F4。

5.1.2 PowerPoint 2016 的窗口组成

PowerPoint 2016 演示文稿软件的窗口主要由快速访问工具栏、标题栏、窗口控制按钮、功能区、幻灯片浏览窗格、幻灯片窗格、备注窗格、状态栏等组成，如图 5-1 所示。

图 5-1 PowerPoint 2016 窗口

1. 快速访问工具栏

PowerPoint 2016 的"快速访问工具栏"位于窗口左上角，用于放置常用的命令按钮，使用户能够快速执行常用的命令。默认情况下，"快速访问工具栏"中只有数量较少的命令,用户可以根据需要添加多个自定义命令,操作步骤与 Word 2016 相同,此处不再赘述。

2. 标题栏

按钮标题栏位于窗口的顶部,显示当前演示文稿的名称和软件名称。

3. 窗口控制按钮

窗口控制按钮位于窗口的右上角,包括"功能区显示选项""最小化""向下还原/最大化"和"关闭"按钮。"功能区显示选项"按钮的功能同 Word 2016,此处不再赘述。单击"最小化"按钮,可以将当前窗口最小化为系统任务栏上的一个按钮。在窗口处于最大化状态下,可以单击"向下还原"按钮,可将窗口缩小。在窗口处于非最大化状态时,可以单击"最大化"按钮,将窗口最大化。单击"关闭"按钮,可以退出 PowerPoint 2016。

4. 功能区

功能区位于标题栏的下方,由多个选项卡组成,包括"文件""开始""插入""设计""切换""动画""幻灯片放映""审阅""视图""开发工具"等,选项卡之间可以相互切换,以方便用户操作。每个选项卡由多个组构成。用户可以根据需要添加自定义选项卡和自定义组。

5. 幻灯片导航窗格

幻灯片导航窗格中显示各张幻灯片的缩略图,所显示的幻灯片缩略图的数量随显示比例的不同而变化;单击某张幻灯片缩略图时,在幻灯片窗格中将显示该张幻灯片的内容;另外,在幻灯片导航窗格中,亦可轻松完成对幻灯片的排列、添加和删除操作。

6. 幻灯片窗格

幻灯片窗格用于显示幻灯片的内容,可直接在该窗格中编辑选定幻灯片的内容。

7. 备注窗格

备注窗格位于幻灯片窗格下方,用于显示对幻灯片的解释、说明等备注信息,可直接在该窗格中输入、编辑备注信息。备注窗格如果隐藏,可以通过单击"视图"选项卡"显示"组的"备注"按钮来显示。

8. 状态栏

状态栏位于窗口底部,用于显示与当前演示文稿相关的一些信息,如演示文稿中幻灯片的总页数、当前幻灯片的页数、应用的设计模板名称等。

5.1.3 PowerPoint 2016 的常用视图

PowerPoint 2016 提供了 6 种视图方式:普通视图、大纲视图、幻灯片浏览视图、备注页视图、阅读视图、母版视图(幻灯片母版、讲义母版和备注母版)。默认情况下为普通视图。

1. 普通视图

普通视图如图 5-1 所示。在这种视图中能够全面掌握演示文稿中各张幻灯片的名称、标题、排列顺序等。要修改某张幻灯片时,在幻灯片导航窗格中单击该张幻灯片的缩略图就可以在幻灯片窗格中迅速切换到该张幻灯片。"幻灯片"导航窗格中显示的是每张幻灯片的外观。在备注窗格中可以添加对幻灯片的注释说明。拖曳窗格边框可以调整各窗格的大小。

2. 大纲视图

要切换到大纲视图,可单击"视图"选项卡"演示文稿视图"组中的"大纲视图"按钮。在这种视图中,左侧大纲窗格显示各个幻灯片的大纲信息。要修改某张幻灯片时,在大纲窗格中单击该张幻灯片的图标或标题即可迅速切换到该张幻灯片。

3. 幻灯片浏览视图

要切换到幻灯片浏览视图,可单击状态栏上的"幻灯片浏览"按钮 ⊞ 或单击"视图"选项卡"演示文稿视图"组中的"幻灯片浏览"按钮。在这种视图方式下每张幻灯片都按顺序组织在一起,能够很方便地选定、添加、删除和移动幻灯片。

4. 备注页视图

要切换到备注页视图,可单击"视图"选项卡"演示文稿视图"组中的"备注页"按钮。在这种视图方式下,页面上方是幻灯片,页面下方是备注区,可以在备注区中输入说明性文字。

5. 阅读视图

要切换到阅读视图,可单击"视图"选项卡"演示文稿视图"组中的"阅读视图"按钮。

在该视图下,只保留幻灯片窗格、标题栏和状态栏,其他编辑功能被屏蔽,目的是在PowerPoint 窗口中播放幻灯片放映,以查看动画和切换效果,无需切换到全屏幻灯片放映。通常是从当前幻灯片开始播放,单击可以切换到下一张幻灯片,播放到最后一张幻灯片后退出阅读视图。放映过程中按 Esc 键可退出阅读视图,也可单击状态栏右侧的其他视图按钮,退出阅读视图并切换到相应视图。

6. 母版视图

母版中包含可出现在每一张幻灯片上的显示元素,如文本占位符、图片、动作按钮等。幻灯片母版上的显示元素将出现在每张幻灯片的相同位置上。使用母版可以方便地统一幻灯片的风格。

PowerPoint 2016 提供了幻灯片母版、备注母版、讲义母版,要切换到对应的母版视图,可单击"视图"选项卡"母版视图"组中的"幻灯片母版""备注母版"或"讲义母版"按钮。

5.2　PowerPoint 2016 的基本操作

演示文稿是由多张幻灯片构成的,PowerPoint 2016 的基本操作主要涉及演示文稿的创建、保存、关闭及幻灯片的插入、复制、移动、删除等。本节主要对这些基本操作进行介绍。

5.2.1　演示文稿的基本操作

1. 创建演示文稿

创建演示文稿文件是进行 PowerPoint 2016 软件操作的第一步。可以创建空白演示文稿,也可以根据相应的模板创建演示文稿。启动 PowerPoint 2016 后,在开始界面单击

操作视频

PowerPoint 2016 的基本操作

"空白演示文稿"即可创建一个名为"演示文稿1"的空白演示文稿。

在已经打开现有演示文稿的情况下,创建新的演示文稿的操作方法如下:

① 单击"文件"选项卡中的"新建"命令,此时在右侧出现"新建"选项。

② 根据需要选择对应的模板或空白演示文稿,单击"空白演示文稿"可直接创建空白演示文稿;双击需要的模板创建或单击该模板,弹出模板介绍页面,再单击"创建"按钮。

2. 打开演示文稿

打开演示文稿常用的方法有以下两种:

● 单击"文件"选项卡中的"打开"命令,或按下组合键 Ctrl+O,再单击"浏览"按钮,弹出"打开"对话框,用户在相应的保存位置找到需要打开的文件,再单击"打开"按钮,或者直接双击要打开的演示文稿。

● 在 Windows 资源管理器中直接双击要打开的演示文稿文件,该文件会随着 PowerPoint 2016 的打开而自动打开。

3. 保存与关闭演示文稿

(1) 保存演示文稿

PowerPoint 2016 演示文稿的默认扩展名为". pptx"。演示文稿的保存主要分以下两种情况:

① 保存新建的演示文稿。

保存新建的演示文稿文件,方法有以下三种:

● 单击"文件"选项卡中的"保存"命令。

● 单击"文件"选项卡中的"另存为"命令。

● 按下组合键 Ctrl+S。

执行以上操作后均会切换到"文件"选项卡中的"另存为"命令,单击"浏览"按钮,弹出"另存为"对话框,在保存位置下拉列表框中选择适当的文件夹,在"文件名"文本框中输入文件名后,单击"保存"按钮即可。

② 保存已命名的演示文稿。

对一个已经执行过保存操作的演示文稿进行修改后,为了把修改后的内容保存下来,方法有以下几种:

● 单击"文件"选项卡中的"保存"命令或按下组合键 Ctrl+S,此时不会弹出任何的对话框,修改后的演示文稿直接替换原来的演示文稿。

● 单击"文件"选项卡中的"另存为"命令,单击"浏览"按钮,此时弹出"另存为"对话框,用户如果需要将修改后的演示文稿保存为一个新的文件,则在对话框中选择保存位置,输入文件名,单击"保存"按钮即可;如果需要替换原来的演示文稿文件,则选择该文件,单击"保存"按钮。

(2) 关闭演示文稿

关闭演示文稿的操作方法与 Word 2016、Excel 2016 的方法相同,此处不再赘述。

5.2.2 幻灯片的基本操作

一个演示文稿通常有多张幻灯片,可以通过编辑幻灯片(复制、移动幻灯片等)对它们进行结构调整，以便更好地表现主题。

1. 选定幻灯片

在普通视图中，可以单击幻灯片导航窗格中的某一幻灯片的图标来选定一张幻灯片，或者同时按住 Shift 键，选定连续的多张幻灯片。

在幻灯片浏览视图中，可用鼠标单击选定幻灯片；按住 Ctrl 键，可以选定不连续的多张幻灯片；若按住 Shift 键，可以选定连续的多张幻灯片。

2. 复制幻灯片

复制幻灯片的常用方法有以下两种：

● 选定要复制的幻灯片，单击"开始"选项卡"剪贴板"组中的"复制"按钮。将插入点定位到要复制到的目标位置，单击"开始"选项卡"剪贴板"组中的"粘贴"按钮，即完成复制幻灯片的操作。

● 在幻灯片浏览视图中，按下鼠标左键拖动幻灯片的同时按下 Ctrl 键可实现幻灯片的复制。

3. 删除幻灯片

在普通视图中，可以单击幻灯片导航窗格中的某一幻灯片的图标来选定一张幻灯片，按 Delete 键即可将其删除。

在幻灯片浏览视图中，只需选定要删除的幻灯片，按 Delete 键，或者单击鼠标右键并在弹出的快捷菜单中选择"删除幻灯片"命令，即可删除该幻灯片。

4. 插入幻灯片

在 PowerPoint 2016 中插入幻灯片的方式有三种：插入新幻灯片、插入当前幻灯片的副本、插入其他演示文稿中的幻灯片。插入新幻灯片是指由用户插入空白的幻灯片；插入当前幻灯片的副本是指复制当前幻灯片，即保留当前幻灯片的格式和内容；插入已经存在演示文稿中的幻灯片是指将外部演示文稿中的幻灯片插入到当前演示文稿中。

（1）插入新幻灯片

插入新幻灯片的操作方法如下：

① 在幻灯片导航窗格中单击需要插入新幻灯片位置的上一张幻灯片（默认是在当前选定幻灯片之后插入新幻灯片）。

② 单击"开始"选项卡"幻灯片"组中的"新建幻灯片"下拉按钮，在弹出的下拉列表中选择一种主题即可。

（2）插入当前幻灯片的副本

插入当前幻灯片副本的操作方法如下：

① 选定要复制的幻灯片。

② 单击"开始"选项卡"幻灯片"组中的"新建幻灯片"下拉按钮，在弹出的下拉列表中选择"复制选定幻灯片"命令，此时在当前幻灯片之后插入与当前幻灯片完全相同的幻灯片。

（3）插入其他演示文稿中的幻灯片

插入其他演示文稿中的幻灯片的操作方法如下：

① 在幻灯片导航窗格中单击插入新幻灯片位置的上一张幻灯片（默认是在当前选定幻灯片之后插入新幻灯片）。

② 单击"开始"选项卡"幻灯片"组中的"新建幻灯片"下拉按钮，在弹出的下拉列表中选择"重用幻灯片"命令，此时幻灯片窗格右侧出现"重用幻灯片"窗格，如图 5-2 所示，单击"浏览"按钮，在弹出的"浏览"对话框中选择需要的演示文稿文件，单击"打开"按钮，此时在"重用幻灯片"窗格中出现该演示文稿文件中的所有幻灯片，单击需要插入当前演示文稿中的幻灯片即可。

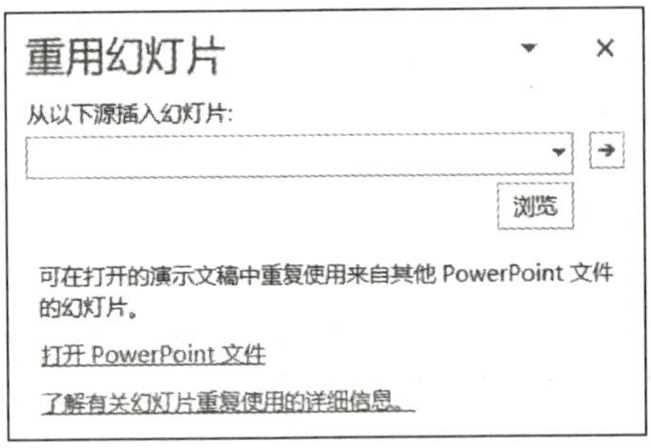

图 5-2 "重用幻灯片"窗格

5. 移动幻灯片

移动幻灯片的操作方法如下：

① 选定需要移动的幻灯片。

② 单击"开始"选项卡"剪贴板"组中的"剪切"按钮，然后在目标位置单击"粘贴"按钮，完成幻灯片的移动；或者拖曳当前幻灯片至目标位置后即可。

6. 调整幻灯片的内容层次

一般来说多数幻灯片都含有一些文字，这些文字根据表达的需要又分为标题和正文。有时候，一些标题和正文的层次可能需要调整，此时在大纲视图中改变幻灯片上标题和正文的层次是非常方便的。下面以一个实例来说明此应用。

① 打开一个已经制作好的演示文稿，切换到大纲视图，如图 5-3 所示。

② 此时将光标定位到需要升级或降级的标题文本处，单击鼠标右键，在弹出的快捷菜单中选择"升级"或"降级"命令。

③ 快捷菜单中的"上移""下移"命令用于移动文本内容在幻灯片中的位置。

7. 输入文本

编辑演示文稿时，一般在幻灯片上有一些虚线框，在虚线框中单击，即可输入文本。

若要在虚线框外输入文本，就需要添加文本框，然后在添加的文本框中可输入文本。添加文本框操作方法如下：

① 单击"插入"选项卡"文本"组中的"文

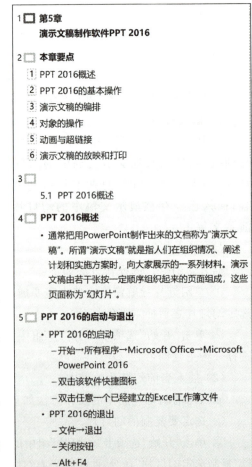

图 5-3 大纲视图实例

本框"下拉按钮,在下拉菜单中选择"横排文本框"或"竖排文本框"命令。

② 然后将鼠标移至幻灯片中,在幻灯片中拖曳鼠标,绘制一个矩形区域即可。

8. 调整文本框或虚线框的位置与大小

文本框或虚线框的位置及大小都可以通过拖曳鼠标来调整,操作方法如下:

① 调整文本框或虚线框的位置。单击文本框中的文字,在文字的周围会出现文本框或虚线框,并且在边框上带有 8 个控制柄。把鼠标移至文本框或虚线框的边框上,当鼠标指针变为十字箭头状时,拖曳鼠标可移动文本框或虚线框的位置。

② 调整文本框或虚线框的大小。拖动文本框或虚线框四边的控制柄,可以调整文本框或虚线框的宽度或高度;拖动文本框或虚线框四角的控制柄,可以同时调整文本框或虚线框的宽度和高度。

5.3 演示文稿的编排

5.3.1 设置演示文稿的格式

在 PowerPoint 2016 中,文本格式(字体大小、颜色、对齐方式等)的设置方法与在 Word 2016 中设置文本格式的方法一样,在此不再赘述。

在 PowerPoint 2016 中可以对幻灯片的版式、配色方案、背景等进行格式设置。

1. 设置幻灯片的版式

在每次新建或插入新幻灯片时,都要为幻灯片选择一种版式。若用户对某一幻灯片的版式不满意,可以重新选择该幻灯片的版式,操作方法如下:

① 选定要设置版式的幻灯片。

② 单击"开始"选项卡"幻灯片"组中的"版式"按钮,在弹出的下拉列表中选择新的幻灯片版式即可。

2. 设置幻灯片的主题颜色

有时候为了强化效果,需要对某些幻灯片或全部幻灯片的颜色进行调整。调整幻灯片主题颜色的操作方法如下:

① 单击"设计"选项卡"变体"组中的"其他"下拉按钮,在弹出的下拉菜单中选择"颜色",在下级菜单中可以选择预设的主题颜色或者单击"自定义颜色"命令。

② 在弹出的"新建主题颜色"对话框中设置各种元素的颜色,如图 5-4 所示。

3. 设置幻灯片的背景样式

有时候为了美化幻灯片,可以对幻灯片的背景样式进行设置。设置幻灯片背景样式的操作方法如下:

① 选定需要设置背景样式的幻灯片。

② 单击"设计"选项卡"变体"组中的"其他"下拉按钮,在弹出的下拉菜单中选择"背景样式",在下级菜单中单击内置的背景样式即可。

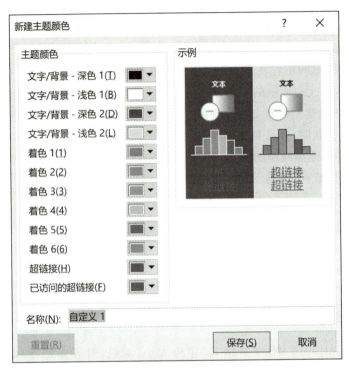

图 5-4 "新建主题颜色"对话框

4. 设置幻灯片的背景格式

如果觉得幻灯片的背景样式过于简单,不能表达相应的主题,用户可以自己设置背景格式。调整幻灯片背景格式的操作方法如下:

① 选定需要设置背景格式的幻灯片。

② 单击"设计"选项卡"自定义"组中的"设置背景格式"按钮,此时幻灯片窗格右侧出现"设置背景格式"窗格,如图 5-5 所示,根据需要进行相关选项的设置即可。

5. 设置主题

PowerPoint 2016 中,用户既可以应用模板主题,也可以应用自己创建的主题。

(1)应用模板主题

应用模板主题的操作方法如下:

① 选定需要应用主题的幻灯片。

② 单击"设计"选项卡"主题"组中"其他"下拉按钮,在弹出的下拉菜单中可单击选择内置的模板主题,或者单击"浏览主题"命令,弹出"选择主题或主题文档"对话框,如图 5-6 所示,根据需要选择模板主题文件即可。

图 5-5 "设置背景格式"窗格

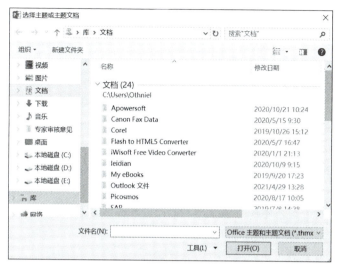

图 5 - 6　"选择主题或主题文档"对话框

（2）创建新主题

创建新主题的操作方法如下：

① 新建一个演示文稿。

② 切换到幻灯片母版视图，根据需要对幻灯片母版进行编辑及格式设置。

③ 关闭母版视图，单击"文件"选项卡，选择"导出"命令，在"导出"选项中选择"更改文件类型"，在右侧"更改文件类型"窗格中的下拉列表中，选择"演示文稿文件类型"组中的"模板（ * .potx）"，单击"另存为"按钮，如图 5 - 7 所示，弹出"另存为"对话框，单击"保

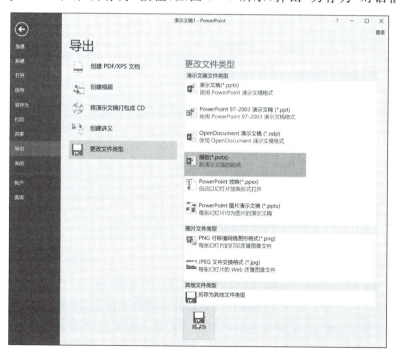

图 5 - 7　导出创建新主题的模板

存"按钮即可导出创建新主题的模板。

5.3.2 母版的基本操作

操作视频

母版的基本
操作

1. 母版概述

PowerPoint 2016 中有一类特殊的幻灯片,叫幻灯片母版。幻灯片母版控制了某些文本特征(如字体、字号和颜色等)、背景色和某些特殊效果(如阴影和项目符号样式)。这些幻灯片母版都可以修改。

如果要修改多张幻灯片的外观,不必一张张地进行修改,只需在幻灯片母版上做一次修改即可。PowerPoint 2016 将自动更新已有的幻灯片,并对以后新添加的幻灯片应用这些更改。例如,母版上的艺术图形或文本(如公司名称或徽标)等对象会出现在每张幻灯片上,且出现在每张幻灯片的相同位置上。

2. 母版的基本操作

PowerPoint 2016 中的母版包括幻灯片母版、讲义母版及备注母版,这些母版的基本操作是相同的。

打开一个演示文稿,再打开对应的母版。对母版进行编辑的操作方法如下:

① 单击"视图"选项卡"母版视图"组中的"幻灯片母版"或"讲义母版"或"备注母版"按钮,将打开该演示文稿的幻灯片母版或讲义母版或备注母版。

② 在母版中按照普通幻灯片的编辑方式对幻灯片母版中的字体、项目符号等进行设置。

③ 设置完成后,单击"幻灯片母版"或"讲义母版"或"备注母版"选项卡中的"关闭母版视图"按钮即可关闭母版视图。

5.4 对象的操作

在幻灯片中插入图片、声音、影片等不仅可以使幻灯片在视觉上更为精美,还可以使幻灯片有听觉上的享受;此外还可以插入表格、图表等对数据进行处理。

5.4.1 图片的基本操作

图片不仅可以来自联机图片,还可以来自本地文件或屏幕截图。

1. 插入联机图片

在幻灯片中插入联机图片的操作方法如下:

① 选定需要插入联机图片的幻灯片。

② 单击"插入"选项卡"图像"组中的"联机图片"按钮,弹出"插入图片"对话框,如图 5-8 所示,用户根据需要在"搜索必应"文本框中输入关键字,单击"搜索必应"按钮,跳转到必应图像搜索页面,在图片列表框中显示了按输入的关键字搜索出的相关联机图片。

③ 选择需要插入的联机图片,单击"插入"按钮,即可将该联机图片插入幻灯片中。

图 5－8　联机图片"插入图片"对话框

2. 插入本地图片

在幻灯片中插入本地图片的操作方法如下：

① 选定需要插入图片的幻灯片。

② 单击"插入"选项卡"图像"组中的"图片"按钮，弹出"插入图片"对话框，如图 5－9 所示，找到需要的图片，单击"插入"按钮即可。

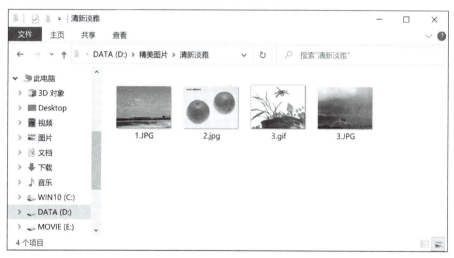

图 5－9　本地图片"插入图片"对话框

3. 插入屏幕截图

在幻灯片中插入屏幕截图的操作方法如下：

① 选定需要插入屏幕截图的幻灯片。

② 单击"插入"选项卡"图像"组中的"屏幕截图"下拉按钮，在弹出的下拉菜单中选择 "屏幕剪辑"命令，此时鼠标指针变为黑色十字形，拖曳鼠标来选择截图区域，松开鼠标左 键后，则对应区域的屏幕截图即可插入到幻灯片中。

4. 修饰图片

对图片进行修饰的操作方法如下：

① 选定图片,出现"图片工具"栏的"格式"选项卡,如图 5‐10 所示,利用其中的各种命令可对图片进行各种修饰。

图 5‐10 "图片工具"栏的"格式"选项卡

设置图片格式

▲ 阴影

预设(P)   □ ▾

颜色(C)   🖌 ▾

透明度(T)

大小(S)

模糊(B)

角度(A)

距离(D)

▷ 映像

▷ 发光

▷ 柔化边缘

▷ 三维格式

▷ 三维旋转

▷ 艺术效果

图 5‐11 "设置图片格式"对话框

② 选定图片,单击鼠标右键,在弹出的快捷菜单中选择"设置图片格式"命令,在右侧出现"设置图片格式"窗格,如图 5‐11 所示,根据需要选择不同的选项,再对各个选项的属性进行相应的设置即可完成对图片的修饰。

5.4.2 形状的基本操作

形状是系统提供的一组图形,可以直接使用,用户亦可根据需要进行图形的组合,从而通过图形更加直观地表现内容的主题。PowerPoint 2016 中提供的可用形状有线条、矩形、基本形状、箭头总汇、公式形状、流程图、星与旗帜、标注、动作按钮等。

1. 绘制形状

在幻灯片中插入形状的操作方法如下:

① 选定需要插入形状的幻灯片。

② 单击"插入"选项卡"插图"组中的"形状"下拉按钮,在弹出的下拉列表中单击选择需要插入的形状,此时鼠标指针变为十字形,拖曳鼠标即可绘制出相应的形状。

2. 在形状中添加文本

有时需要在形状中添加相应的文字说明,从而使含义表达得更加清晰。

在形状中添加文本的操作方法如下:

① 选定相应的形状。

② 单击鼠标右键,在弹出的快捷菜单中选择"编辑文字"命令,此时在形状中出现光标,用户根据需要可进行文本的输入。

3. 更改形状

形状插入后,若发现不适合,可以将其删除后重新插入新的形状,也可以采用以下方法更改形状,其操作方法如下:

① 选定相应的形状。

② 单击"绘图工具"栏"格式"选项卡"插入形状"组中的"编辑形状"下拉按钮,在弹出的下拉菜单中选择"更改形状"命令,在弹出的形状列表中单击新的形状即可。

4. 组合形状

插入多个形状后,有时需要将多个形状组合成一个整体,方便进行移动、复制等操作。组合形状操作方法如下:

① 选定需要组合的多个形状。

② 单击"绘图工具"栏"格式"选项卡"排列"组中的"组合"下拉按钮,在弹出的下拉菜单中选择"组合"命令即可。

若要取消形状的组合,则选择组合后的形状,单击"绘图工具"栏"格式"选项卡"排列"组中的"组合"下拉按钮,在弹出的下拉菜单中选择"取消组合"命令即可。

5. 设置形状的格式

设置形状格式的操作方法如下:

① 选定相应的形状。

② 在"绘图工具"栏的"格式"选项卡(图 5 - 12)中,可根据需要对相应的形状格式进行设置;或者单击鼠标右键,在弹出的快捷菜单中选择"设置形状格式"命令,此时弹出"设置形状格式"窗格,如图 5 - 13 所示,用户根据需要对相关选项的相关属性进行设置即可。

图 5 - 12　"绘图工具"栏的"格式"选项卡

5.4.3　艺术字的基本操作

将演示文稿的文字(如标题等)设置成艺术字,可增加演示文稿的艺术性。

1. 插入艺术字

在幻灯片中插入艺术字的操作方法如下:

① 选定需要插入艺术字的幻灯片。

② 单击"插入"选项卡"文本"组中的"艺术字"下拉按钮,在弹出的艺术字样式列表中选择一种需要的艺术字样式,此时在幻灯片中即出现指定样式的艺术字该文本框,在该文本框中删除原有提示文字,输入所需要的文字即可。

2. 艺术字的编辑与格式设置

(1)艺术字的格式设置

设置艺术字格式的操作方法如下:

① 选择相应的艺术字。

图 5 - 13　"设置形状格式"窗格

② 在"绘图工具"栏的"格式"选项卡(图5-12)中,根据需要对艺术字的样式、效果进行修饰。

(2) 艺术字的编辑

若需要编辑艺术字文本,只需在编辑框中单击,便可直接进行编辑。

若需要旋转艺术字,则选择艺术字,拖动艺术字文本框的旋转控制柄即可。

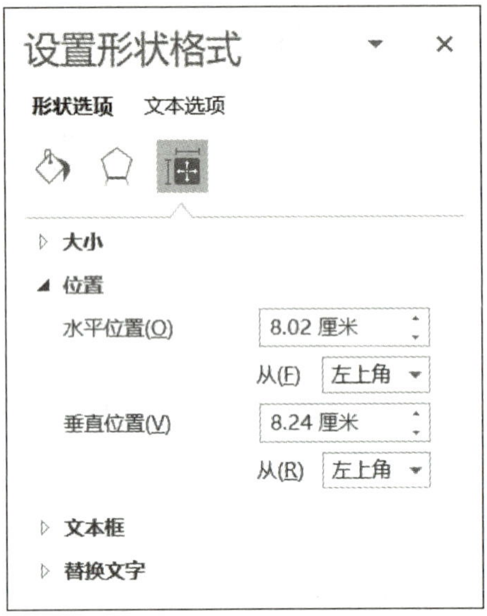

若需要精确定位艺术字,可按如下方法进行操作:

① 选择相应的艺术字。

② 单击鼠标右键,在弹出的快捷菜单中选择"设置形状格式"命令,弹出"设置形状格式"窗格,单击"大小与属性"按钮,选择"位置"选项,在下方可对位置进行精确的设置,如图5-14所示。

3. 将普通文本转换为艺术字

如果想将幻灯片中已经存在的文本转换为艺术字,可按如下方法进行操作:

① 选择相应的文本。

② 在"绘图工具"栏"格式"选项卡"艺术字样式"组中,单击"其他"按钮,在弹出的艺术字样式列表中选择一种艺术字样式即可。

图5-14 "位置"选项

5.4.4 多媒体对象的基本操作

多媒体对象包括音频、视频等,它们不仅可以来自本地文件,也可以录制。

1. 音频的基本操作

(1) 插入本地音频

① 插入本地音频的一般操作方法如下:

● 选定需要插入音频的幻灯片。

● 单击"插入"选项卡"媒体"组中的"音频"下拉按钮,在弹出的下拉菜单中选择"PC上的音频"命令,弹出"插入音频"对话框,如图5-15所示,选择需要的音频文件,单击"插入"按钮,此时在幻灯片中出现音频图标。

② 在幻灯片中插入录制的音频的操作方法如下:

● 选定需要插入音频的幻灯片。

● 单击"插入"选项卡"媒体"组中的"音频"下拉按钮,在弹出的下拉菜单中选择"录制音频"命令,弹出"录制声音"对话框,如图5-16所示,通过该对话框中的录制操作按钮完成音频的录制后,单击"确定"按钮,此时在幻灯片中出现音频图标。

(2) 设置音频图标的格式

对幻灯片中音频图标的格式进行设置的操作方法如下:

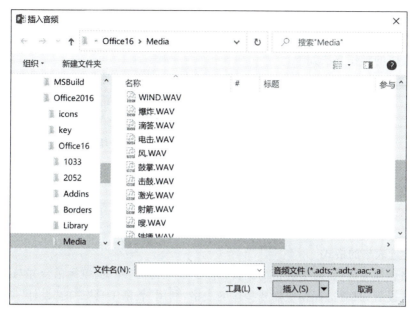

图 5 – 15　"插入音频"对话框

图 5 – 16　"录制声音"对话框

图 5 – 17　"设置图片格式"窗格

① 选择音频图标。

② 单击鼠标右键，在弹出的快捷菜单中选择"设置图片格式"命令，此时在窗口右侧出现"设置图片格式"窗格，如图 5 – 17 所示，根据需要选择相应的选项，可以对音频图标的格式进行设置。

2. 视频的基本操作

对于在幻灯片中插入视频以及设置视频格式的操作与音频类似，区别仅仅是选择"视频"下拉菜单中的相关命令，此处不再赘述。

5.4.5　表格和图表对象的基本操作

如果制作的幻灯片中带有大量的统计数据，这时使用表格和图表会更有说服力。

1. 表格的基本操作

（1）插入表格

插入表格的操作方法如下：

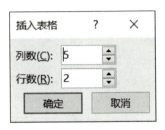

图 5 - 18 "插入表格"对话框

① 选定需要插入表格的幻灯片。

② 单击"插入"选项卡"表格"组中的"表格"下拉按钮，在弹出的下拉菜单中选择"插入表格"命令，弹出"插入表格"对话框，如图 5 - 18 所示，根据需要输入行数和列数，单击"确定"即可。

如果插入的表格的行列数较少时，也可以通过插入表格按钮以及绘制表格的形式插入表格，其操作方法与在 Word 2016 中插入表格的方法相同，此处不再赘述。

（2）设置表格的格式

当表格创建完成后，对于表格的编辑（表格大小、行高、列宽、单元格合并与拆分等）及表格的格式设置，只需选择相应需要操作的表格，利用"表格工具"栏的"设计"与"布局"选项卡中的各种命令进行操作即可，其方法与 Word 2016 中的操作相同，此处不再赘述。

2. 图表的基本操作

（1）插入图表

插入图表的操作方法如下：

① 选定需要插入图表的幻灯片。

② 单击"插入"选项卡"插图"组中的"图表"按钮，弹出"插入图表"对话框，如图 5 - 19

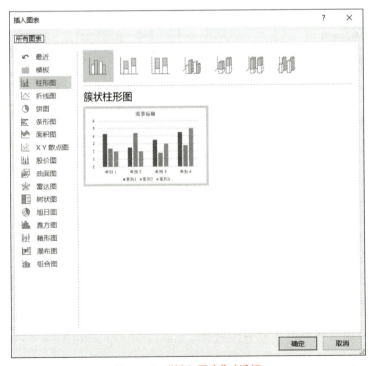

图 5 - 19 "插入图表"对话框

所示,根据需要选择相应类型的图表,单击"确定"按钮。

③ 此时自动打开 Excel 2016,根据需要对电子表格中的源数据进行修改,修改的结果实时地显示在 PowerPoint 图表中,如图 5 - 20 所示。完成数据修改后,退出 Excel 2016。

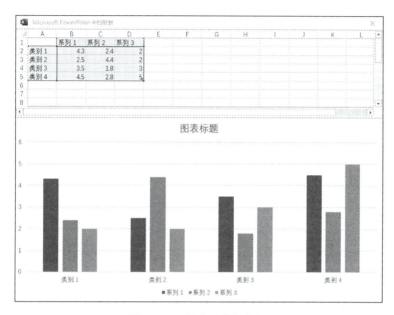

图 5 - 20 图表及其源数据

（2）更改图表数据

若发现图表数据有误,需要修改时,可按如下方法进行操作:

① 选择图表。

② 单击"图表工具"栏"设计"选项卡"数据"组中的"编辑数据"按钮,或单击鼠标右键并在弹出的快捷菜单中选择"编辑数据"按钮,均会打开 Excel 2016,用户根据需要进行数据修改即可。

（3）更改图表类型

更改图表类型的操作方法如下:

① 选择图表。

② 单击"图表工具"栏"设计"选项卡"类型"组中的"更改图表类型"按钮,或单击鼠标右键并在弹出的快捷菜单中选择"更改图表类型"命令,弹出"更改图表类型"对话框,用户根据需要选择新的图表类型即可。

（4）设置图表格式

设置图表格式的操作方法如下:

① 选择图表中需要进行格式设置的部分（如:坐标轴、绘图区、系列等）。

② 通过"图表工具"栏的"设计"和"格式"选项卡进行相应的设置即可。

5.5 动画与超链接

PowerPoint 演示文稿创建完成后,还需要为幻灯片中的对象添加相应的动画并且将演示文稿与其他文件联系起来,这样可以让幻灯片更加丰富多彩。

5.5.1 幻灯片中对象的动画设置

PowerPoint 2016 提供了四类动画,分别是进入动画、强调动画、退出动画和动作路径动画。进入动画是指对象从外部进入到幻灯片中的动画效果;强调动画是指为了突出、强调对象而设置的动画效果;退出动画是指幻灯片中的对象离开播放画面时的动画效果;动作路径动画是指对象按照设定的路径移动的动画效果。

1. 添加动画

(1)添加进入动画

为对象添加进入动画的操作方法如下:

① 选择对象。

② 单击"动画"选项卡"动画"组中单击动画样式列表右下角的"其他"按钮,在弹出的下拉列表中的"进入"组中选择一种进入动画效果。

图 5 – 21 "更改进入效果"对话框

若列表中的动画不满足要求,可选择"更多进入效果"命令,弹出"更改进入效果"对话框,如图 5 – 21 所示,根据需要进行动画效果的选择。

(2)添加强调动画

为对象添加强调动画的操作方法如下:

① 选择对象。

② 单击"动画"选项卡"动画"组中动画样式列表右下角的"其他"按钮,在弹出的下拉列表中的"强调"组中选择一种强调动画效果。

若列表中的动画不满足要求,可选择"更多强调效果"命令,弹出"更改强调效果"对话框,根据需要进行动画效果的选择。

(3)添加退出动画

为对象添加退出动画的操作方法如下:

① 选择对象。

② 单击"动画"选项卡"动画"组中动画样式列表右下角的"其他"按钮,在弹出的下拉列表中的"退出"组中选择一种退出动画效果。

若列表中的动画不满足要求,可选择"更多退出效果"命令,弹出"更改退出效果"对话框,根据需要进行动画效果的选择。

（4）添加动作路径动画

为对象设置动作路径动画的操作方法如下：

① 选择对象。

② 单击"动画"选项卡"动画"组中动画样式列表右下角的"其他"按钮，在弹出的下拉列表中的"动作路径"组中选择一种动作路径动画。

若列表中的动画不满足要求，可选择"其他动作路径"命令，此时弹出"更改动作路径"对话框，根据需要进行动作路径动画的选择。

2. 动画的相关设置

（1）设置动画效果选项

动画效果选项是动画的方向和形式，不同动画的效果选项不同。

设置动画效果选项的操作方法如下：

① 选择设置了动画的对象。

② 单击"动画"选项卡"动画"组中的"效果选项"按钮，在弹出的下拉列表中选择相应的效果即可。

（2）动画计时

动画计时主要涉及动画的开始方式、持续时间和延迟时间。动画的开始方式是指动画开始播放的操作方式；持续时间是指动画从开始播放到结束播放所需要时间；延迟时间是指播放操作完成后多长时间动画才开始播放。

动画的开始方式有三种：单击时、与上一动画同时、上一动画之后。"单击时"是指单击鼠标时开始播放动画；"与上一动画同时"是指前一动画与当前动画同时播放；"上一动画之后"是指前一动画播放完后开始播放当前动画。

设置动画计时的操作方法如下：

① 选择设置了动画的对象。

② 在"动画"选项卡"计时"组中，单击"开始"下拉列表框，在弹出的下拉列表中可选择三种动画的开始方式；持续时间和延迟时间可在相应数值选择框中直接输入，也可通过调整按钮进行调整。

（3）设置动画音效

动画音效是指在播放动画的同时播放的声音。设置动画音效的操作方法如下：

① 选择设置了动画的对象。

② 单击"动画"选项卡"动画"组右下角的对话框启动器 ▣ ，在弹出的"效果选项"对话框中选择"效果"选项卡，在"声音"下拉列表中选择需要的音效即可，如图 5-22 所示。

（4）调整动画的播放顺序

默认情况下，动画的播放顺序是按照预先设置的顺序进行播放的，若对于播放顺序不满意，可根据需要进行调整。其操作方法如下：

① 单击"动画"选项卡"高级动画"组中的"动画窗格"按钮，此时在窗口右侧显示"动画窗格"窗格。

② 选择需要调整顺序的动画，单击右上角的"重新排序"按钮 ▲ ▼ ，或者直接按下鼠

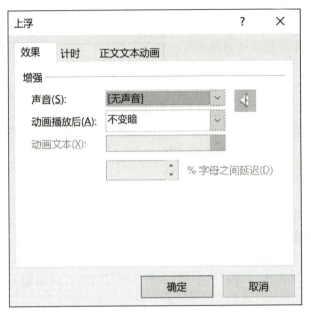

图 5 – 22 "效果"选项卡

标左键拖动即可改变动画的播放顺序。

（5）自定义动作路径

对于动作路径，可以直接采用系统提供的路径，也可以自己绘制路径，其操作方法如下：

① 选择需要设置动作路径的对象。

② 单击"动画"选项卡"动画"组中动画样式列表右下角的"其他"按钮，在弹出的下拉列表中的"动作路径"组中选择"自定义路径"，回到幻灯片中，按下鼠标左键绘制一条自定义动作路径，绘制完成后松开鼠标左键并按下 Esc 键即可。

自定义动作路径绘制完成后，会出现红色箭头▉和绿色箭头◢，其中绿色箭头代表起点，红色箭头代表终点。

若要交换起点和终点，可选择路径，单击鼠标右键，在弹出的快捷菜单中选择"反转路径方向"命令即可。

若要编辑路径的顶点，可选择路径，单击鼠标右键，在弹出的快捷菜单中选择"编辑顶点"命令，然后鼠标拖曳需要移动的顶点便可对该顶点进行移动操作；也可在某顶点上单击鼠标右键，在弹出的快捷菜单中选择所需要的操作（如添加顶点、删除顶点、开放路径、关闭路径等）。

（6）删除动画

若需要删除动画，可打开"动画窗格"窗格，选择需要删除的动画，然后按 Delete 键即可。

（7）预览动画效果

动画设置完成后，可以预览动画效果。通过单击"动画"选项卡"预览"组中的"预览"

按钮或单击"动画窗格"窗格中的"播放自"按钮，即可预览动画效果。

5.5.2　幻灯片切换动画

幻灯片切换动画是指在放映幻灯片过程中退出和进入播放画面时的动画效果。

1. 设置幻灯片切换动画

为幻灯片设置切换动画的操作方法如下：

① 选择对应的幻灯片（单张或多张）。

② 在"切换"选项卡"切换到此幻灯片"组中的列表中选择所需要的切换动画；如果希望切换效果应用于全部幻灯片，则单击"计时"组中的"应用到全部"按钮。

2. 幻灯片切换动画的相关设置

幻灯片切换动画的属性主要包括效果选项、声音、持续时间、换片方式等，均可通过"切换"选项卡来进行设置，此处不再赘述。

5.5.3　超链接

可以在演示文稿中的任何对象（包括文本、图形和图片、表格等）上创建超链接，然后通过超链接跳转到不同的位置：其他幻灯片、另一个演示文稿或某个网络地址。

1. 创建超链接

为对象创建超链接的操作方法如下：

① 选择需要创建超链接的对象。

② 单击"插入"选项卡"链接"组中的"链接"按钮，弹出"插入超链接"对话框，根据需要选择跳转的位置，如图 5 - 23 所示，单击"确定"按钮即可。

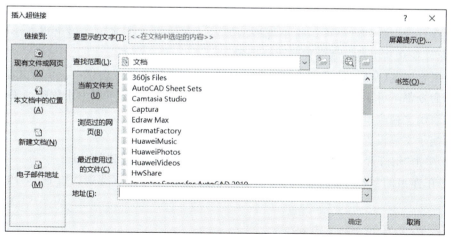

图 5 - 23　"插入超链接"对话框

2. 编辑、复制、取消与打开超链接

对已创建的超链接进行编辑的操作方法如下：

① 选择创建了超链接的对象。

② 单击鼠标右键,在弹出的快捷菜单中根据需要选择"编辑链接""打开链接""复制链接""删除链接"命令即可。

3. 添加动作

通过添加动作也可实现类似触发器的功能,可触发超链接、运行程序、运行宏等,其操作方法如下:

① 选择需要添加动作的对象。

② 单击"插入"选项卡"链接"组中的"动作"按钮,弹出"操作设置"对话框,然后根据需要进行操作设置,如图 5-24 所示。

图 5-24 "操作设置"对话框

5.6 演示文稿的放映和打印

演示文稿制作完成后,最终是要将幻灯片播放给观众看,而不同的场合,演示文稿的放映方式可以不同。

5.6.1 设置放映方式

PowerPoint 2016 提供了三种演示文稿放映方式:演讲者放映(全屏幕)、观众自行浏览(窗口)、在展台浏览(全屏幕)。

演讲者放映(全屏幕)可运行全屏显示的演示文稿,这是最常用的方式。在该方式下放映时,演讲者有完全的控制权。

观众自行浏览(窗口)可运行小规模的演示。在该方式下演示文稿出现在小型窗口中,它允许观众利用窗口命令控制放映进程。

在展台浏览(全屏幕)可自动运行演示文稿,用于展览会场或会议中。该方式下,其他菜单和命令都不可用,并在每次放映完毕后重新启动,按 Esc 键可以中止放映。采用这种方式的演示文稿应事先进行排练计时。

为演示文稿设置放映方式的操作方法如下:

① 单击"幻灯片放映"选项卡"设置"组中的"设置幻灯片放映"按钮。

② 在弹出的"设置放映方式"对话框中根据需要进行相应选项的设置,如图 5-25 所示。

5.6.2 自定义幻灯片放映

由于场合和对象的不同,可能只需要选择性地播放演示文稿的部分幻灯片,此时可通过自定义幻灯片放映来实现。自定义幻灯片放映不会改变原演示文稿。

自定义幻灯片放映的操作方法如下:

① 打开需要自定义幻灯片放映的演示文稿。

图 5－25　"设置放映方式"对话框

② 单击"幻灯片放映"选项卡"开始放映幻灯片"组中的"自定义幻灯片放映"按钮,在弹出的下拉菜单中选择"自定义放映"命令,弹出"自定义放映"对话框,如图 5-26 所示。

图 5－26　"自定义放映"对话框

③ 单击"新建"按钮,弹出"定义自定义放映"对话框,选择"在演示文稿中的幻灯片"列表中的幻灯片,通过"添加"按钮添加到"在自定义放映中的幻灯片"列表中;选择"在自定义放映中的幻灯片"列表中的幻灯片,通过调整顺序按钮、可调整幻灯片的播放顺序,如图 5-27 所示,然后单击"确定"按钮。

④ 最后回到"自定义放映"对话框,根据需要单击"关闭"或"放映"按钮。

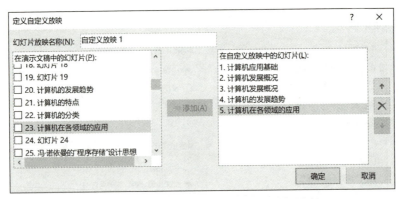

图 5-27　"定义自定义放映"对话框

5.6.3　排练计时

在设置幻灯片的动画效果及设置幻灯片切换动画时,都涉及时间的设置。通过设置排练计时,可以使演示文稿按设置好的时间和速度进行放映。

设置排练计时的操作方法如下:

图 5-28　"录制"对话框

① 打开需要设置排练计时的演示文稿。

② 单击"幻灯片放映"选项卡"设置"组中的"排练计时"按钮,此时幻灯片开始放映,并弹出"录制"对话框,如图 5-28 所示。

③ 准备播放下一张幻灯片时,请单击"下一项"按钮 →。

④ 放映结束时,弹出操作提示对话框,如图 5-29 所示。单击"是"按钮,保留排练时间;或者单击"否"按钮,取消该排练结果。

图 5-29　操作提示对话框

5.6.4　放映幻灯片

1. 放映幻灯片

放映幻灯片的常用方法有以下几种:

● 单击状态栏右侧的"幻灯片放映"按钮 早。

● 单击"幻灯片放映"选项卡"开始放映幻灯片"组中的"从头开始"或"从当前幻灯片开始"按钮。

● 按 F5 键或组合键 Shift＋F5，前者表示从第一张幻灯片开始放映，后者表示从当前选择的幻灯片开始放映。

在放映过程中，若要跳转到某一幻灯片放映，可单击鼠标右键，在弹出的快捷菜单中选择"查看所有幻灯片"命令，如图 5-30 所示。

2. 幻灯片放映中画笔的使用

犹如在黑板上讲解需要借助粉笔勾画一些内容一样，在放映幻灯片时也可以借助于"画笔"进行讲解。其操作方法如下：

幻灯片放映时，在空白处单击鼠标右键，在弹出的快捷菜单中选择"指针选项"命令，再在下级菜单中选择"激光指针""笔"或"荧光笔"选项，也可在"墨迹颜色"的下级菜单中为指针选一种颜色。这样按住鼠标左键就可以在放映的幻灯片上"勾画"讲解了。这种方式不会改变幻灯片。

3. 结束放映

按 Esc 键，或右击鼠标并在弹出的快捷菜单中选择"结束放映"命令，即结束幻灯片的放映。

图 5-30　"查看所有幻灯片"命令

5.6.5　演示文稿的打印

在打印演示文稿前，应进行页面设置，如设置幻灯片的大小和打印方向等。

1. 页面设置

进行页面设置的操作方法如下：

单击"设计"选项卡"自定义"组中的"幻灯片大小"按钮，在弹出的下拉菜单中选择"自定义幻灯片大小"命令，弹出"幻灯片大小"对话框，如图 5-31 所示，根据需要设置相关选项。

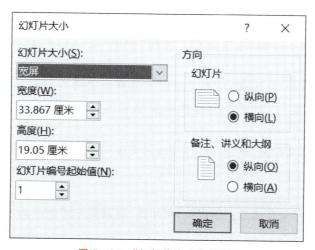

图 5-31　"幻灯片大小"对话框

图 5-32　打印相关选项的设置

2. 打印设置

进行打印设置的操作方法如下：

① 单击"文件"选项卡中的"打印"选项，在中间窗格中可进行相关选项的设置，如图 5-32 所示，在右侧窗格中可以显示打印预览效果。

② 设置完毕后，单击"打印"按钮即可。

5.6.6　演示文稿的打包

当 PowerPoint 演示文稿制作完成后，可以将演示文稿进行打包，这样便可以在没有安装 PowerPoint 软件的计算机中播放演示文稿。

1. 将演示文稿保存为 .ppsx 格式

将演示文稿保存为直接放映格式（.ppsx）的操作方法如下：

① 打开演示文稿。

② 单击"文件"选项卡中的"导出"选项，单击中间窗格中的"更改文件类型"按钮，在右侧窗格的文件类型列表中双击"PowerPoint 放映（*.ppsx）"，此时弹出"另存为"对话框，对其进行保存即可。

2. 将演示文稿打包

演示文稿可以打包到 CD 光盘，也可以打包到磁盘的文件夹。

将演示文稿打包的操作方法如下：

① 打开演示文稿。

② 单击"文件"选项卡中的"导出"选项，单击中间窗格中的"将演示文稿打包成 CD"按钮，单击右侧窗格的"打包成 CD"按钮，弹出"打包成 CD"对话框，如图 5-33 所示。

③ 在"打包成 CD"对话框中，若希望将其他演示文稿一起打包，则单击"添加"按钮，在弹出的"添加文件"对话框中选择需要填加的其他演示文稿，单击"打开"按钮完成填加。

④ 单击"复制到文件夹"命令，弹出"复制到文件夹"对话框，根据需要输入"文件夹名称"并选择保存位置，单击"确定"按钮即可将打包后的文件夹存放到指定位置，如图 5-34 所示。

⑤ 若计算机已经安装光盘刻录设备，则单击"复制到 CD"按钮即可。

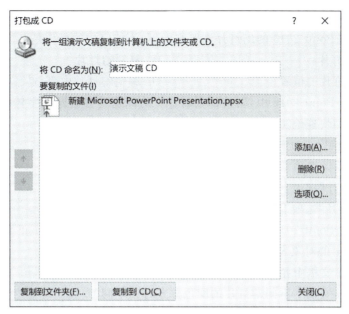

图 5 – 33 "打包成 CD"对话框

图 5 – 34 "复制到文件夹"对话框

• 习 题 5 •

一、单项选择题

1. PowerPoint 2016 演示文稿的扩展名是( )。

A. .doc B. .ps C. .pptx D. .xls

2. 在 PowerPoint 2016 中,使用( )可以使幻灯片的外观保持一致。

A. 背景 B. 幻灯片视图 C. 母版 D. 模板

3. 在 PowerPoint 2016 中,空白幻灯片中不可以直接插入( )。

A. 文字 B. 艺术字 C. 表格 D. 文本框

4. 在 PowerPoint 2016 中,"开始"选项卡中的( )命令可以用来改变某一幻灯片的布局。

A. 幻灯片版式　　　　B. 幻灯片配色方案 C. 字体　　　　　　D. 背景

5. 在 PowerPoint 2016 的幻灯片浏览视图下,不能完成的操作是(　　)。

A. 删除幻灯片　　　　　　　　　　B. 复制幻灯片

C. 调整幻灯片的位置　　　　　　　D. 编辑幻灯片内容

6. 在 PowerPoint 2016 中,要使每张幻灯片的标题具有相同的字体格式和相同的图标,应通过(　　)快速地实现。

A. 单击"视图"选项卡"母版视图"组中的"幻灯片母版"按钮

B. 单击"设计"选项卡"主题"组中的按钮

C. 单击"设计"选项卡"自定义"组中的按钮

D. 单击"设计"选项卡"主题"组中的按钮

7. 在 PowerPoint 2016 中,下列关于幻灯片页面版式的叙述中不正确的是(　　)。

A. 幻灯片上的对象大小可以改变

B. 同一演示文稿中允许使用多种母版格式

C. 同一演示文稿中不同幻灯片的配色方案可以不同

D. 幻灯片应用模板一旦选定,就不可以改变

二、填空题

1. 要停止正在放映的幻灯片,按_____键即可。

2. 在 PowerPoint 2016 中,若想选择演示文稿中指定的幻灯片进行播放,可以单击_____选项卡中的"自定义幻灯片放映"按钮。

3. 在 PowerPoint 2016 中,若想插入视频对象,应单击_____按钮。

4. 对文本要增加段前、段后间距的设置,应单击"开始"选项卡中的_____对话框启动器。

5. 要选中不连续的幻灯片,应在_____视图下,按住_____键并用鼠标单击所需的幻灯片。

6. PowerPoint 2016 中,为每张幻灯片设置放映时的切换方式,应使用"幻灯片放映"选项卡中的_____按钮。

第6章

计算机网络基础知识

本章要点：

➤ 网络的基本概念。

➤ 网络体系结构。

➤ 局域网的主要技术和以太网技术。

➤ 网络服务和网络安全技术。

本章主要讲述计算机网络的定义、分类，计算机网络的拓扑结构，计算机网络的主要功能，网络体系结构 OSI 参考模型和 TCP/IP 体系结构，局域网基本概念，局域网的主要技术，以太网技术，无线局域网技术，Internet 的结构，Internet 的服务，云计算，网络安全技术等。

6.1　计算机网络概述

6.1.1　计算机网络的定义

21 世纪发展最快、影响最大的就是计算机网络。计算机网络已经融入了人们生活的方方面面，彻底改变了人们传统的生活方式。如今人们可以在计算机网络上聊天、查询资料、购物、娱乐……可以毫不夸张地说，计算机网络在当今世界无处不在。1997 年，在美国拉斯维加斯的计算机技术博览会上，微软公司总裁比尔·盖茨先生发表了著名的演说。在其演说中，"网络才是计算机"的精辟论点充分体现出信息社会中计算机网络的重要地位。计算机网络技术的发展已经成为当今高新技术发展的核心之一。因此学习、了解计算机网络是非常有必要的。

计算机网络的定义：计算机网络是将分布在不同地理位置上的具有独立工作能力的多台计算机、终端及其附属设备，通过通信设备和通信线路连接起来，并通过功能完善的网络软件实现网络中资源共享和信息传递的系统。它是现代通信技术与计算机技术相结合的产物。

计算机网络主要包括连接对象、连接介质、连接的控制机制和连接方式等四个方面。"对象"主要是指各种类型的计算机（如大型机、微型机、工作站等）或其他数据终端设备；

"介质"是指通信线路(如双绞线、同轴电缆、光纤、无线电波等)和通信设备(如网桥、网关、中继器、路由器等);"控制机制"主要是指网络协议和各种网络软件;"连接方式"主要是指网络所采用的拓扑结构(如星状、环状、总线型和网状等结构)。

从计算机网络的定义可以看出,计算机网络具有以下三个特点。

(1) 不止一台计算机

一台计算机不是网络,要构成网络至少需要两台计算机,最简单的计算机网络是通过传输介质将两台主机互联,实现相互通信和资源共享。复杂的计算机网络可以包含成千上万甚至上亿台计算机。

(2) 计算机之间通过传输介质互联在一起

计算机与计算机之间必须通过某种传输介质连接在一起。当前的计算机网络传输介质主要分为有线传输介质和无线传输介质。

(3) 具有独立工作能力

每台计算机可以独立于其他计算机自主地工作。

6.1.2 计算机网络的分类

用于计算机网络分类的标准很多,例如,可以按拓扑结构、应用协议、传输介质、数据交换方式、使用的网络操作系统等进行分类。但是这些分类标准只能反映网络某方面的特征,不能反映网络技术的本质。目前最常用的分类标准是按照计算机网络的覆盖范围进行分类,这种分类方式可以很好地反映出不同类型网络的技术特征。由于网络的覆盖范围不同,它们所采用的传输技术也不同,因而形成了不同的网络技术特点与网络服务功能。按计算机网络的覆盖范围分类,可以将计算机网络分为局域网(LAN)、广域网(WAN)和城域网(MAN)三种,它们的主要技术特征见表 6-1。

表 6-1　LAN、WAN 和 MAN 的主要技术特征

技 术 特 征	局域网(LAN)	城域网(MAN)	广域网(WAN)
覆盖范围	10 公里以内	10~100 公里	几百到几千公里
传输介质	同轴电缆、双绞线、光缆、微波、红外线	光缆、微波、卫星	光缆、微波、卫星
误码率	低	较高	高
终端组成	计算机	计算机、局域网	计算机、局域网、城域网
拓扑结构	总线型、环型、星型、树型、网状	网状	网状

1. 局域网(Local Area Network，LAN)

局域网是覆盖范围被限制在几千米范围内的网络,一般情况下它是专属于某一机构,建立在机构所属建筑群内的。由于局域网的覆盖范围有限,数据的传输距离较短,因此局域网内的数据传输速率都比较高,一般在 100~1 000 Mbps,现在高速局域网主干的数据传输速率可达到 10 000 Mbps。

2. 广域网(Wide Area Network，WAN)

广域网是在一个广阔的地理区域内进行数据、语音、图像等信息传送的通信网。其作用是实现远距离计算机之间的相互连接，以实现数据的传输和信息共享。广域网可以是跨地区、跨城市、跨国家的计算机网络，它的覆盖范围一般是从几百千米到几千千米甚至上万千米。广域网使用的通信线路大多是公用通信网络，如公用交换电话网络(Public Switched Telephone Network，PSTN)。由于广域网覆盖的范围很大，联网的计算机众多，因此广域网上的信息量非常大，共享的信息资源极为丰富。随着技术的发展，广域网的数据传输速率在不断提高，现在已有 2.4 Gbps 甚至更高速率的广域网。目前最典型的广域网就是当前人们使用最多的基于 TCP/IP 协议的 Internet。

3. 城域网(Metropolitan Area Network，MAN)

城域网的覆盖范围介于局域网和广域网之间，一般在几十千米以内。实际上，城域网的覆盖范围通常仅限于一个城市。城域网设计的目标是要满足几十千米范围内的大量企业、机关、公司的多个局域网互联的需求，以实现大量用户之间的数据、语音、图形、视频等多种信息的传输功能。目前城域网建设主要采用 IP 技术和 ATM 技术。

6.1.3　计算机网络的拓扑结构

网络拓扑结构(Network Topology)是指构成网络的相关节点和传输线路所组成的几何排列形式。网络拓扑结构对于计算机网络而言非常重要，它在很大程度上决定了计算机网络的种类、特点、所采用的技术以及性能等。目前计算机网络使用的拓扑结构主要有：总线型、环状、星状、树状和网状等几种。大部分网络都可以由这几种典型拓扑结构独立或混合构成。了解这些网络拓扑结构是研究、学习计算机网络和解决计算机网络疑难问题的前提。下面介绍几种常见的网络拓扑结构。

1. 总线型拓扑结构

总线型拓扑结构是指采用单根传输线作为总线，所有工作站都共用一条总线。总线型拓扑结构所采用的传输介质一般是同轴电缆(包括粗缆和细缆)，所有的节点都通过相应的硬件接口(如网卡)及一段传输介质与总线相连，如图 6-1 所示。

总线型拓扑结构主要具有以下几个特点。

(1)网络节点扩展较灵活

当需要增加节点时，只需要添加一段传输介质和 T 形接头即可。但受通信介质本身物理性能的限制，总线的负载能力是有限的。所以总线型拓扑结构网络所能连接的节点数量一般较少。

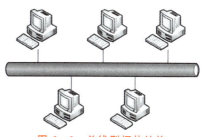

图 6-1　总线型拓扑结构

(2)结构简单、成本低廉

总线型拓扑结构非常简单，组网成本较低，只需传输介质和相关连接器件即可实现将若干节点的互联。在较小范围内一般不需要昂贵的节点集中设备(如集线器、交换机等)。

（3）可靠性高

单个节点的故障不会影响到其他的节点，网络不会因为节点发生故障而瘫痪，因此网络可靠性高。

（4）共享带宽，性能低下

节点之间关系平等，都有权争用总线，不受相关节点的仲裁。在半双工通信模式下，总线型拓扑结构的网络一般是各节点共享总线带宽，在同一时刻只能有一个节点使用总线传输数据，其他节点必须等待。因此每个网络节点所享受的带宽会随着网络中节点数的增加而下降。

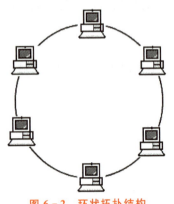

图 6-2　环状拓扑结构

2. 环状拓扑结构

环状拓扑结构的网络节点被一根或两根线缆首尾相连形成一个闭合的环，如图 6-2 所示。环状网络拓扑结构在实际应用中主要有单环和双环两种。其中单环结构的典型应用是令牌环网；双环结构的典型应用是光纤分布式数据接口（FDDI）。

环状拓扑结构的网络主要有如下几个特点。

（1）实现简单，投资小

从其网络结构示意图中可以看出，组成这个网络除了各工作站、传输介质和其他一些连接器材外，没有价格昂贵的节点集中设备，如集线器和交换机等。因此比较容易实现，成本也较低。

（2）可靠性低

单点故障将可能造成全网故障。从其网络结构可以看到，网络中各节点是直接串联，任何一个节点出现故障都有可能造成整个网络的瘫痪，因此可靠性低。

（3）扩展性能差

环状结构决定了它的扩展性能远不如星状结构好，如果要新添加或移动节点，就必须中断整个网络，在环的两端制作好终接器后才能连接。

（4）路由简单

节点之间仅有唯一的路径，简化了路由选择，不需要进行复杂的路由计算，降低了数据传输的时间延迟。

（5）共享带宽，性能低下

在半双工通信模式下，环状拓扑结构和总线型拓扑结构相似，各网络节点关系平等，都有权争用环形传输介质，不受相关节点的仲裁，各网络节点共享环形传输介质带宽，数据传输速率会随着接入网络的节点数量的增加而下降。

3. 星状拓扑结构

星状网络拓扑结构是指所有的网络工作站都通过一个中心节点进行互联，如图 6-3 所示。这种结构是目前在小型局域网中应用最为普遍的一种拓扑结构。网络中的各节点设备通过一个网络中心设备（如集线器、交换机）连接在一

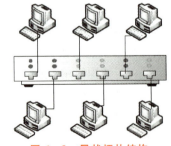

图 6-3　星状拓扑结构

起,各节点呈星状分布,因此而得名"星状拓扑结构"。这类网络目前用得最多的传输介质是双绞线。

星状拓扑结构的网络主要有以下几个特点。

(1)节点扩展、移动方便

增加节点时只需要从集线器或交换机等中心设备中增加一条传输介质来连接节点设备即可;而移动一个节点时只需要把相应节点所连的传输介质插入网络设备的相应端口即可。

(2)可靠性比较高、故障诊断和隔离容易

一般单点故障不会造成整个网络故障,除非是中心节点出现故障。通过中心节点对连接线路可以逐一排查和隔离,方便进行故障检测和定位。

(3)对中心节点的可靠性要求较高

网络中心节点易成为网络的性能瓶颈,中心节点故障将导致全网故障。因此星状拓扑结构网络对中心节点的可靠性要求较高。

(4)组网成本高

每个工作站节点都需要通过一根传输介质连接到中心节点。因此,组网时需要使用大量的传输介质,同时也需要中心节点设备,组网成本较高。

4. 树状拓扑结构

树状拓扑结构由总线型和星状两种网络拓扑结构演变而来,如图 6-4 所示。它是一种层次结构,节点之间按照层次关系连接,信息交换主要在上下节点之间进行,相邻节点或同一层次的节点之间一般不进行数据通信,形状像一棵倒置的树,顶端是树根,树根以下带分支,每个分支还可再带子分支。

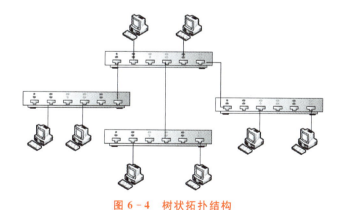

图 6-4　树状拓扑结构

树状拓扑结构的网络主要有以下几个特点。

(1)结构清晰

树状拓扑结构采用层次化结构,结构清晰,排错容易。

(2)容易扩展

树状拓扑结构扩展容易,要想增加网络节点只需要在相应层次使用网络传输介质,将网络节点接入网络设备即可。

（3）容易进行故障隔离，可靠性高

某个节点发生故障一般只影响它的上游节点和下游节点，对同层次的节点一般不会产生影响。因此，容易进行故障隔离，可靠性也比较高。

（4）根节点容易成为网络性能瓶颈

整个网络对根节点依赖较大，一旦根节点出现故障，或根节点性能不好，将导致全网瘫痪或网络性能急剧下降。

（5）组网成本高

组网时需要使用大量的网络传输介质和网络设备，因此组网成本比较高，建设周期也比较长。

5. 网状拓扑结构

网状拓扑结构，也称为混合型拓扑结构，或完整结构。它采用不规则的结构方式进行互联，节点之间没有固定的连接形式。参与通信的任意两个节点之间均有传输介质相互连接。网状拓扑结构可以分为全网状和部分网状，如图6-5、图6-6所示。

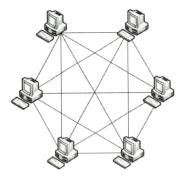 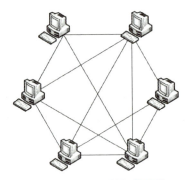

图6-5 全网状拓扑结构　　图6-6 部分网状拓扑结构

网状拓扑结构的主要特点如下。

（1）可靠性高

任意两个通信节点之间都有传输介质直接相连，有充足的线路冗余。部分传输线路出现故障，并不影响整个网络的通信。

（2）成本高、建设周期长

组网需要大量的传输介质和网络设备，成本高，建设周期长。

（3）结构复杂、不便于管理

网状拓扑结构在提供高可靠性的同时，将导致网络结构异常复杂，要管理这样的网络难度较大。

（4）线路利用率低

由于任意两个节点之间都有传输介质连接，如果节点之间的通信流量很小，节点之间的线路利用率就较低。在网状拓扑结构的网络中，几乎可以肯定有很多线路是得不到充分利用的。

由于全网状拓扑结构实现起来费用高、代价大，结构复杂、管理和维护非常困难，因此，在局域网中很少采用这种结构。实际应用中常常采用部分网状拓扑结构替代全网状拓扑结构,即在重要节点之间采用全网状拓扑结构,对于相对次要的非重要的节点则采用部分网状拓扑结构。

6.1.4 计算机网络的主要功能

社会及科学技术的发展为计算机网络的发展提供了更加有利的条件。计算机技术与通信技术相结合,可以使众多的个人计算机不仅能够同时处理文字、图像、声音等信息,而且还可以使这些信息四通八达,及时地与全国乃至全世界的其他计算机进行信息交换。计算机网络的功能归纳起来主要有以下几点。

1. 数据通信

这是计算机网络最基本的功能,它为网络用户提供了强有力的通信手段。计算机网络建设的主要目的之一就是使分布在不同地理位置的计算机之间能相互通信和传送信息(如文字、声音、图像等)。计算机网络的其他功能都是在数据通信功能基础之上实现的,如 QQ 聊天、发送电子邮件、远程登录、联机会议、Web 服务等。

2. 资源共享

计算机网络是一种特殊的计算机系统,从整体上来看是由硬件系统与软件系统构成的。因此计算机网络资源共享可以分为硬件资源共享和软件资源共享。其中软件资源共享又可以细分为系统软件、应用软件和信息资源共享。

(1)硬件资源共享

计算机网络允许网络上的用户共享不同类型的硬件设备,通常有打印机、光驱、大容量的磁盘以及高精度的图形设备等。

(2)软件资源共享

软件资源共享,通常是指某一系统软件或应用软件(如数据库管理系统),如果它占用的空间较大,则可将其安装到一台配置较高的服务器上,并将其属性设置为共享,这样网络上的其他计算机在需要时就可以直接利用它,用不着每个用户都在自己的本地计算机上安装这些软件,这样可大大节省计算机的存储空间。

(3)信息资源共享

信息化时代,信息也是一种宝贵的资源,Internet 就像一个浩瀚的海洋,有取之不尽、用之不竭的信息。每一个连入 Internet 的用户都可以共享这些信息资源。例如,各类电子出版物、网上新闻、网上图书馆和网上超市等。

3. 均衡负荷与分布式处理

通过计算机网络,海量的处理任务可以被分配到分散在不同地理位置或全球各地的计算机上进行处理。例如,一个大型网站的网络访问量非常大,为了满足更多的用户访问该网站,可以在全世界各地部署相同内容的 WWW 服务器。通过一定的技术使得不同地域的用户访问放置在距离用户最近的服务器上的页面,这样就可以实现各服务器的负载均衡,并缩短通信距离,提高网络性能。

4. 提高计算机系统的可靠性

单台计算机或系统难免出现故障,严重情况下可致使整个系统瘫痪。通过计算机网络提供一个多级系统的环境,每一台计算机都可以通过网络成为另一台计算机的备用机,从而提高计算机系统的可靠性。这样，一旦网络中的某台计算机发生了故障，另一台计算机可代替其完成所承担的任务，保证业务不中断。

5. 综合信息服务

应用日益多元化是计算机网络发展的趋势，即在一套系统上提供集成的综合信息服务，如图像、语音、视频、数据等服务。在应用多元化发展的趋势下，越来越多的新的网络应用不断涌现，如即时通信、电子邮件、视频点播（VOD）、电子商务、远程会议、远程教学、IP 电话等。IP 电话利用 IP 作为传输协议，通过网络技术将语音集成到网络上来，利用 IP 协议传输语音信息，可以大大降低长途话费。

6.2 网络体系结构

6.2.1 网络体系结构概述

1. 网络体系结构出现的背景

在网络发展的初期，网络技术发展变化的速度非常快，计算机网络变得越来越复杂，新的协议和应用不断引入网络，但没有一个全行业统一的标准规范。网络设备厂商都是按照自己的标准来设计、生产网络设备，这就导致了不同网络设备厂商所生产的网络设备之间无法相互兼容，很难进行相互通信，在很大程度上制约了网络技术的发展。为了解决这一问题，迫切需要一个全行业统一的标准规范。网络体系结构便是在这一需求背景下诞生的。

2. 网络体系结构定义

计算机网络是一个复杂的系统，网络体系结构通常把计算机网络按照一定的功能与逻辑关系划分成一种层次结构。这种层次结构对用户而言是"透明"的，用户无须关心网络是如何实现，只需要通过相关的接口使用网络所提供的功能或服务即可。除了计算机网络的层次结构，计算机网络通常是由许多节点组成，这些节点之间需要相互交换数据，交换数据时节点之间必须遵循一组约定或规则——协议。计算机网络体系结构就是这种层次结构与协议的集合。网络体系结构是抽象的，不涉及具体实现，它只是为构建计算机网络提出了框架和标准。至于如何实现该框架和标准，采用什么方法、何种硬件和软件，是计算机网络构建者要考虑的问题。

3. 分层式网络体系结构的优点

一般而言，主流网络体系结构都基于层次化的方式实现，即将网络系统从逻辑上划分为相对独立的功能层次。不同层次完成不同的功能，层与层之间通过相应的接口来进行相互通信，对等层次之间通过协议来交换信息，下层为上层功能实现提供服务。网络体系结构采用分层式的划分方式有如下优点。

（1）复杂问题简单化

人们面对一些难以处理的复杂问题时，通常的做法是将其分解为若干较小且容易处理的小问题，使得问题复杂度降低。计算机网络系统本身就是一个复杂的系统工程。采用层次化的体系结构有助于降低计算机网络的复杂度,便于人们研究、学习、规划、设计、实施、管理计算机网络,这也促进了计算机网络的发展。

(2)各层相互独立

层与层之间是透明的。高层并不需要知道低层是如何实现的,只需要通过相关接口使用低层提供的服务即可。而且不同的组织机构和厂家只需致力于自己所在层次的研究,而不用去理会其他层次的实现细节,降低了网络系统研究开发的难度。

(3)灵活性好

由于网络技术的进步会促进实现功能的变化,需要对某一层次进行修改时,在接口保持不变的前提下,只需要针对该层次进行修改,而该层的上层和下层均不受影响。

(4)有利于促进标准化

网络体系结构为每个层次的功能与所提供的服务都进行了精确的定义与说明,研究人员只需要研究采用何种技术实现该功能即可。

4. 典型的网络体系结构

目前在网络中最典型的网络体系结构有两种。

(1)OSI 参考模型

国际标准化组织(ISO)于 1984 年提出了 OSI 参考模型(Open System Interconnection Reference Model,开放系统互联参考模型)。OSI 参考模型是计算机网络通信的基础模型,是应用在局域网和广域网上的一套普遍适用的规范集合。但 OSI 参考模型仅仅是一种理论模型,它只是定义了每一层次的功能,并未定义这些功能该如何实现,并且 OSI 参考模型过于复杂,难以完全实现。到目前为止,OSI 参考模型还仅仅只是一种理论模型,没有一种完全遵守 OSI 参考模型的网络通信协议和网络系统被开发出来。但 OSI 参考模型是理论基础,它为清晰地理解互联网络、开发网络产品和设计网络等带来了极大的方便。因此 OSI 参考模型仍然是学习计算机网络技术的必备基础知识。

(2)TCP/IP 模型

TCP/IP 模型起源于 20 世纪 60 年代末美国政府资助的一个分组交换网络研究项目,与 OSI 参考模型一样,它也是采用层次化结构,为每一层次定义了精确的功能。与 OSI 参考模型不同的是,TCP/IP 体系结构不仅仅是定义了每一层次的功能,还定义了这些功能该如何实现的细节问题,并且更加简单,容易实现。目前广泛流行的 Internet 正是基于 TCP/IP 体系结构而实现的。由于 Internet 在全球的飞速发展,使得 TCP/IP 得到了广泛的应用,它已经成为目前计算机网络的"事实标准"。

6.2.2 OSI 参考模型

OSI 参考模型自下而上将网络分为 7 层,分别是物理层(Physical Layer)、数据链路层(Data Link Layer)、网络层(Nnetwork Layer)、传输层(Transport Layer)、会话层(Session Layer)、表示层(Presentation Layer)和应用层(Application Layer),如图 6-7 所示。

1. 物理层

物理层是 OSI 参考模型的最底层,向下直接与物理传输介质连接。它建立在传输介

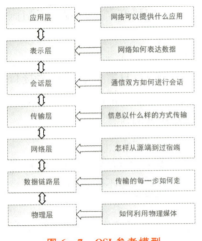

图 6 - 7 OSI 参考模型

质的基础上,实现设备间的物理接口,其主要功能是在终端设备间实现比特流的传输。物理层的典型设备是集线器。

物理层并不是指物理设备或物理介质,而是对有关物理设备通过物理介质进行互联的描述和规定。物理层主要定义了网络的如下物理特性。

(1)机械特性

定义了网络通信设备的接口所采用的连接器的形状、尺寸、引线数目和排列顺序等。例如,双绞线的 RJ - 45 型水晶头、同轴电缆 BNC 接头、双绞线的 TIA/EIA 568A/B 端接线序……都是物理层的机械特性所定义的。

(2)电气特性

电气特性定义了在接口电缆的每根线上的电压、电流范围。

(3)功能特性

功能特性说明某根线上出现的某一电平的电压表示何种含义。例如,究竟是高电平表示 0,还是低电平表示 0,或者是由高到低表示 0,还是由低到高表示 0……这些都是传输介质功能特性所定义的。

(4)规程特性

规程特性说明对应不同功能的各种可能事件的出现顺序。

2. 数据链路层

数据链路层是 OSI 参考模型的第 2 层,它介于物理层与网络层之间,用于在相邻节点间建立数据链路,以数据帧为数据传送单位。数据链路层负责在特定的介质或链路上以数据帧为单位实现透明的、高可靠性的数据传输。所谓透明数据传输,是指无论所传输的数据是采用何种比特组合或格式,都能够按照原样传输到目的节点,其处理过程与传输过程对上层是透明的。数据链路层的典型设备是交换机。

数据链路层相关功能的实现需要借助于相应的数据链路层协议。数据链路层协议与链路传输介质联系比较紧密,不同的传输介质需要不同的数据链路层协议给予支持。例如,双绞线一般运行以太网协议,V. 35 线缆运行 PPP、HDLC、帧中继等广域网数据链路层协议。为了很好地为上层网络层提供服务,实现数据可靠、透明的传输,数据链路层需要具有如下主要功能。

(1)帧同步

所谓帧同步主要指的是组帧和识别帧。因为物理层只负责传输比特流,而不关心比特流的次序、结构和含义。数据链路层需要在发送方将特定的比特流编制成帧——组帧。而数据链路层的接收方需要知道一个帧的开始与结束——识别帧。

(2)数据链路的建立、维持和释放

相邻节点之间的数据传输需要通过建立一条链路来实现,即通信双方在传送数据之前需要建立一条链路;链路建立好后发送方和接收方按照链路来传送数据,在传送数据过程中还需要维持链路;当发送方和接收方传送完数据后,通信双方需要将链路释放。因此数据链路层需要有链路建立、维持、释放的功能。

（3）差错控制

所谓差错控制是指对传输的数据进行错误检测与恢复。由于物理层所传送的比特流在传送过程中可能出现错误和丢失,而物理层又无法辨别错误。所以数据链路层需要以数据帧为单位实施差错控制。最常采用的差错控制方法是帧校验序列(Frame Check Sequence,FCS)。

在早期网络中,由于传输介质、网络通信设备的可靠性和性能都不高,网络可靠性没有办法得到保证,因此在早期网络中差错控制显得尤为必要。而随着网络技术的不断发展,传输介质和网络通信设备的可靠性和性能都有了质的飞跃,因此在目前的网络中,数据链路层的差错控制功能已经有所弱化,甚至已经不是必选项。

（4）流量控制

所谓流量控制是指协调发送方与接收方之间发送数据与接收数据的能力大小。防止由于发送方发送数据的能力大于接收方接收数据的能力,而导致网络拥塞、接收方缓冲区溢出等问题的发生。

（5）传输资源控制

早期网络一般是基于共享式的网络,大多采用半双工通信模式。在此种网络中,传输介质是网络中所有主机共同享用的——共享传输介质。共享介质在同一时刻只能被一台主机使用,如果同时有多台主机使用共享介质,将发生"冲突"。

所谓传输资源控制是指对共享传输介质资源的分配与控制。即通过介质访问控制方法,合理分配共享传输介质的使用权限,避免同时有两台或两台以上的主机去使用共享传输介质传送数据,而引发共享传输介质的使用冲突。

（6）编址与寻址

数据链路层通过物理地址定位主机的位置,在数据转发过程中通过目的物理地址去寻找接收主机。根据数据链路层协议的不同,物理地址类型也不同,目前最典型和最重要的物理地址是以太网的 MAC 地址。

3. 网络层

网络层是 OSI 参考模型的第 3 层,数据是以包作为单位来传输的。网络层主要的任务是进行路由和寻址,即选择合适的网络路径(路由)将数据包转发出去,使数据包能准确地从发送方传送到接收方。网络层的典型设备是路由器。

网络层的主要功能如下。

（1）编址

网络节点为了能相互通信,必须有一个唯一标识符来区分每个网络节点。所谓编址就是为网络中的通信节点分配唯一标识符——地址。网络层的地址称为网络地址,当前使用最多的网络地址为 IP 地址。

（2）路由选择

根据数据包里的源地址和目的地址按照路由表信息选择一条恰当(一般是路由器认为最优的路径)的路由将数据包转发出去,以保证数据包能正确地从源节点传输到目的节点。执行网络层路由选择的设备通常是路由器或三层交换机。

（3）拥塞控制

如果网络上同时传输过多的数据包，可能会产生拥塞，导致数据包丢失或延迟。为了避免这种情况的发生，网络层引入了拥塞控制机制。

（4）连接异种网络

在网络中，通信链路和介质类型是多种多样的（具体表现为传输介质的不同）。每一种链路都有其特殊的通信规程，为了能实现不同种类型网络的互联，网络层必须能够工作在多种链路和介质类型上。例如，普通路由器同时具有广域网接口和 RJ-45 以太网接口。因此利用路由器可以实现将局域网与广域网互联起来。

4. 传输层

传输层位于 OSI 参考模型的第 4 层，这一层是终端程序通信的最重要的层次。在两个应用程序之间通信时，第一个端到端的层次就是传输层。而且在整个网络体系结构中，传输层是唯一负责整体数据传输的层次。简而言之，传输层的主要作用是为高三层提供传输服务，从而实现端到端的数据传输（分为可靠的数据传输与不可靠的数据传输）。由于数据在传输的过程中，网络层提供的是无连接、不可靠的服务或者是由于路由器的崩溃，造成包的丢失、损坏、乱序等错误情况，所以需要在比网络层更高的层次实现端到端的数据的可靠传输。通过传输层，不仅可以实现数据的可靠传输，而且通信双方主机上的应用程序之间可以利用对方的地址信息直接进行对话，而不用顾及两台主机所跨越的网络中有多少个中间节点，从而简化了应用程序的开发难度。传输层传输的数据单元为段。

传输层主要有如下的功能。

（1）数据分段

传输层从会话层接收到数据以后，会对会话层的数据进行分段，形成易于管理和传输的报文段。

在 TCP/IP 体系结构中，传输层主要有两个协议：TCP 协议和 UDP 协议，用于实现端到端的数据传输。其中 TCP 协议接收来自会话层的数据后，会对会话层的数据进行分段，形成易于管理和传送的报文段；而 UDP 协议不会对数据进行分段。

（2）数据段重组

接收方的传输层在接收到报文段后，需要将报文段转交给上层的相关应用程序去处理。由于数据在网络上进行传输，事先被分割成许多细小的报文段，在到达目的主机以后，必须将这些细小的报文段进行重组并恢复成分割前的状态。

（3）标识上层应用程序

接收方的传输层接收到报文段后，需要将报文段转交给上层适当的应用程序去处理，具体交给哪种应用程序去处理呢？因此传输层必须要具有标识应用程序的功能。传输层为每一个报文段都分配了应用程序的标识符。

在 TCP/IP 网络中，传输层是利用端口号来唯一标识上层应用程序的，并且为常用的知名服务提供了默认的端口号。例如，端口号 80 标识 WWW 服务，端口号 21 标识 FTP 服务。

（4）为数据传输提供不同等级的可靠性

为了适应不同网络环境的要求，传输层提供了两种不同级别的端到端的数据传输：可靠的数据传输和不可靠的数据传输。在网络环境较差、数据传输容易出现错误的情况下，或对传输质量要求比较高时，传输层提供可靠的端到端的数据传输。但这种方式会牺牲一定的传输速率并增大传输延迟；相反，在网络环境较好的情况下，可以采用不可靠的端到端的传输，以提高数据传输的效率，减少延迟。

在 TCP/IP 体系结构中，传输层利用 TCP 协议实现可靠的数据传输，利用 UDP 协议实现不可靠的数据传输。

（5）多路复用和分流

当传输层的用户进程的信息量较少时，可将多个传输连接映射到一个网络连接上，以便充分利用网络连接的传输速率，减少网络连接的个数，从而实现多路复用和分流。

5. 会话层、表示层和应用层

现在人们已经很少将会话层、表示层单独列出来，一般都是合并到应用层。会话层是利用传输层提供的端到端的服务，向表示层或会话用户提供会话服务。同时会话层也具有差错控制与恢复的功能。表示层负责处理数据格式，例如数据加密和压缩等。

应用层是 OSI 参考模型的最高层，它直接向用户提供服务，协调各个应用程序间的工作。应用层主要有以下两个功能。

（1）为用户使用网络提供接口

应用层是用户与网络以及应用程序与网络间的直接接口。用户使用网络正是通过应用层来实现的。

（2）实现各种服务

应用层为用户提供了各种服务，网络的各种服务正是通过应用层的相关协议来提供的。服务是对于用户而言的，服务的实现必须依靠具体的协议。

6.2.3 TCP/IP 体系结构

TCP/IP 体系结构是目前计算机网络的事实标准，它将网络分为 4 层：网络接口层、网际层、传输层和应用层。TCP/IP 体系的层次结构如图 6-8 所示。

1. 应用层

TCP/IP 模型中没有单独列出会话层和表示层，其功能融合在 TCP/IP 的应用层中。TCP/IP 的应用层和 OSI 参考模型的应用层功能相似，都是直接与用户和应用程序打交道，负责为用户和应用程序使用网络提供接口。网络的相关服务也是通过应用层来提供。在 TCP/IP 体系结构中，常见的应用层服务有：WWW 服务、FTP 服务、DNS 服务、DHCP 服务、E-mail 服务、SMTP 服务、文件传输服务、DNS 服务等。

4	应用层
3	传输层
2	网际层
1	网络接口层

图 6-8 TCP/IP 体系的层次结构

2. 传输层

TCP/IP 的传输层位于应用层和网际层之间，和 OSI 参考模型的传输层相似，主要负责为两台主机上的应用程序提供端到端的数据传输。通信双方的应用程序,可以利用对方的地址信息,使得源、目的主机上的对等应用程序进行会话,以实现数据传输。TCP/IP 体系结构的传输层主要使用 TCP 和 UDP 两种协议来支持数据的传送。其中 TCP 协议提供的是可靠的端到端的数据传输;而 UDP 协议提供的是不可靠的端到端的数据传输。

3. 网际层

TCP/IP 体系结构的网际层和 OSI 参考模型的网络层对应。网际层是 TCP/IP 体系结构的关键部分,最常采用的协议是 IP 协议。它的主要功能是处理来自传输层的报文段,将该报文段封装成 IP 数据包,并利用 IP 数据包里的源 IP 地址和目的 IP 地址,再结合具体的路由信息,选择一条恰当的路由将该 IP 数据包转发出去。

4. 网络接口层

网络接口层是 TCP/IP 体系结构的最底层,也被称为网络访问层。它与 OSI 参考模型的数据链路层和物理层对应。其功能是负责处理与传输介质相关的细节问题,为上层提供一致的网络接口。

OSI 参考模型与 TCP/IP 体系结构对比如图 6-9 所示。

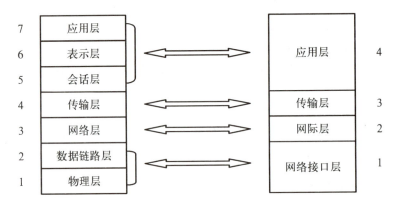

图 6-9 OSI 参考模型与 TCP/IP 体系结构对比

6.3 局域网

6.3.1 局域网概述

局域网(Local Area Network,LAN)是在一个小的地理范围内(如一个学校、工厂和一幢办公楼等),一般是方圆几千米以内,将各种计算机、外部设备等互相连接起来组成的计算机通信网。它可以通过数据通信网或专用数据电路,与远方的局域网、数据库或处理中心相连接,构成一个较大范围的信息处理系统。局域网可以实现文件管理、应用软件共享、打印机共享、扫描仪共享、工作组内的日程安排、电子邮件和传真通信服务等功能。局域网严格意义上是封闭型的,它可以由办公室内几台甚至上万台计算机组成。决定局域网所采用的技术的主要因素有：网络拓扑结构(图 6－10)、传输介质、介质访问控制方法等。

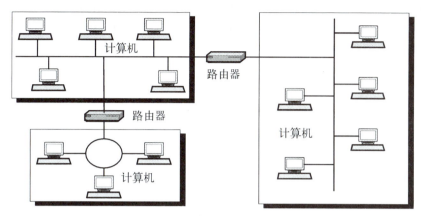

图 6－10 局域网的网络拓扑结构

当前主要的局域网技术是以太网,其研究工作始于 20 世纪 70 年代。1975 年美国 Xerox(施乐)公司推出的实验性以太网(Ethernet)和 1974 年英国剑桥大学研制的剑桥环网(Cambridge Ring)成为最初局域网的典型代表。20 世纪 80 年代初期,随着通信技术、网络技术和微型计算机的发展,局域网技术得到了迅速的发展和完善,一些标准化组织也致力于局域网的有关协议和标准的制定。20 世纪 80 年代后期,局域网的产品进入专业化生产和商品化的成熟阶段,获得了大范围的推广和普及。进入 20 世纪 90 年代,局域网步入了更高速的发展阶段,局域网已经渗透到了社会的各行各业,使用相当普遍。局域网技术是当今计算机网络研究与应用的一个热点问题,也是目前非常活跃的技术领域之一,它的发展推动着信息社会不断前进。

6.3.2 局域网的特点

由局域网的定义决定了局域网具有如下一系列特点。

(1) 覆盖范围有限

局域网覆盖范围有限,被限制在一个较小的物理范围内,一般是从几米到几千米范围内,并且一般位于同一个组织内部。两台计算机通过一个双绞线互联就组成了最简单的局域网。

(2) 传输速率高

相对于城域网和广域网而言,由于局域网的覆盖范围比较小,传输速率是比较有保证的。当前一般局域网传输带宽可以达到 1 000 Mbps。局域网主干网络可以达到 10 000 Mbps 的传输带宽。

(3) 误码率低

由于传输距离比较近,传输速率比较高,传输可靠性有保证,因此局域网的传输误码率比较低,一般可以控制在 $10^{-8} \sim 10^{-11}$ 之间,而且具有比较小的时间延迟。

(4) 网络结构比较简单

相对于城域网和广域网而言,局域网通常使用的拓扑结构为总线型、环状、树状或是几种拓扑结构的混合。相对比较单一,因此结构比较简单。

(5)易于管理

局域网的易于管理可以体现在两方面:一方面,局域网的覆盖范围较小,结构比较简单,复杂度也比较低,因此管理起来更容易;另一方面,局域网一般属于一个组织,在一个组织内部统筹管理要容易一些。

6.3.3 局域网的组成

局域网包括网络硬件系统和网络软件系统两大部分。

1. 网络硬件系统

网络硬件系统主要包括网络服务器、工作站、外围设备、网络接口卡、传输介质、网络互联设备等。

(1)服务器

在局域网中,服务器可以将其 CPU、内存、磁盘、数据等资源提供给各个网络用户使用,并负责对这些资源进行管理,以协调网络用户对这些资源的使用。因此要求服务器具有较高的性能,包括较快的数据处理速度、较大的内存、较大容量和较快访问速度的磁盘等。

(2)网络互联设备

① 集线器。

集线器(Hub)也称多端口中继器。它和中继器是同一种设备,唯一的区别是端口数量的不同(中继器端口数量有限,集线器提供的端口比较丰富)。集线器是一种早期构建局域网的网络设备,属于物理层设备。集线器其实是从总线型网络演变过来的,集线器内部结构如图 6-11 所示。

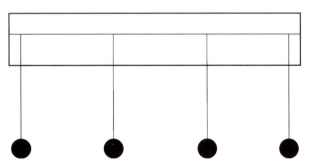

图 6-11 集线器内部结构

如图 6-12 所示为一种集线器产品。

集线器采用广播方式传输数据,即任意一个节点发送数据帧时,集线器都将该数据帧从所有端口(除了接收该数据帧的源端口)转发出去,每个节点收到该数据帧时,提取出该数据帧中的目的物理地址(以太网是 MAC 地址),并和自己网卡的接收地址表(包含了该网卡的单播物理地址、广播物理地址、组播物理地址)中的地址进行比较;如果该数据帧的目的地址在该网卡的接收地址表里,则接收该数据帧,否则丢弃该数据帧。

图 6 – 12　集线器

　　集线器是典型的共享带宽的网络设备。例如一个集线器的总带宽为 100 Mbps，如果连接 10 个节点，则每个节点的带宽为 10 Mbps；如果节点数增加到 20 个，则每个节点的带宽下降为 5 Mbps。并且早期的网络采用半双工通信模式，因此在同一时刻只能有一个节点传输数据，其他节点必须等待。随着网络中节点数量的不断增加，集线器所构建的网络的节点带宽将急剧下降，每个节点发送数据等待的时间将大大延长。因此集线器已被交换机取代，目前只能在一些比较老旧的小型网络中还可以看到它们的身影。

　　② 交换机。

　　所谓交换机，也称为多端口网桥，它和网桥同属于典型的数据链路层设备，唯一的区别是端口数量的多少（网桥端口数量比较少，交换机端口数量比较多）。交换机是当前构建局域网的最主要的设备之一。其内部拥有一根很高带宽的背部总线和交换矩阵，连接在交换机端口上的主机可以独享带宽。交换机内部结构如图 6 – 13 所示。

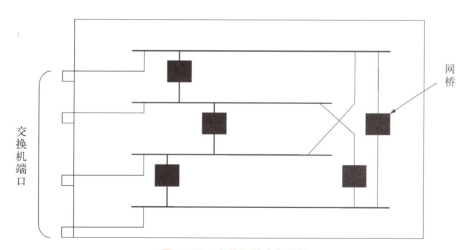

图 6 – 13　交换机的内部结构

　　交换机是典型的独享带宽的网络设备，接入交换机的每个节点都独自享受交换机带宽。例如，总带宽为 100 Mbps 的交换机，接入 10 个节点，每个节点的带宽为 100 Mbps。即使节点数量增加到 20 个，每个节点的带宽仍然为 100 Mbps。因此，从理论上讲，随着网络节点数的增加，交换机的性能几乎不会受影响。当然，在实际应用中随着网络节点数量的增加，交换机所构建的网络性能也会下降，主要是因为节点数过多，将导致广播域过大而产生广播风暴。

交换机采用"存储转发机制"来转发数据。在交换机中维护着一张"物理地址表"（以太网交换机中称为 MAC 地址表），每个物理地址表记录了接入交换机的主机的物理地址和交换机端口号的对应关系。以太网交换机 MAC 地址表见表 6-2。

表 6-2   以太网交换机 MAC 地址表

MAC 地址	端口
MAC_A	E1/0/1
MAC_B	E1/0/2
MAC_C	E1/0/3
MAC_D	E1/0/4

每当交换机接收到一个数据帧后，先存储在内存中，提取出该数据帧的目的物理地址，然后去查找物理地址表，找到该目的物理地址对应的端口，然后从该端口将数据帧转发出去。

如图 6-14 所示为普通 24 口交换机。

图 6-14   普通 24 口交换机

图 6-15   高端模块化交换机

如图 6-15 所示为高端模块化交换机。

③ 路由器。

路由器是属于典型的网络层互联设备，其主要作用是连接逻辑上不同的网络（所谓逻辑上不同的网络是指拥有不同的网络地址的网络）。典型的 IP 网络如图 6-16 所示。网段所连路由器的接口地址即为该网段的网关。

路由器对网络层的 IP 数据包进行转发，确保 IP 数据包能正确地传送到目的网络。路由器维护着一张表，即路由表。每当路由器接收到一个 IP 数据包后，提取出该 IP 数据包的目的 IP 地址，然后查找自己的路由表，找到一条恰当的路由将该 IP 数据包转发出去。典型的路由器路由表如下。

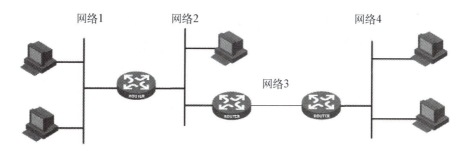

图 6－16　典型的 IP 网络

[Router]display ip routing-table

Routing Tables：Public

　　　　　Destinations：7　　　　Routes：7

Destination/Mask	Proto Pre Cost	NextHop	Interface
0.0.0.0/0	Static 60　0	10.153.43.1	Eth0/0
1.1.1.0/24	Static 60　0	2.2.2.2	Eth0/0
2.2.2.2/32	RIP 100　4	10.153.43.10	Eth0/0
3.3.3.3/24	O_ASE 150　1	10.153.43.10	Eth0/0
10.153.43.0/24	Direct 0　0	10.153.43.116	Eth0/0
10.153.43.116/32	Direct 0　0	127.0.0.1	InLoop0
127.0.0.0/8	Direct 0　0	127.0.0.1	InLoop0

如图 6－17 所示为普通路由器。

图 6－17　普通路由器

如图 6－18 所示为高端模块化路由器。

随着计算机网络技术的不断发展,网络设备之间的分类界限已经越来越模糊,很多设备走向了统一。最典型的就是三层交换机集合了交换机与路由器的功能。

（3）工作站

工作站是网络各用户工作时所使用的设备,通常是一台微型计算机。工作站通过插在其中的网络接口板——网卡,经传输介质与网络设备相连,用户通过工作站就可以向局域网请求服务和访问共享资源。

图 6 - 18   高端模块化路由器

（4）外围设备

这里外围设备主要是指网络上可供网络用户共享的外围设备。网络上的常见共享外围设备包括打印机、绘图仪、扫描器、存储器等。

（5）网卡

网卡用于把计算机同传输介质连接起来，进而把计算机接入网络。每一台联网的计算机都需要有一个网卡。网卡的基本功能包括：基本数据转换、数据帧的拆装、网络访问控制、数据缓存、生成网络信号等。网卡要和主机交换数据，如果网络与主机 CPU 之间速率不匹配，就需要缓存以防止数据丢失。由于网卡处理数据的速度比网络传送数据的速度慢，也比主机向网卡发送数据的速率慢，因而往往成为网络与主机之间的性能瓶颈。普通网卡如图 6 - 19 所示。

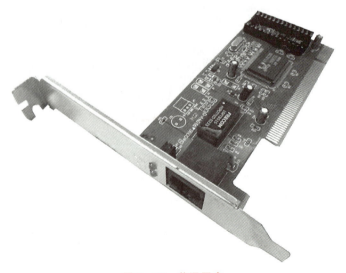

图 6 - 19   普通网卡

（6）传输介质

局域网中常用的传输介质主要有同轴电缆、双绞线和光纤。如图 6 - 20 所示为五类双绞线，如图 6 - 21 所示为六类双绞线。

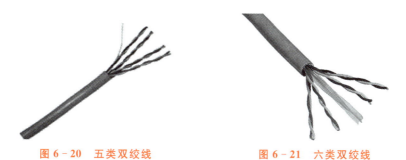

图 6 - 20　五类双绞线　　　　　图 6 - 21　六类双绞线

如图 6 - 22 所示为同轴电缆。

图 6 - 22　同轴电缆

如图 6 - 23 所示为光缆。

图 6 - 23　光缆

2. 网络软件

网络软件也是计算机网络系统中不可缺少的组成部分。网络软件所涉及的问题要比单机系统中的各类软件都复杂得多。根据网络软件在网络系统中所起作用的不同，可以将其分为五类：协议软件、通信软件、管理软件、网络操作系统和网络应用软件。

（1）协议软件

用以实现网络协议功能的软件称为协议软件。协议软件的种类非常多，不同体系结构的网络系统都有支持自身系统的协议软件,体系结构中的不同层次上也有不同的协议软件。对某一协议软件来说,到底将它划分到网络体系结构中的哪一层是由协议软件的功能决定的。

（2）通信软件

通信软件的功能是使用户在不必详细了解通信控制规程的情况下,就能够对自己的应用程序进行控制,同时又能与多个工作站进行网络通信,并对大量的通信数据进行加工和管理。

（3）管理软件

网络系统是一个复杂的系统,对管理者而言,经常都会遇到许多难以解决的问题。网络管理软件的作用就是帮助网络管理者便捷地解决一些棘手的技术难题,比如避免服务器之间的任务冲突、跟踪网络中用户工作状态、检查与消除计算机病毒、运行路由器诊断程序等。

（4）网络操作系统

局域网的网络操作系统就是网络用户和计算机网络之间的接口,网络用户通过网络操作系统请求网络服务。网络操作系统具有处理机管理、存储管理、设备管理、文件管理以及网络管理等功能,它与微机的操作系统有着很密切的关系。目前较流行的网络操作系统有：Linux 和微软公司的 Windows Server 等。

（5）网络应用软件

网络应用软件是在网络环境下,直接面向用户的网络软件。它是专门为某一个应用领域而开发的软件,能为用户提供一些实际的应用服务。网络应用软件既可以用于管理和维护网络本身,也可用于一个业务领域,比如网络数据库管理系统、网络图书馆、远程网络教学、远程医疗、视频会议等。

6.3.4 局域网标准

从传统意义上讲,局域网技术主要对应于 OSI 参考模型的物理层和数据链路层,即 TCP/IP 体系结构中的网络接口层,如图 6-24 所示。

因此,局域网技术标准主要有物理层标准和数据链路层标准。

1. 局域网物理层标准

局域网物理层标准主要定义了局域网所使用的传输介质类型、接口类型、传输速率等相关的物理参数。常见的局域网物理层标准有以下几种。

（1）10Base-5

传输速率为 10 Mbps,传输介质为同轴粗缆,接口为 AUI 收发器。

（2）10Base-2

传输速率为 10 Mbps,传输介质为同轴细缆,接口为 BNC 接头。

（3）10Base-T

传输速率为 10 Mbps,传输介质为 2 对三类双绞线,接口为 RJ-45 接头。

（4）100Base-Tx

传输速率为 100 Mbps,传输介质为 2 对五类双绞线,接口为 RJ-45 接头。

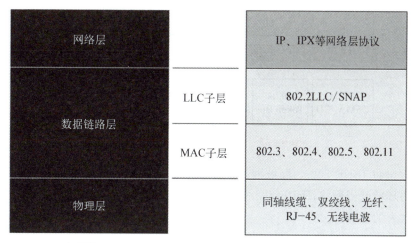

图 6 - 24　局域网与 OSI 参考模型

（5）100Base - T4

传输速率为 100 Mbps,传输介质为 4 对三类双绞线,接口为 RJ - 45 接头。

（6）1000Base - T

传输速率为 1 000 Mbps,传输介质为 4 对超五类双绞线,接口为 RJ - 45 接头。

2. 局域网数据链路层标准

1980 年 2 月,IEEE 成立了专门负责制定局域网标准的 IEEE 802 委员会。该委员会开发了一系列局域网(LAN)标准。因此,常见的局域网数据链路层标准是 IEEE 802 系列标准。IEEE 802 系列标准主要定义了局域网的帧结构、介质访问控制方法、数据链路控制等数据链路层相关的特性。常见的 IEEE 802 系列标准主要有以下几种。

① IEEE 802.1——局域网概述、体系结构、网络管理和网络互联。

② IEEE 802.2——逻辑链路控制(LLC)。

③ IEEE 802.3——CSMA/CD 媒体访问控制标准和物理层技术规范。

④ IEEE 802.4——令牌总线(Token-Passing Bus)媒体访问控制标准和物理层技术规范。

⑤ IEEE 802.5——令牌环网媒体访问控制方法和物理层技术规范。

⑥ EEE 802.6——城域网访问控制方法和物理层技术规范。

⑦ IEEE 802.7——宽带技术。

⑧ IEEE 802.8——光纤技术。

⑨ IEEE 802.9——综合业务数字网(ISDN)技术。

⑩ IEEE 802.10——局域网安全技术。

⑪ IEEE 802.11——无线局域网媒体访问控制方法和物理层技术规范。

各标准间的关系如图 6 - 25 所示。

在 IEEE 802 标准中,IEEE 802.3 以太网(Ethernet)协议和 IEEE 802.5 令牌环网(Token Ring)协议应用最为广泛。IEEE 802.3 标准是在 Ethernet 标准上制定的,因此现

图 6-25 IEEE 802 各标准间的关系

在人们通常也将 IEEE 802.3 局域网统称为 Ethernet。Token Ring 是由美国 IBM 公司率先推出的环状基带网络,IEEE 802.5 标准就是在 IBM Token Ring 的基础上制定的,两者之间无太大的差别。

6.3.5 主要的局域网技术

局域网是计算机网络的重要组成部分,自从 20 世纪 70 年代以来,由于计算机产品价格不断下降而获得了长足的发展。在局域网发展的整个历史中,出现了许多具有代表性的局域网技术,如以太网(Ethernet)、令牌环网(Token Ring)、光纤分布式数据接口(FDDI)、无线局域网(WLAN)等。它们在拓扑结构、传输介质、传输速率、数据格式等多方面都有许多不同的特点。其中以太网技术由于其开放性好、简单、易于实现、易于部署等特性而被广泛应用,并迅速成为局域网中占统治地位的主流技术。随着以太网带宽的不断提高和可靠性的不断提升,令牌环网和 FDDI 的优势不复存在,已被以太网技术所取代。现在以太网技术大有朝着城域网和广域网发展的趋势。另外,无线局域网技术作为一种新型的局域网技术,它具有有线局域网无法比拟的优势,发展也是十分迅速,已经进入大规模的安装和普及阶段。不过现阶段的无线局域网技术在很大程度上仍然是作为以太网技术的附属和补充而存在的。

1. 令牌环网

令牌环网(Token Ring)是由 IBM 公司开发,最终被 IEEE 接纳,并被定义为 IEEE 802.5 标准。令牌环网采用环状网络拓扑结构,所有网络节点通过 IBM 数据连接器(IBM Data Connector)和双绞线连接到令牌环网集线器上。令牌环网结构示意图如图 6-26 所示。

令牌环网是典型的共享式网络,所有网络节点共享环状传输介质,并且基于半双工通信模式。在同一时刻只允许一个节点传输数据,其他节点必须等待。为了合理分配共享传输介质的使用权限,令牌环网引入了"令牌"的概念。所谓"令牌"是一个特殊的数据帧,"令牌"有两种状态:"闲"和"忙"。令牌按照固定的方向不断在网络节点间传递,当某个网络节点要使用共享介质传输数据时,它必须取得"闲"状态的"令牌",并将"令牌"的状态置为"忙",之后该节点就可以使用共享介质传输数据了。此时如果有其他网络节点想使用共享介质传输数据,它就会去检测"令牌"的状态,检测到"令牌"的状态为"忙"表示有其他节点正在使用共享介质传输数据,它必须等待。当掌握"令牌"的网络节点传输完数据后,它就将"令牌"的状态由"忙"置为"闲",此时,其他网络节点就可以去获得"令牌"了。

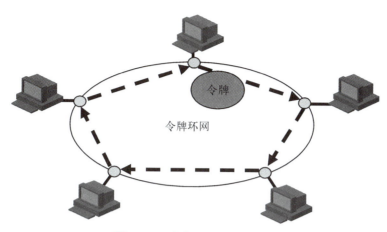

图 6－26　令牌环网结构示意图

传统令牌环网的传输速率为 4～16 Mbps，新型的快速令牌环网传输速率可以达到 1 000 Mbps。单从这点来看，它可以和以太网技术竞争。但由于令牌环网实现机制很复杂，网络中的节点必须要维护"令牌"，一旦"令牌"丢失整个网络就会崩溃，因此需要花费很大的开销设置专门的节点来监视和管理"令牌"。令牌环网技术比较保守，而且又是典型的共享式网络，采用环状拓扑结构，搭建所需的设备昂贵。因此令牌环网的使用率不断下降，其技术的发展更新已经陷于停滞，目前已被以太网技术取代。

2. FDDI

FDDI(Fiber Distributed Data Interface)，即光纤分布式数据接口，是利用单模或多模光纤作为传输介质，传输速率可达 100 Mbps 的局域网技术。FDDI 是采用双环状网络拓扑结构，使用基于 IEEE 802.4 的令牌总线介质访问控制机制，网络节点数最大为 1 000，环路的长度可达 100 km。FDDI 网络结构示意图如图 6－27 所示。

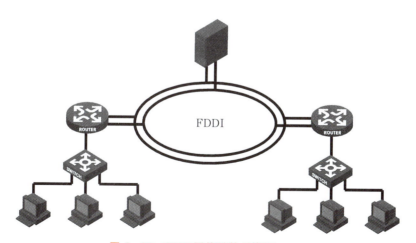

图 6－27　FDDI 网络结构示意图

FDDI 是一种早期的局域网技术，在局域网发展初期具有高带宽、高可靠性、高传输距离等特点。FDDI 主要用于主干网络、核心机房等网络的重要部分。但随着以太网技术带宽的不断提高和可靠性的不断提升,FDDI 由于成本高昂,优势已不复存在,目前已基本被以太网所取代,只能在比较老旧的网络中还能见其身影。

3. 以太网

以太网(Ethernet)是由 Xerox(施乐)公司创建的,并由 Xerox 公司、Intel 和 DEC 三家公司联合开发的基带(未经调制的原始信号)局域网规范。

1973 年 Xerox 公司开发出了一个设备互联技术,并将该技术命名为"以太网(Ethernet)"。1982 年,DIX(DEC、Intel、Xerox 公司)修改并发布了自己的以太网新标准:DIX v2.0。在此基础上 IEEE 802 委员会于 1983 年制定了 IEEE 802.3 规范,严格来说"Ethernet"是指符合 DIX v2.0 标准的局域网,但由于 DIX v2.0 标准与 IEEE 802.3 标准只有很小的差别,因此也将 IEEE 802.3 局域网简称为"Ethernet"标准。

早期的以太网技术被设计为多台计算机通过一根共享的同轴电缆进行通信的局域网技术,随后又逐渐扩展到包括双绞线在内的多种传输介质上。早期以太网结构如图 6-28 所示。

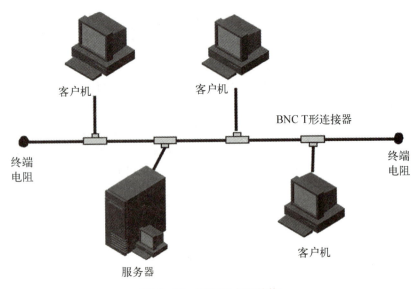

图 6-28　早期以太网结构

以太网本质上属于共享式网络,即网络中的所有节点共享传输介质,任意时刻只允许一台计算机发送数据,其他计算机必须等待。为了合理分配共享传输介质的使用权限。避免出现共享传输介质冲突的情况发生。以太网采用 CSMA/CD(载波侦听多路访问/冲突检测)技术实现介质访问控制。

早期以太网使用同轴电缆的总线型网络拓扑结构,随着集线器的出现,以太网又发展到了星状网络拓扑结构。随着交换机的出现,以太网又从早期的共享式以太网发展成了交换式以太网。当前的以太网技术已经基本脱离了共享式特性而转向了交换式特性。

基于 CSMA/CD 的介质访问控制方法在百兆以太网、千兆以太网中之所以仍然被保留,主要目的不是为了避免出现共享传输介质使用冲突,而是为了能和传统以太网保持向下兼容。在万兆以太网中,由于只工作在全双工模式,介质访问控制方法失去了意义,因此已经完全放弃了 CSMA/CD 技术。当今的以太网已经形成了一系列标准,从传统以太网(10 Mbps)发展到现在的快速以太网(100 Mbps、1 000 Mbps)和万兆以太网(10 000 Mbps)。以太网技术已经成为当今局域网技术的主流,目前 90% 以上的局域网都是以太网。以太网技术之所以能取得如此令人瞩目的成就和它具有一系列的优点是分不开的。具体而言,以太网技术具有如下的优势。

（1）能满足不同种类的网络拓扑结构的需要

以太网能够适应几乎所有的网络拓扑结构的需要,如总线型、环状、星状、树状、网状网络拓扑结构,而早期的令牌环网和 FDDI 只能适应于环状网络拓扑结构。

（2）能满足不同种类传输介质的需要

以太网可以满足当今几乎所有的网络传输介质的需要,例如同轴电缆、双绞线、光缆等,而令牌环网只能使用 IBM 自己开发的双绞线,FDDI 只能采用光纤。

（3）网络接口工作模式丰富

以太网的网卡、设备接口,可以工作在两种通信模式之下:半双工和全双工。令牌环网和 FDDI 只能工作在半双工通信模式。

4. 无线局域网

进入信息化时代,随着计算机网络的飞速发展,各种移动终端(如笔记本、智能手机等)的普及,人们对移动办公的要求越来越高。传统的有线局域网受到布线的限制,网络节点必须通过特定的电缆和接头接入网络,网络中的节点要迁移和移动都是非常麻烦的。有线局域网已经无法满足日益增长的灵活性、移动性接入的需求。因此无线局域网(WLAN)以其独有的特点和优势应运而生。

无线局域网是 20 世纪 90 年代计算机网络与无线通信技术相结合的产物,通过射频(Radio Frequency, RF)技术实现数据的传输。目前无线局域网主要是作为有线局域网的延伸和补充,仍然要承载在有线局域网上。如图 6-29 所示是典型企业无线局域网的组成。

目前无线局域网采用的拓扑结构分两种结构:对等网络和结构化网络。

（1）对等网络(Ad-hoc)

对等网络也称 Ad-hoc 网络,它覆盖的服务区称为独立基本服务区。对等网络用于一台无线工作站和另一台或多台无线工作站直接通信(利用无线网卡相互通信)。Ad-hoc 结构的无线局域网性能低下,受无线网卡接收和发送信号能力的限制,其覆盖的服务区只能局限于较小范围之内(一般为一个房间)。Ad-hoc 无线局域网结构如图 6-30 所示。

（2）结构化网络

结构化网络由无线访问点(AP)、无线工作站(STA)以及分布式系统(DSS)构成,覆盖的区域分基本服务区(BSS)和扩展服务区(ESS)。无线访问点也称无线集线器(Hub),用于在无线 STA 和有线网络之间接收、缓存和转发数据。无线访问点通常能够覆盖几十至几百用户,覆盖半径达上百米。结构化无线网络结构如图 6-31 所示。

无线局域网的相关标准与协议也都是由有线局域网发展而来的,即从 IEEE 802 系列标准发展而来。从最早的 IEEE 802.11 无线局域网标准发展到今天已经陆续推出了许多版本。

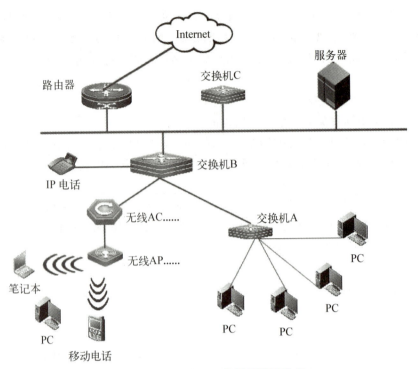

图 6 - 29　典型企业无线局域网的组成

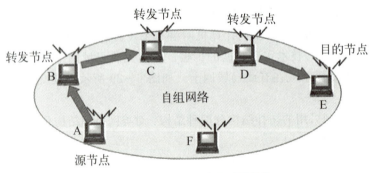

图 6 - 30　Ad-hoc 无线局域网结构

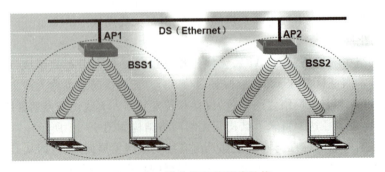

图 6 - 31　结构化无线网络结构

① IEEE 802.11

该标准于 1997 年推出,是由 IEEE 最早制定的一个无线局域网标准,主要用于解决办公室和小型校园网的局域网,传输速率最高达到 2 Mbps。

② IEEE 802.11a

该标准于 1999 年推出,是 IEEE 802.11 的修订版。它采用与 IEEE 802.11 相同的核心协议,工作频率是 5 GHz,最高传输速率可达到 54 Mbps。

③ IEEE 802.11b

该标准于 1999 年推出,也是 IEEE 802.11 标准的扩展,工作频率为 5 GHz,最大传输速率为 11 Mbps。

④ IEEE 802.11g

该标准于 2003 年推出,其工作频率是 2.4 GHz,最大传输速率可达到 54 Mbps。它与 IEEE 802.11b 相互兼容,可以在同一个无线局域网中同时实现。

⑤ IEEE 802.11n

该标准于 2008 年推出,可同时工作在 2.4 GHz 和 5 GHz 两个频率之上,传输速率为 300 Mbps,最高可达到 600 Mbps,可向下兼容 IEEE 802.11、IEEE 802.11g。

⑥ IEEE 802.11ac

IEEE 802.11ac 是一个正在发展中的无线局域网标准,它通过 5 GHz 频带提供高通量的无线局域网(WLAN)通信。理论上,它能够提供最少 1 Gbps 带宽进行多站式无线局域网通信,或是最少每秒 500 Mbps 的单一连线传输带宽,它是 IEEE 802.11n 的潜在的继任者。

⑦ IEEE 802.11ad

无线千兆联盟(Wireless Gigabit Alliance)致力于推动在 60 GHz 频带上,进行数千兆比特(multi-gigabit)数据传输速率的无线设备数据传输技术,其于 2009 年推出第一版 WiGig 1.0 技术标准,即后来的 IEEE 802.11ad。IEEE 802.11ad 支持高达 7 Gbps 的数据传输速率,比 802.11n 的最高传输速率快十倍以上,但其覆盖范围有限,现逐渐成为辅助 802.11ac 的功能性技术。

6.4 Internet

6.4.1 Internet 的结构

Internet 的基本结构一般包括物理结构和 TCP/IP 协议两大部分。

1. Internet 的物理结构

Internet 的物理结构,实际上就是指连入 Internet 的网络之间的物理连接方式。凡是使用 TCP/IP 协议,并能与 Internet 的任意主机进行通信的计算机,无论是何种类型,采用何种操作系统,均可看成是 Internet 的一部分。但严格地讲,用户并不是将自己的计算机直接连接到 Internet 上的,而是连接到其中的某个局域网上(如校园网、企业网等),该局域网再通过路由器、调制解调器等网络设备,并租用数据通信专线与广域网相连,成为

Internet 的一部分,Internet 的物理结构如图 6-32 所示。这样使得各个网络上的计算机都能相互进行数据和信息的传输。例如,用户的计算机通过拨号上网,连接到本地某个 Internet 服务提供商(ISP)的主机上,而 ISP 的主机通过高速专线与本国及世界各国各地的无数主机相连。这样,用户仅通过 ISP 的主机,便可遍访 Internet。

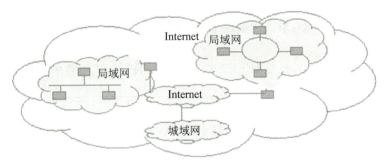

图 6-32　**Internet 的物理结构**

2. 通信协议

Internet 允许世界各地的网络接入并作为它的通信子网,而接入各个通信子网的计算机以及其所使用的操作系统可以互不相同。为了保证这样一个复杂而庞大的系统能够顺利、正常地运转,要求所有接入 Internet 的计算机都使用相同的通信协议,这个协议就是 TCP/IP 协议。

TCP/IP 协议是美国国防部高级研究计划局(DARPA)为实现阿帕网(ARPANET)而开发的,也是很多大学及研究所多年的研究及商业化的结果。从理论上将,任何终端和设备,只要遵守 TCP/IP 协议,就可接入 Internet。

6.4.2　Internet 基础

1. TCP/IP 协议

TCP/IP 是一组协议的总称,其核心协议是 TCP(传输控制协议)和 IP(网际协议),除此之外它还包括许多别的协议,如 ARP(地址转换协议)、UDP(用户数据报协议)、FTP(文件传输协议)等,它们共同组成了 TCP/IP 协议簇。TCP/IP 体系模型如图 6-33 所示。

2. IP 地址概述

在 Internet 上主机与主机之间的相互通信是利用 TCP/IP 协议来实现的。为了实现不同主机之间的相互通信,必须为采用 TCP/IP 协议通信的主机分配一个唯一标识符,即地址。TCP/IP 协议主机使用的地址是 IP 地址。根据 IP 协议的版本不同,IP 地址的种类也不同。目前主要有两种版本的 IP 协议:IPv4 和 IPv6。其中 IPv6 是下一代 IP 协议,目前使用最多的是 IPv4 协议。因此,IP 地址也可以分为 IPv4 地址和 IPv6 地址。人们已经养成一种习惯,把 IPv4 地址直接称为 IP 地址,而下一代 IP 地址称为 IPv6 地址。如无特殊说明,本书所称的 IP 地址均指 IPv4 地址。

（1）IP 地址基本概念

IP 地址采用 32 位地址编码,即每一个 IP 地址可以用 32 位二进制数表示。例如,

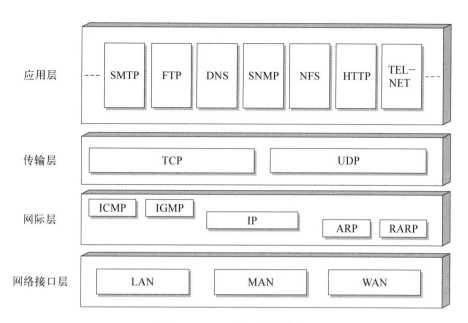

图 6 - 33　TCP/IP 体系模型

11000000101010000000010001100100 就表示一个 IP 地址。由于 32 位二进制数不便于书写与记忆,因此人们设计出了两种方式来表示 IP 地址,以方便书写与记忆,即点分二进制方式与点分十进制方式。

① 点分二进制。

将 32 位二进制数分为 4 段,每段 8 位,段与段之间用“.”隔开,如图 6 - 34 所示。此种方式在容易书写与记忆方面有了进步,但人们最熟悉的是十进制而不是二进制,因此又设计出了“点分十进制”方式。

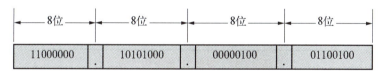

图 6 - 34　IP 地址的点分二进制

② 点分十进制。

将“点分二进制”的每段 8 位二进制数转换为人们更为熟悉的十进制数,中间仍然用“.”隔开。此种方式是人们表示 IP 地址最常采用的方式。“点分二进制”转换为“点分十进制”示例如图 6 - 35 所示。

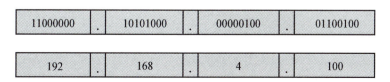

图 6 - 35　“点分二进制”转换为“点分十进制”示例

（2）IP 地址结构

IP 地址由地址类别、网络号与主机号三部分组成，其结构如图 6-36 所示。其中，地址类别用来标识网络类型，网络号用来标识一个逻辑网络，主机号用来标识网络中的一台主机。一台 Internet 主机至少有一个唯一的 IP 地址。

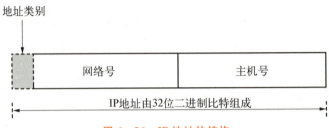

图 6-36　IP 地址的结构

（3）IP 地址的分类

按照网络规模大小以及用途的不同，可以将 Internet 的 IP 地址分为五种类型，包括 A 类、B 类、C 类、D 类和 E 类。

五种 IP 地址的格式如图 6-37 所示。

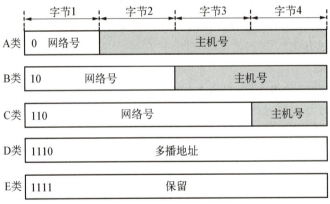

图 6-37　五种 IP 地址的格式

地址的类别可从 IP 地址的最高 8 位进行判别。IP 地址分类表见表 6-3。

表 6-3　IP 地址分类表

IP 地址类	高 8 位数值范围	最高 4 位的值
A	0～127	0xxx
B	128～191	10xx
C	192～223	110x
D	224～239	1110
E	240～255	1111

（4）特殊 IP 地址

特殊的 IP 地址有特殊的用途,不分配给任何用户使用。特殊 IP 地址表见表 6 - 4。

表 6 - 4　特殊 IP 地址表

网 络 号	主 机 号	地址类型	用 途
Any	全 0	网络地址	表示一个网段
Any	全 1	广播地址	表示某一网络段中的所有主机
127	Any	回环测试	回环测试
全 0	全 0	所有网络	默认路由
全 1	全 1	广播地址	任意网段内的所有主机

（5）IP 地址类型

根据通信作用的不同,IP 地址可以分为三种类型。

① 单播地址。

所谓单播地址,是指 IP 地址的主机号介于全 0 和全 1 之间的地址,用于表示一个具体的主机。单播地址是 IP 地址的最主要的形式。任意主机要接入网络正常通信,都要分配一个单播地址。

② 广播地址。

所谓广播地址,是指 IP 地址的主机号为全 1 的地址,用于表示某个网段的所有主机,一般用于广播通信。

③ 组播地址。

所谓组播地址,即 D 类地址,用于表示某一范围内的部分主机。一般用于组播通信。例如,224.0.0.1、224.0.0.5……

3. 域名

（1）域名的概念

IP 地址为 Internet 提供了统一的编址方式,直接使用 IP 地址就可以访问 Internet 中的主机。但由于 IP 地址是由一串数字表示,一般来说,用户很难记住。例如,用点分十进制表示某个主机的 IP 地址为 202.113.19.122。因此,人们在考虑能否引入符合人们语言习惯的标识来唯一标识网络中的主机。域名便在此背景下诞生了。所谓域名,是指由一串用点分隔开的名字组成的 Internet 上某一台计算机或计算机组的名称,用于在数据传输时标识计算机或计算机组的位置。IP 地址和域名之间的映射是通过一个叫做域名系统(Domain Name System,DNS)的分布式数据库来管理的。用户只需记住域名即可,DNS 会自动将域名解析为 IP 地址。

（2）DNS 域名结构

DNS 域名采用倒置树状层次结构。从上往下分别是顶级域名、二级域名、三级域名、四级域名。DNS 域名结构如图 6 - 38 所示。

每一级的域名可以由英文字母、数字以及连接符“-”组成,但是域名的首位必须是字

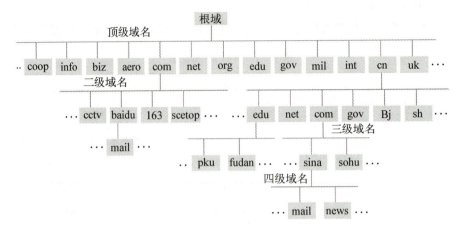

图 6 - 38   DNS 域名结构

母或数字,每一级域名之间用"."隔开。域名不区分大小写。每级域名的长度不超过
63B,一个完整的域名不能超过 255B。根域不包含具体的域名信息,但它知道所有顶级域
名服务器的 IP 地址。如果把顶级域名理解为电话号码的区号,那么根域就是电话号码区
号的汇总。从理论上讲,每一个域名的解析都要通过根域名服务器。全球有 13 台根域名
服务器,用字母 A～M 表示,见表 6 - 5。

表 6 - 5   全球 13 台根域名服务器

名 称	管理单位及设置地点	IP 地址
A	INTERNIC. NET(美国,弗吉尼亚州)	198.41.0.4
B	美国信息科学研究所(美国,加利福尼亚州)	128.9.0.107
C	PSINet 公司(美国,弗吉尼亚州)	192.33.4.12
D	马里兰大学(美国,马里兰州)	128.8.10.90
E	美国航空航天管理局(美国,加利福尼亚州)	192.203.230.10
F	因特网软件联盟(美国,加利福尼亚州)	192.5.5.241
G	美国国防部网络信息中心(美国,弗吉尼亚州)	192.112.36.4
H	美国陆军研究所(美国,马里兰州)	128.63.2.53
I	Autonomica 公司(瑞典,斯德哥尔摩)	192.36.148.17
J	VeriSign 公司(美国,弗吉尼亚州)	192.58.128.30
K	RIPE NCC(英国,伦敦)	193.0.14.129
L	IANA(美国,弗吉尼亚州)	198.32.64.12
M	WIDE Project(日本,东京)	202.12.27.33

根域名下属的顶级域名包括两大类。

● 国家顶级域名:表示域名所代表的国家或地区。例如,.cn 表示中国,.us 表示美国,.jp 表示日本,等等。

● 国际通用顶级域名:通过顶级域名表示该域名所代表的行业。

常见的顶级域名见表 6-6。

表 6-6 常见的顶级域名

顶 级 域 名	域 名 类 型
com	商业组织
edu	教育机构
gov	政府部门
int	国际组织
mil	军事部门
net	网络支持中心
org	各种非营利性组织
国家代码	各个国家

(3)我国的域名结构

中国互联网信息中心(CNNIC)负责管理国内的顶级域名,它将 cn 域划分为多个二级域名。国内二级域名分配见表 6-7。

表 6-7 国内二级域名分配

二 级 域 名	域 名 类 型
ac	科研机构
com	商业组织
edu	教育机构
gov	政府部门
int	国际组织
net	网络支持中心
org	各种非营利性组织
行政区代码	我国的各个行政区

Internet 主机域名的排列原则是低层的子域名在前面,而它们所属的高层域名在后面。Internet 主机域名的一般格式为:

主机名.三级域名.二级域名.顶级域名

例如,服务器域名: www.uestc.edu.cn

网站服务器 电子科技大学 教育机构 中国

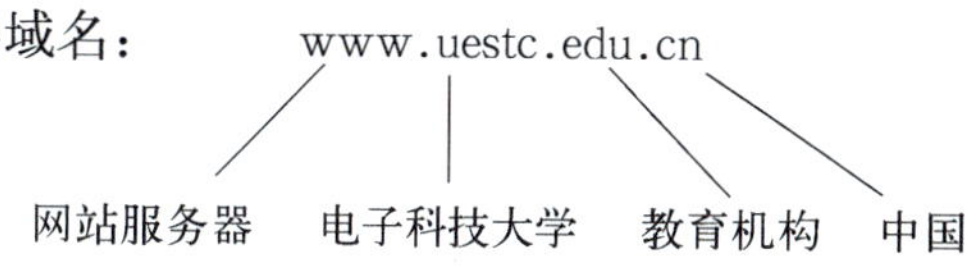

以上表示的是电子科技大学的网站服务器。

6.4.3　Internet 的服务

Internet 在拥有丰富资源的同时，也提供了各种各样的服务，包括电子邮件服务（E-mail）、远程登录服务（Telnet）、文件传输服务（FTP）、WWW 服务等。

1. 电子邮件服务

电子邮件简称 E-mail，它是一种通过计算机网络与其他用户进行联系的快速、简便、高效、价廉的现代化通信手段。电子邮件系统是采用"存储转发"方式为用户传递电子邮件的。当用户希望通过 Internet 给某人发送信件时，他先要同为自己提供电子邮件服务的计算机联机，然后将要发送的信件与收信人的电子邮件地址输入到自己的电子邮箱，电子邮件系统会自动将用户的信件通过网络一站一站地送到目的地。当信件送到目的地计算机后，该计算机的电子邮件系统就将它存放在收件人的电子邮箱中，等候用户自行读取。用户可随时通过计算机联机的方式打开自己的电子邮箱来查阅自己的邮件。

2. 远程登录服务

远程登录（Telnet）实际上可以看成是 Internet 的一种特殊通信方式，它是指在网络通信协议 Telnet 的支持下，用户的计算机通过 Internet 暂时成为远程计算机终端的过程。通过远程登录服务，用户可以通过自己的计算机进入到 Internet 上的任何一台计算机系统中，远距离操纵别的机器以实现自己的需要。当然，要在远程计算机上登录，首先要成为该系统的合法用户，并拥有要使用的那台计算机的相应用户名及口令。一旦登录成功，用户便可以实时访问远程计算机对外开放的全部资源了。

3. 文件传输服务

Internet 上有许多公用的免费软件，允许用户无偿转让、复制、使用和修改。这些公用的免费软件种类繁多，从多媒体文件到普通的文本文件，从大型的 Internet 软件包到小型的应用软件和游戏软件，应有尽有。充分利用这些软件资源，能大大节省人们的软件编制时间，提高工作效率。用户要获取 Internet 上的免费软件，可以利用文件传输服务进行下载。

文件传输服务是由 TCP/IP 的文件传输协议（File Transfer Protocol，FTP）支持的，它是一种实时的联机服务。FTP 允许 Internet 上的用户将一台主机上的文件传送到另一台主机上，工作时用户必须先登录到 FTP 服务器上。使用 FTP 几乎可以传送任何类型的文件，如文本文件、二进制文件、图像文件、声音文件、数据压缩文件等。

另外，Internet 上还有许多 FTP 服务器提供一种"匿名的文件传送服务"。用户在登录时用英文单词"Anonymous"作用户名，用自己的电子邮箱作"口令"，便能享受 FTP 服务了。由于现在越来越多的政府机构、公司、大学、科研单位将大量的信息以公开的文件形式存放在 Internet 中，因此使用 FTP 几乎可以获取任何领域的信息。

4. WWW 服务

WWW，即万维网（World Wide Web），它并不是一个独立于 Internet 的另一个网络，而是一个基于超文本（Hypertext）方式的信息查询工具。它的最大特点是拥有非常友善的图形界面,非常简单的操作方法以及图文并茂的显示方式。

超文本技术是指将许多信息资源链接成一个信息网,由节点和超链接(Hyperlink)所组成的,方便用户在 Internet 上搜索和浏览信息的超媒体信息查询服务系统。超媒体(Hypermedia)是一个与超文本类似的概念,在超媒体中,超链接的两端可以是文本节点,也可以是图像、语音等各种媒体数据。WWW 通过超文本传输协议(HTTP)向用户提供多媒体信息,所提供的基本单位是网页,每一网页中包含有文字、图像、动画、声音等多种信息。

WWW 系统采用客户机/服务器(C/S)结构。在服务器端,定义了一种组织多媒体文件的标准——超文本标记语言(HTML)。按 HTML 格式存储的文件称为超文本文件,在每一个超文本文件中都是通过一些超链接把该文件与别的超文本文件连接起来而构成一个整体的。在客户端,通过浏览器就可以访问全球任何地方的 WWW 服务器上的信息。

6.4.4　Internet 的接入方式

1. 通过专线接入 Internet

如果本地用户的计算机较多,而且有很多用户需要同时使用 Internet,那么可以先把这些计算机组成一个局域网,再使用路由器通过专线与 ISP 相连,最后通过 ISP 的连接通道接入 Internet。有时这种接入方式也称为局域网接入,如图 6－39所示。

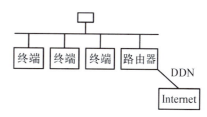

图 6－39　通过专线接入 Internet

专线的类型有很多种,例如 DDN、ISDN、X.25、帧中继等,它们均由电信部门经营和管理。采用专线接入 Internet 的优点是:连接速率较高,用户可以实现 Internet 主机所有的基本功能,包括使用 Web 浏览器浏览 Internet 上的信息、收发电子邮件、使用 FTP 传送文件等。但是租用专线的费用比较高。

2. 通过 SLIP/PPP 拨号接入 Internet

个人在家里或单位使用计算机接入 Internet,通常采用的方式是通过 SLIP/PPP 拨号上网,如图 6-40 所示,它可以得到与专线上网相同的 Internet 服务。

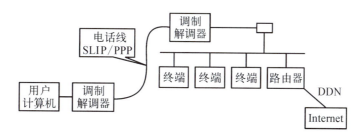

图 6－40　通过 SLIP/PPP 拨号接入 Internet

SLIP 和 PPP 是在串行线路上实现 TCP/IP 连接的两个标准协议,它们分别是串行线路网际协议(Serial Line Internet Protocol)和点到点协议(Point to Point Protocol)的简称。通过 SLIP/PPP 协议连接到 ISP 的主机上后,用户计算机就成为 Internet 上的一个节点,享有 Internet 的全部服务。

6.4.5 Intranet

1. Intranet 概述

Intranet 即企业内部网,是 Internet 技术在企业内部的应用。它实际上是采用 Internet 技术建立的企业内部网络,它的核心技术是基于 Web 的计算。Intranet 的基本思想是:采用 TCP/IP 协议作为内部局域网的通信协议,将 Internet 的典型应用与服务引入内部局域网。Intranet 是当前企业构建局域网的主流技术。Intranet 的结构总体上可以分为三层结构:接入层、汇聚层、核心层。某企业内部网络的拓扑结构如图 6-41 所示。

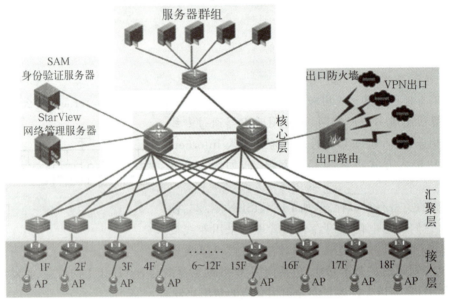

图 6-41 某企业内部网络的拓扑结构

该企业内部网的所有网络服务都集中在服务器群组上。这些服务和 Intrnet 上所提供的服务相似,如 E-mail、WWW、DNS、FTP、VOD 等。这些服务主要由企业内部用户使用,当然也可以通过 Internet 为企业外部的用户提供服务。

2. Intranet 与 Internet 的区别

Intranet 与 Internet 相比,主要是范围和规模上的区别。可以说 Internet 是面向全球的网络,而 Intranet 则是 Internet 技术在企业内部的实现,它能够以较少的成本和时间将一个企业内部的大量信息资源高效合理地传递到每个人。

6.4.6 物联网

1. 物联网概述

所谓物联网(Internet of Things,IoT)是指通过射频识别(RFID)、红外感应器、全球定位系统、激光扫描器等信息传感设备,按约定的协议,把任何物品与 Internet 相连接,进行信息交换和通信,以实现对物品的智能化识别、定位、跟踪、监控和管理的一种网络。

物联网是下一代互联网技术,从其英文名称"Internet of Things"可以看出它的核心依然是互联网技术。互联网是指将分散在世界各地的计算机通过网络互联在一起。而物联网作为互联网的拓展,是"物物相连的互联网",即通过网络将全世界的万事万物互联在一起。由物联网的定义可以看出,物联网其实有两层含义或特点。

① 物联网的核心和基础仍然是互联网,是在互联网基础上延伸和扩展的网络。

② 其用户端延伸和扩展到了任何物品与物品之间进行信息交换和通信。

如图 6-42 所示为物联网示意图。

2. 物联网的应用

物联网的应用前景非常广阔与诱人,被称为"21 世纪 IT 行业的发展最前沿",随着下一代 IP 协议 IPv6 的大规模应用,必将推动物联网的长足发展。具体而言,物联网技术将在智能家居、工业自动化控制、环境监测、地震报警、远程医疗、远程监控等涉及人们生活的方方面面得到广泛应用。到时候人们的生活、工作等方式将被彻底改变。

图 6-42 物联网示意图

6.4.7 IPv6

1. IPv6 概述

目前使用的 IP 协议是 IPv4 协议。实践证明 IPv4 协议是很成功的协议,Internet 能有今天的成就 IPv4 协议功不可没,它经受了 Internet 从最初很少的计算机发展到现在拥有上亿台计算机互联的考验。但 IPv4 当初只是为几百台计算机的互联而设计的,当时的研究人员并没有想到计算机网络会发展如此迅速。

随着 Internet 突飞猛进的发展,IPv4 逐渐暴露出了它的不足:地址资源紧张、安全性差、缺乏 QoS、路由聚合性差、可扩充性差……这些问题逐渐暴露,已经严重阻碍了计算机网络技术的发展。

IPv4 协议最大的问题就是地址资源枯竭。IPv4 地址是采用 32 位二进制编码,从理论上来讲可以提供近 43 亿个 IPv4 地址。其实真正可以用于分配的 IPv4 地址是远远少于该数量。造成 IPv4 地址资源枯竭的主要原因有两个:

① 早期人们采用有类划分方式分配 IP 地址,人为地将 IPv4 地址分为 A、B、C、D、E 五类,浪费了大量的 IP 地址和 IP 网络,而占 14% 的 D、E 类地址是组播地址和特殊地址,不能作为全球单播地址进行分配。

② 分配不均是 IPv4 地址紧张的另一主要因素。IP 协议是起源于美国,美国占据了近 60% 以上的 IP 地址。

这些原因加速了 IPv4 地址的消耗,造成了 IPv4 地址紧张。互联网数字分配机构(The Internet Assigned Numbers Authority,IANA)在 2011 年 2 月份将 IPv4 地址空间

段的最后 2 个"/8"地址组分配出去。这一事件标志着地区性注册机构(Regional Internet Registry，RIR)可用 IPv4 地址空间中"空闲池"的终结,这已经成为制约 Internet 和计算机网络技术发展的一个非常重要的因素。

IPv4 地址资源枯竭,无法满足 Internet 爆炸式增长的需求。虽然为了缓解 IPv4 地址紧张的问题,人们设计出了很多方法,其中最有效的方法就是目前应用非常广泛的网络地址转换(NAT)技术。虽然网络地址转换技术能够缓解 IPv4 地址紧张的问题,但它也有自己的缺点。例如,它破坏了网络端到端的通信模式,增加了许多网络应用的开发难度,并且它进行地址转换时(其实是通过将 IP 数据包里面的源地址、目的地址进行公有地址和私有地址之间的转换)需要额外的开销与时间延迟,容易成为网络性能的瓶颈。因此网络地址转换技术只能是一种权宜之计,要彻底解决 IPv4 地址紧张的问题。必须开发下一代 IP 协议,IPv6 协议便在此背景下被提出来了。

与 IPv4 协议相比,IPv6 的最大的优势是巨大的地址空间。理论上来讲,IPv6 协议宣称可以为地球上的每一粒沙子都分配一个 IPv6 地址,可以彻底解决 IP 地址紧张的问题。IPv6 在安全性、QoS、可扩展性、高效的报文处理效率、即插即用性等方面都是 IPv4 无法比拟的。

2. IPv6 地址

(1) IPv6 地址概述

和 IPv4 协议相同,采用 IPv6 协议进行相互通信的主机,必须要拥有一个唯一标识——地址。IPv6 协议的地址称为 IPv6 地址。IPv6 地址采用 128 位地址编码,即任何一个 IPv6 地址都是由 128 位二进制组成的。下面是一个 128 位二进制表示的 IPv6 地址。

00100000000000010000010000010000000000000000000000000000000000001
00000000000000000000000000000000000000000001000010111111111

(2) IPv6 地址表示方式

由于 IPv6 地址是由 128 位二进制组成的,书写和记忆非常不方便。因此,人们采用两种方式来书写 IPv6 地址。

① 冒号分二进制。

将 128 位 IPv6 地址分成 8 段,每段包含 16 位二进制数,段与段之间用":"隔开,上面的地址可以表示如下。

0010000000000001：0000010000010000：0000000000000000：0000000000000001：
0000000000000000：0000000000000000：0000000000000000：0100010111111111

② 冒号分十六进制。

虽然用冒号分二进制将 IPv6 分成 8 段后,比最初的形式要好书写和记忆了,但仍然不方便,因此人们又采用了另外一种方式"冒号分十六进制"。即将 8 段 IPv6 地址的每段 16 位二进制转换为四位十六进制,段与段之间仍然用":"隔开,上面的地址可以表示如下。

2001：0410：0000：0001：0000：0000：0000：45FF

（3）IPv6 地址的简写

从上面可以看出，虽然人们采用了将二进制转化为十六进制的形式来简化 IPv6 地址的书写，但转换为十六进制后，书写起来仍然不方便。因此人们又设计出了对 IPv6 地址的简写方法，主要是对 IPv6 地址中 0 的简写。具体而言，IPv6 地址的简写有两个原则。

① 对于前导 0 的简写。

每段中的前导 0 可以省去，但必须保证每段至少有一个数字。例如，2001：0410：0000：0001：0000：0000：0000：45FF 可以简写为 2001：410：0：1：0：0：0：45FF。非前导 0 不能省略，例如上面的 IPv6 地址不能简写为 2001：41：0：1：0：0：0：45FF。

② 对于连续 0 段的简写。

一个或多个连续的段，如果全为 0，可以用"：："表示。但在一个 IPv6 地址中，用"：："对于连续 0 段的简写，只能使用一次。例如，2001：410：0：1：0：0：0：45FF 可以简写为 2001：410：0：1：：45FF，但不能简写为 2001：410：：1：：45FF。

（4）IPv6 地址的分类

与 IPv4 地址相似，IPv6 地址也可以分为不同的类型：单播地址、组播地址、任意播地址。在 IPv6 中没有广播通信的概念，因此，没有广播地址，而是用组播通信替代广播。

① 单播地址。

用于唯一标识一个接口，和 IPv4 的单播地址类似。单播地址也是 IPv6 地址的最主要的形式，一台主机要利用 IPv6 协议进行正常通信，一般都要分配一个单播地址。具体而言，单播地址又可以细分为：全球单播地址、本地站点单播地址、本地链路单播地址、特殊地址、兼容地址等。其中，接入 Internet 的主机都必须具有一个全球单播地址。

② 组播地址。

用于标识一组接口，类似于 IPv4 的组播地址。

③ 任意播地址。

任意播地址是 IPv6 中特有的地址，也是用来标识一组接口。但与组播地址不同的是，发送到任意播地址的报文不是传送给该任意播地址标识的所有接口，而是传送给在该组接口中距离源节点最近的一个接口。

6.4.8　云计算

1. 云计算概述

云计算（Cloud Computing）是当前 IT 行业的一门新兴技术，有广阔的发展前景。但是到目前行业内部并未进行统一、精确的定义。

维基百科定义：云计算是一种基于互联网的计算方式，通过这种方式，共享的软硬件资源和信息可以按需求提供给计算机等各种终端和其他设备，使用服务商提供的电脑基建作计算和资源。云计算是分布式计算、并行计算、效用计算、网络存储、虚拟化、负载均衡等传统计算机和网络技术发展融合的产物。

也有人认为，云计算并不是一种新的技术，其本质上是一种全新的商业模式，一种基于虚拟化、分布式计算、并行处理等传统技术提出的全新的商业模式。将网络中的各种要素——带宽、存储、CPU、内存、计算、软件等网络资源进行整合，以商品的形式在网络上出售,即为用户提供相关的租赁服务。

云计算的最终目标是将计算、服务和应用作为一种公共设施提供给公众,使人们能够像使用水、电、煤气、暖气等资源一样,做到按需使用计算机资源。

云计算前景是美好的,完全颠覆了传统的网络应用模式。传统的网络应用模式:对于企业或个人而言,当有 IT 业务需求时,就需要按照自己的需求构建一套完整的 IT 系统,购买相关的硬件设备、软件,并且在运行过程中需要专人进行维护和管理。其实这些硬件、软件并不是用户真正需要的,他们真正需要的其实是通过它们完成的工作或结果。云计算实现了由个别运营商构建资源池,企业或用户只需要付少量的租金,即可享受到传统的 IT 服务。大大节省了用户的资金,并且实现了统一的分配和管理。

2. 云计算特点

云计算将传统 IT 资源进行整合,提供按需付费的服务租赁模式。好比是从早期的单台发电机模式转向了电厂集中供电模式,大大减轻了 IT 用户的资金压力、管理压力,并提供了集中管理、调度,提高了资源利用率。一般而言,云计算具有如下几个特点:

① 基于虚拟化技术快速部署资源或获得服务。

② 实现动态的、可伸缩的扩展。

③ 按需求提供资源、按使用量付费。

④ 通过互联网提供海量的信息处理服务,对网络要求极高。

⑤ 用户可以方便地参与。

⑥ 形态灵活,聚散自如,给予用户足够的灵活度。

⑦ 减少用户终端的处理负担,终极目的是完全解除终端的负担,让终端变成一个纯粹的 I/O 设备。

⑧ 降低了用户对 IT 专业知识的依赖。

3. 云计算的层次结构及分类

(1) 云计算的层次结构

根据云计算的逻辑架构,每一层的逻辑架构都可以针对特定的用户提供不同层次的服务。因此根据云计算提供的三种不同层次的服务,可将云计算层次结构划分成:基础实施即服务(IaaS)、平台即服务(PaaS)、软件即服务(SaaS)。云计算的层次结构如图 6-43 所示。

① 基础实施即服务(IaaS)。

针对底层用户提供传统的直接面向硬件的服务接口。使用户无须购买相应物理设备或软件,直接通过接口即可获得所需的计算、存储等资源。在该基础实施平台上,用户即可按照自己的需求搭建所需的各种环境,并且不受云资源的限制,具有极高的灵活性与自由性。

② 平台即服务(PaaS)。

主要针对软件开发人员,提供许多"中

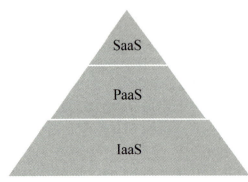

图 6-43 云计算的层次结构

间件资源",为相关软件开发人员搭建开发环境和平台。软件开发人员直接通过接口即可享受该平台和环境,让其从复杂的软件开发环境搭建中解脱出来。

③ 软件即服务(SaaS)。

主要针对普通 IT 用户,为用户提供可以为其直接使用的应用软件,这些软件一般是基于浏览器的,实现某种特定的功能。应用云最容易被用户使用,因为它们都是开发完成的软件,只需要进行一些定制就可以交付。但是,它们也是灵活性最低的,因为一种应用云只针对一种特定的功能,无法提供其他的功能。

(2) 按照被服务对象与服务提供者的关系进行分类

① 公有云。

公有云是由若干企业或用户共同使用的云。一般由第三方的 ISP 提供。

② 私有云。

私有云是由某个企业内部架设的云,只限于为该企业内部提供服务。

③ 混合云。

混合云是公有云和私有云的混合与匹配。

6.5　网络安全技术

1. 网络安全的重要性与现状

随着全球信息化的飞速发展,整个世界正在迅速地融为一体,大量建设的各种信息化系统已经成为国家和政府的关键基础设施。众多的企业、组织、政府部门与机构都在组建和发展自己的网络,并连接到 Internet 上,以充分共享、利用网络的信息和资源。整个国家和社会对网络的依赖程度也越来越大,网络已经成为社会和经济发展的强大推动力,其地位越来越重要。但是,当资源共享广泛用于政治、军事、经济以及科学各个领域的同时,也产生了各种各样的问题,其中安全问题尤为突出。网络安全不仅涉及个人利益、企业生存、金融风险等问题,还直接关系到社会稳定和国家安全等诸多层面,因此它是信息化进程中具有重大战略意义的问题。了解网络面临的各种威胁,防范和消除这些威胁,实现真正的网络安全已经成为网络发展中最重要的事情之一。

覆盖全球的 Internet,以其自身协议的开放性方便了各种计算机网络的入网互联,极大地拓宽了共享资源。但是由于早期网络协议对安全问题的忽视,以及在使用和管理上的无序状态,网络安全受到严重威胁,安全事故屡有发生。从目前来看,网络安全的状况仍令人担忧,从技术到管理都处于滞后、被动的局面。

计算机犯罪目前已引起了社会的普遍关注,其中计算机网络是犯罪分子攻击的重点。计算机犯罪是一种高技术犯罪,由于其犯罪行为的隐蔽性,因而对网络的危害极大。据有关统计资料显示,计算机犯罪案件每年以 100% 的速度急剧上升,网络被攻击的事件则以每年 10 倍的速度增长,平均每 20 秒就会发生一起网络入侵事件。

随着 Internet 的广泛应用,采用客户机/服务器(C/S)模式的各类网络纷纷建成,这使网络用户可以方便地访问和共享网络资源。但同时对企业的重要信息,如商业秘密、产品开发计划、市场策略、财务资料等的安全无疑埋下了致命的隐患。必须认识到,对于大到整个 Internet,小到各 Intranet,都存在着来自网络内部与外部的威胁。

2. 网络面临的主要威胁

总的来说,网络面临的威胁主要来自以下几个方面。

（1）非授权访问

非授权访问是指未经许可就使用网络和网络中的相关资源的行为。非法授权访问主要表现为:假冒身份、身份攻击、非法用户进入网络进行违法操作、合法用户未以授权方式进行操作等。

（2）信息泄露或丢失

信息泄露是指网络中的数据被其他的用户所窃听、窃取。例如,采用网络嗅探器(Sniffer)通过抓包的形式可以截获用户所传输的数据,而且有可能截获用户的密码等信息。信息丢失是指非法用户通过非法手段删除用户的数据。例如,非法用户通过病毒方式来删除用户的数据信息,或直接进入用户的系统删除用户的数据。

（3）破坏数据的完整性

是指非授权用户,通过非法手段来破坏数据,使数据不具有完整性。例如,某 U 盘中病毒了,原本可以打开的文件,现在不能打开,或者显示的内容不完全。

（4）拒绝服务攻击

拒绝服务(dos)攻击是指通过向网络或服务器倾注海量的访问,极大地消耗网络和服务器的资源,使得网络或网络中的相关服务器陷入瘫痪,无法向用户提供服务。拒绝服务攻击是当前黑客攻击网络最常见的方式之一。

（5）利用网络传播木马和病毒

例如,通过 QQ、E-mail、网页链接等方式来传播木马和病毒,破坏网络,破坏用户的计算机系统。

3. 主要的网络安全技术

网络安全防护技术总的来说分为攻击检测、攻击防范、攻击后恢复三大主流方向。每一个方向都有其代表性技术。例如,攻击检测方向主要有入侵检测技术;攻击防范方向主要有防火墙技术、防病毒技术;攻击后恢复方向主要有网络备份技术等。具体而言,网络安全主要涉及以下几种具体的技术。

（1）入侵检测(Intrusion Detection)技术

入侵检测是指,通过对行为、安全日志、审计数据或其他网上可获得的信息进行分析,检测对系统的闯入或闯入的企图。具体而言,入侵检测技术主要有两种实现方式:基于专家系统的入侵检测技术和基于神经网络的入侵检测技术。

（2）防火墙技术

古时候,人们常在寓所之间砌起一道砖墙,一旦火灾发生,它能够防止火势蔓延到别的寓所。现在,如果一个网络连接到了 Internet,它的用户就可以访问外部世界并与之通信。但同时,外部世界也同样可以访问该网络并与之交互。为了安全起见,可以在该网络和 Internet 之间建立一道安全屏障。这道屏障的作用是阻断来自外部通过网络对本网络的威胁和入侵,提供扼守本网络的安全和审计的唯一关卡,它的作用与古时候的防火砖墙有类似之处,因此人们把这个屏障叫做"防火墙"。

在网络中,"防火墙"(Firewall)是指在两个网络之间实现控制策略的系统(软件、硬件或者是两者并用),用来保护内部网络不易受到来自 Internet 的侵害。因此,防火墙是一种安全策略的体现。如果内部网络的用户要上 Internet,必须首先连接到防火墙上,通过防火墙访问 Internet。同样,外部用户要通过 Internet 访问内部网络,也必须先通过防火墙。这种做法对于来自 Internet 的攻击有较好的免疫作用,如图 6 - 44 所示为防火墙的位置与功能示意图。

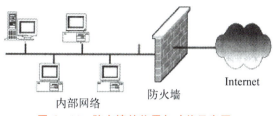

图 6 - 44　防火墙的位置与功能示意图

目前的防火墙技术一般都可以起到以下一些安全作用:

① 集中的网络安全。

防火墙允许网络管理员定义一个中心(阻塞点)来防止非法用户(如黑客、网络破坏者等)进入内部网络,禁止存在不安全因素的访问,并抗击来自各种途径的攻击。防火墙技术能够简化网络的安全管理,提高网络的安全性。

② 安全警报、监视 Internet 的使用。

防火墙一般位于内外网络的边界,所有进出内外网的数据都必须通过防火墙,因此通过防火墙可以方便地监视网络的安全性,并产生报警信号。网络管理员必须审核并记录所有通过防火墙的重要信息。

③ 部署网络地址转换(NAT)。

Internet 的迅速发展使得有效的未被申请的 IP 地址越来越少,这意味着想进入 Internet 的机构可能申请不到足够的 IP 地址来满足内部网络用户的需要。为了接入 Internet,可以通过网络地址转换(Network Address Translation,NAT)来完成内部私有地址到外部注册地址的映射。一般情况下,防火墙是部署 NAT 技术的理想位置。

④ 向外发布信息。

防火墙除了起到安全屏障的作用外,也是部署 WWW 服务器和 FTP 服务器的理想位置。允许外部用户通过 Internet 访问上述服务器,而禁止对内部受保护的其他系统进行访问。

但是,防火墙也有其自身的局限性,它无法防范来自防火墙以外的其他途径所进行的攻击。如果某人住在一所木屋中,却安装了一扇六英尺厚的钢门,会被认为是很愚蠢的做法。然而,有许多机构购买了价格昂贵的防火墙,但却忽视了通往其网络中的其他几扇后门。例如在一个被保护的网络上有一个没有限制的拨号访问存在,这样就为黑客从后门进行攻击创造了机会。

另外,由于防火墙依赖于口令,所以防火墙不能防范黑客对口令的攻击。曾经有两个在校学生编写了一个简单的程序,通过对波音公司口令字的排列组合,试出了进入其内部网的密钥,从内部网中窃取到了一张波音公司授权的口令表,然后将口令一一出卖。为此,有人说防火墙不过是一道矮小的篱笆墙,黑客就像耗子一样能从这道篱笆墙的窟窿中进进出出。同时防火墙也不能防止来自内部变节者或用户疏忽带来的威胁,或者解决进入防火墙的数据带来的所有安全问题。如果用户在本地运行了一个包含恶意代码的程序,那么就很可能导致敏感信息被泄露和破坏。

因此,要使防火墙发挥作用,防火墙的策略制定必须现实,且能够反映出整个网络安全的水平。例如,一个保存着超级机密或保密数据的站点是不需要防火墙的,因为它根本不应当被接入到 Internet 上,或者保存着真正秘密数据的系统应当与这家企业的其余网络隔离开。

(3) 网络加密和认证技术

Internet 是一个开放的环境,其应用领域也得到不断的拓展。从电子邮件传输、即时通信到电子商务,这些活动的通信内容中可能包含一些敏感的信息,如商业机密、订单信息、银行账户、密码等。如果将这些信息以明文形式在网络上传输,有可能被非法用户监听截获,从而造成信息泄露,因此人们在网络中引入了网络加密技术。另外,很多网络应用中需要确定交易或通信双方的合法性,防治网络欺诈,由此出现了网络认证技术。

网络加密技术是指对传输的数据进行加密,即使数据被非法用户截获,非法用户截获的也只是加了密的密文,读不出用户真正的数据信息。认证技术主要是指对身份的验证、行为的不可抵赖性。一般通过相关的账户、口令、数字签名、数字证书等来验证用户的合法性和行为的不可抵赖性。

(4) 防病毒技术

计算机病毒是一种人为编制的、能够自我复制并传染的一组计算机指令或程序代码,具有一定的破坏性。

① 计算机病毒的特点。

一般而言,计算机病毒具有以下几个特点。

● 破坏性。破坏性是编制计算机病毒的最直接目的。计算机病毒轻则可以破坏操作系统程序、用户数据,重则可以攻击计算机系统硬件。如 20 世纪 90 年代流行的 CIH 病毒,就会破坏主板的 BIOS。

● 传染性。传染性是计算机病毒的本质特征。一般能够通过网络或者文件复制进行传染。例如,目前的蠕虫病毒利用网络可以在短短几个小时之内传播到全世界各地,给计算机网络带来非常严重的威胁。

● 潜伏性。有些病毒在感染计算机后,不一定立刻就会表现出破坏性,而是会进行一段时间的潜伏,当触发条件满足的时候才会发作。病毒的潜伏性越好,其在系统中存在的时间就越长,传染的范围就越广。例如早期臭名昭著的"黑色星期五病毒"只会在星期五才会爆发。

● 隐蔽性。计算机病毒具有很强的隐蔽性,它可以在不被人察觉的情况下进入系统,隐蔽于某些位置,如系统引导区、可执行文件、数据文件、硬盘分区表等。特别是隐藏在系统引导区的病毒,清除起来非常困难,普通的高级格式化硬盘都无法清除,必须采用低级格式化硬盘来清除。要特别说明的是,现在的木马病毒具有非常强的隐蔽性,而且它不会直接对计算机系统造成破坏,而是非法搜集用户的敏感信息,一般情况下很难被发现。有的病毒可以通过杀毒软件来检测,而有的病毒一般杀毒软件根本就检测不出来。

计算机病毒的隐蔽性特点,给计算机病毒的预防与清除带来了极大的困难。

②　常见的网络防病毒技术。

目前常见的网络防病毒技术有以下两类。

● 单机防病毒技术。单机防病毒技术是指杀毒软件的病毒库在本地磁盘空间上,针对本地磁盘的病毒进行查杀。因为,网络是由若干的主机组成的,对单机病毒的查杀也是网络病毒防范技术的重要组成部分。

● 云杀毒技术。云杀毒其实是基于特征码杀毒,识别和查杀病毒不再是依靠本地磁盘中的病毒库,而是依靠庞大的网络上的主机中的病毒库,实时进行采集、分析以及处理,即扫描病毒的时候是和网络上的主机交互,以此来做出判断是否有病毒。整个互联网就是一个巨大的"杀毒软件",参与者越多,病毒库就越健全,每个参与者就越安全,整个互联网就会更安全。

（5）网络备份技术

利用网络,将重要的数据备份到其他主机上,以防止数据的丢失。网络备份技术已经不再是简单的拷贝。具体实现起来非常复杂,已发展成为一个分支学科。相关的备份技术、备份软件和备份设备也层出不穷。

网络备份技术的目的是尽可能地全面恢复运行计算机系统所需要的数据和系统信息。备份技术不仅在网络系统硬件故障或人为失误时起到保护作用,也可以在入侵者非法访问网络或对网络攻击及破坏数据完整性时起到保护作用,它是系统灾难恢复的前提之一。

● 习　题　6 ●

1. 什么是计算机网络? 简述计算机网络的特点。
2. 简述计算机网络的主要功能。
3. 按照覆盖范围来分,计算机网络可以分为哪几类?
4. 局域网、城域网和广域网的主要技术特征是什么?
5. 简述分层式网络体系结构的优点。
6. 局域网的物理拓扑结构有哪几种形式? 分别有哪些特点?
7. 接入 Internet 有哪几种方式? 请分别画出它们的拓扑结构示意图。
8. Internet 能提供哪些主要的信息服务?
9. 简单介绍什么是云计算以及云计算具有哪些特点。
10. 简述目前网络面临的主要威胁以及网络安全的重要性。
11. 什么是防火墙? 防火墙应起到哪些安全作用?
12. 简述当前网络安全防护技术的三大主流方向,及每个方向的代表性技术。

参考文献

[1] 钮和荣,钱智钧.计算机应用基础(Windows 7＋Office 2016)[M].北京:高等教育出版社,2014.

[2] 段红.计算机应用基础(Windows 7＋Office 2016)[M].北京:清华大学出版社,2016.

[3] 李健苹.计算机应用基础教程[M].2版.北京:人民邮电出版社,2016.

[4] 罗显松,谢云.计算机应用基础[M].2版.北京:清华大学出版社,2012.

[5] 徐翠娟,杨丽鸿.计算机应用基础(Windows 7＋Office 2016)[M].北京:人民邮电出版社,2015.